Excel VBA 跟卢子一起学

早做完，不加班

基础入门版　　陈锡卢　李应钦 ◎ 著

U0238026

中国水利水电出版社

www.waterpub.com.cn

·北京·

内 容 提 要

  《Excel VBA 跟卢子一起学　早做完，不加班（基础入门版）》主要针对 Excel VBA 的基础知识进行介绍。第 1 章讲解了一键操作进而到 VBA 相关工具及知识；第 2 章讲解了如何写一个完整 Sub 过程以及在整个过程中遇到的各类知识点，对于读者后期完成程序开发有所裨益；第 3 章讲解了常用 InputBox 和 Msgbox 的运用；第 4 章则讲解了 Range 对象中对单元格相关的操作及属性和方法——单元格值的读取写入、如何获取区域、如何合并单元格等。

  《Excel VBA 跟卢子一起学　早做完，不加班（基础入门版）》以幽默的对话方式开启对知识的讲解，并以图文并茂的形式呈现。书中对重要的语句、语法及简例都有突出显示，基础入门版对于读者进入编程，并能看懂其他过程会有很大的帮助。

  《Excel VBA 跟卢子一起学　早做完，不加班》套装书适合想要提高工作效率的办公人员，尤其是经常需要处理、分析大量数据的相关人员阅读，也可作为高校财经等专业师生的参考用书。

图书在版编目(CIP)数据

Excel VBA 跟卢子一起学　早做完，不加班：基础
入门版 / 陈锡卢，李应钦著. —北京：中国水利水电出
版社，2019.1(2019.1重印)

 ISBN　978-7-5170-6747-4

 Ⅰ.①E… Ⅱ.①陈… ②李… Ⅲ.①表处理软件
Ⅳ.①TP391.13

 中国版本图书馆CIP数据核字(2018)第185587号

书　　名	Excel VBA 跟卢子一起学 早做完，不加班 （基础入门版） Excel VBA GEN LUZI YI QI XUE ZAO ZUOWAN,BU JIABAN （JICHU RUMEN BAN）
作　　者	陈锡卢 李应钦 著
出版发行	中国水利水电出版社 （北京市海淀区玉渊潭南路 1 号 D 座　100038） 网址：www.waterpub.com.cn E-mail：zhiboshangshu@163.com 电话：（010）62572966-2205/2266/2201（营销中心）
经　　售	北京科水图书销售中心（零售） 电话：（010）88383994、63202643、68545874 全国各地新华书店和相关出版物销售网点
排　　版	北京智博尚书文化传媒有限公司
印　　刷	固安华明印业有限公司
规　　格	180mm×210mm　24 开本　12.25 印张　342 千字　1 插页
版　　次	2019 年 1 月第 1 版　2019 年 1 月第 2 次印刷
印　　数	5001—10000 册
定　　价	49.80 元

凡购买我社图书，如有缺页、倒页、脱页的，本社营销中心负责调换

前 言

　　宏——经常被不熟悉的网友说得很难学，但是实际上宏是一堆有序语句的叠加。《Excel VBA 跟卢子一起学　早做完，不加班（基础入门版）》以宏入手，运用宏来解决实际问题中一连串的难题，并引出宏的真身——VBA。

　　《Excel VBA 跟卢子一起学　早做完，不加班（基础入门版）》的内容是以基础知识为重点来进行讲解，基础篇以对 VBA 编辑器 VBE 各主要功能的介绍，并对编程中常用的过程、自定义函数过程、变量、常数以及其他知识点的介绍。万变不离其宗，通过这些在编程语句中常用的名词解释，对于后面学习其他语言可能会有所帮助。

　　《Excel VBA 跟卢子一起学　早做完，不加班（基础入门版）》以诙谐幽默的对话呈现给读者，在对话中不乏凸显出一些重点语句及语法知识，其中很多词汇或短句为语法参数和作用说明，以及重点说明。通过本书的学习能够使读者灵活运用 Excel 编程，从入门、提升再到实际运用，轻松解决工作中的问题。

　　在此感谢会飞的鱼、清风徐来、鳄鱼、皮蛋、碧玺心、淡语嫣然等多位网友，在编写过程中提出诸多的意见，并纠正所发现的错误。感谢以下参与本书编写的人员：邱显标、李想、林珍、徐珊珊、陈志明、梁文君、吕承海。

　　由于水平有限，书中难免存在不足及错误之处，希望大家及时提出，一起学习纠正。

进入 VBA 的基础要点 >>>

　　一开始以无言为主人公，在人声鼎沸群里解决一些不能直接通过大量函数公式完成的统计查询的操作，先通过函数公式、Word 的邮件合并以及宏的方法解决工资条的问题，让大家明白函数等工具的利弊。接着通过拆分工作表、合并工作表以及拆分工作簿等操作，更加明确了 VBA 在实际工作中对于那些需要重复操作的工作可以通过该途径节省劳动成本以及降低劳动强度，使得大家有学习的欲望。

　　通过这一系列实例引起读者的兴趣，并告诉读者什么工具能做到这些——录入录制宏、录制后的宏在哪里？宏和 VBA 的差别？如何启用宏及学习 VBA 编程等。

　　接着引导读者通过认识 VBE 编辑器以及其中各主要窗口、功能等要素：代码的录制和写入的对象有哪些？如何编写一个过程以及过程的分类、打断长语句、给过程语句注释？如何利用不同的帮助资源来学些 VBA？介绍学习 VBA 时需要用几类名词及作用的详解——变量、常数、数据类型、公有和私有变量（过程）、如何赋值、过程参数等的作用。通过这一系列的讲解使读者能初步认识并能简单地运用这些名词于实际中。

　　最后介绍在编程学习中经常用到的几类语法——循环语句（For、Do）、选择语句（If、Select Case）及重复对象引用语句（With）的语法、用法及示例。在讲解这些语法的时候辅以某些 VBA 中的相似的函数的用法解释——IIf、Choose 函数的用法，在编程中经常用到的提示函数 Msgbox 和 Application.InputBox 方法的具体使用。

　　本书的主要作用就是让读者认识了解 VBA 编程的编程要素及常用语法、函数、方法的用途和用法，并以简例辅助大家先会简单运用它们，为后面的学习进行铺垫。

目录

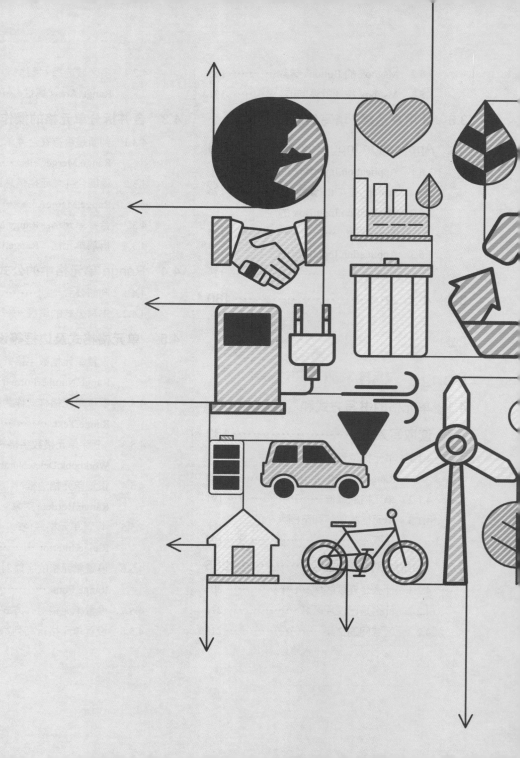

第 1 章
减负不加班，Excel 的自动化

现在国内使用频率最高的办公软件提供商有：微软 Office、金山 WPS、永中 Office 等。本书主要针对大众基数较高的微软 Office，后文将简称为 Office，且作为使用对象进行内容展开。

在数据的录入、整理、归类、统计使用中当属 Excel 最为普及。只要要处理数据时第一时间想到的都是快速、灵活的 Excel。现在 Office 的最新版本为 Office 365，但这个不是我们今天要说的重点。今天我们主要说的是——在现今 Office Excel 版本更新功能越来越强大、越来越智能化的情况下，如何使得 Excel 能更自动化地为我们节省更多的精力和时间，做到可以少加班或不加班；同时可以让我们有更多的时间学习自己需要的知识或做自己感兴趣的事情，使我们的生活更加多姿多彩。

Excel 提供了很多功能，为整理统计数提供了很多便利。但是某些情况下想要将繁琐冗长的操作简化为一键操作，这样不仅可以节省工作时间，也减轻了工作强度，那么我们要如何做到呢？

1.1　减轻工作量的一键自动操作

先以几个在工作中经常遇到实例来说明一键自动化操作的好处，这里先不用认识这些语句代码的具体意义及作用，只需要知道可以通过其他途径把原来烦琐、冗长、无趣的操作，简化成自动化的操作。

1.1.1　一键制作工资条

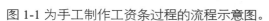

图 1-1 为手工制作工资条过程的流程示意图。

平时发工资后我总会找人事部的同事了解我上个月的工资明细，这个是很稀疏平常的事情。咱也只是去问问，同事也只需要打开对应的工资薪酬表，筛选查找下对应人员的名字就可以看到明细了。但是，公司规定每月发工资后，员工都可以到人事部索要自己的工资条，这个也没有什么不妥吧？这对于一个员工来说是没错，但是对于人事部的同事来说，悲伤可能就大了。

图 1-1　手工制作工资条的步骤

? 网友：为什么？

💬 无言：一人一张一厘米见长的纸条不是问题，但是十人、二十人，甚至百十来人呢？对于某些劳动密集型的企业，那这位同事的悲伤就不是一个大字了得了。

如果人工操作的话，工资表制作流程可以分为以下几个步骤，如图 1-2 所示。

图 1-2　工资条制作流程图

如此几个步骤循环在少量员工情况下人力应付有余，但是如有成百上千个员工呢？这个就是纯粹的体力活。那我们是不是有其他更好的方法来处理这类事情呢？答案是肯定有。方法有 4 种：技巧、嵌套组合函数、邮件合并，还有就是平时听到最多的宏。那么前 3 种方法各有什么特点？

技巧——对 Excel 的功能比较熟悉、操作逻辑明晰，才能找到适合的方法技巧对工资表内容进行操作。工资条的技巧先通过复制一定数量的标题单元格区域至最后一个员工的行后面，在工资区域的最后列增加一个排序辅助列；然后在员工有效范围内输入序号 1 ～ 5，将标题整行复制为序号的次数，最后通过按排序辅助列进行升序排列，就可以获得需要的工资条，具体效果如图 1-3 所示。

	A	B	C	D	E	F	G	H	I	J	K	L	M	N	O
1	姓名	基础工资	工龄工资	岗位津贴	全勤奖	其他补贴	养老保险	医疗保险	失业保险	住房公积金	扣社保公积金合计	应税工资	个税	实发工资	排序辅助
2	罗雪峰	2,309.32		152.00		350.00		65.68		240.00		297.00	3,414.00	353.86	4,872.54	1
3	王丽丽	1,168.00	150.00	571.00	200.00	350.00		93.00	9.00	420.00		135.00	3,096.00	113.78	5,137.78	2
4	张于	4,366.34	120.00	599.00	-	175.00	191.20	65.68	4.78	287.00		492.00	6,301.00		-	8,235.66	3
5	卢长久	3,820.37	210.00	332.00		175.00	202.88	65.68	5.07	304.00		139.00	5,254.00		-	6,687.63	4
6	邹树泉	945.82	300.00	441.00	200.00	175.00	210.24	65.68	5.26	315.00		425.00	3,083.00		5,220.18	5
7	姓名	基础工资	工龄工资	岗位津贴	全勤奖	其他补贴	养老保险	医疗保险	失业保险	住房公积金	扣社保公积金合计	应税工资	个税	实发工资	1
8	姓名	基础工资	工龄工资	岗位津贴	全勤奖	其他补贴	养老保险	医疗保险	失业保险	住房公积金	扣社保公积金合计	应税工资	个税	实发工资	2
9	姓名	基础工资	工龄工资	岗位津贴	全勤奖	其他补贴	养老保险	医疗保险	失业保险	住房公积金	扣社保公积金合计	应税工资	个税	实发工资	3
10	姓名	基础工资	工龄工资	岗位津贴	全勤奖	其他补贴	养老保险	医疗保险	失业保险	住房公积金	扣社保公积金合计	应税工资	个税	实发工资	4
11	姓名	基础工资	工龄工资	岗位津贴	全勤奖	其他补贴	养老保险	医疗保险	失业保险	住房公积金	扣社保公积金合计	应税工资	个税	实发工资	5

技巧效果

	A	B	C	D	E	F	G	H	I	J	K	L	M	N	O
1	姓名	基础工资	工龄工资	岗位津贴	全勤奖	其他补贴	养老保险	医疗保险	失业保险	住房公积金	扣社保公积金合计	应税工资	个税	实发工资	排序辅助
2	罗雪峰	2,309.32		152.00		350.00		65.68		240.00		297.00	3,414.00	353.86	4,872.54	1
3	姓名	基础工资	工龄工资	岗位津贴	全勤奖	其他补贴	养老保险	医疗保险	失业保险	住房公积金	扣社保公积金合计	应税工资	个税	实发工资	1
4	王丽丽	1,168.00	150.00	571.00	200.00	350.00		93.00	9.00	420.00		135.00	3,096.00	113.78	5,137.78	2
5	张于	4,366.34	120.00	599.00		175.00	191.20	65.68	4.78	287.00		492.00	6,301.00		-	8,235.66	3
6	姓名	基础工资	工龄工资	岗位津贴	全勤奖	其他补贴	养老保险	医疗保险	失业保险	住房公积金	扣社保公积金合计	应税工资	个税	实发工资	2
7	卢长久	3,820.37	210.00	332.00		175.00	202.88	65.68	5.07	304.00			5,254.00		-	6,687.63	4
8	姓名	基础工资	工龄工资	岗位津贴	全勤奖	其他补贴	养老保险	医疗保险	失业保险	住房公积金	扣社保公积金合计	应税工资	个税	实发工资	3
9	姓名	基础工资	工龄工资	岗位津贴	全勤奖	其他补贴	养老保险	医疗保险	失业保险	住房公积金	扣社保公积金合计	应税工资	个税	实发工资	4
10	邹树泉	945.82	300.00	441.00	200.00	175.00	210.24	65.68	5.26	315.00		425.00	3,083.00		5,220.18	5
11	姓名	基础工资	工龄工资	岗位津贴	全勤奖	其他补贴	养老保险	医疗保险	失业保险	住房公积金	扣社保公积金合计	应税工资	个税	实发工资	5

图 1-3　制作工资条的技巧

使用技巧可以很快完成需要的样式，但是如果是双标题的工资条呢，还需要每行标题前隔一空白行，这样需要更多的技巧，这里就不再赘述了。只需要打开浏览器后在搜索栏输入【工资条的制作】，就能出来好多资料。

💬 无言：先给大家介绍一条制作单标题隔一行空白行的Excel嵌套函数公式：

```
=IF(MOD(ROW(),3),OFFSET(Sheet1!$A$1,(MOD(ROW()-1,3)>0)*ROUND(ROW()/3,),COLUMN(A1)-1),)
```

这一大串函数组合，在部分朋友眼中如同天书，但通过学习和使用函数，会发现它的强大的功能。接下来说说函数的优点：相对于技巧而言，函数具有更多的灵活性，可以在熟悉、理解函数的功能及作用的情况下，通过合理的组合，获取需要的运算结果（公式只能获取值，并

不能改变单元格的样式），函数在 Excel 中的功能强大，被广泛使用。

但是函数公式的缺点也是很明显的：函数组合的通用性有时具有很强的针对性，需要用户理解和学习；在使用了大量公式，特别是嵌套的数组公式后，每次执行计算的时候，因计算量过大，卡（宕）机时有发生。

函数确实也有很多神奇的地方，所以不管能使用多少个函数，很大一部分朋友都会感觉函数的神奇、厉害。怎么学会用函数呢？特别对于需要使用更进一步的数组公式时，有些人更是一头雾水。

刚才说到了 Excel 函数公式只能改变值或获取计算结果，也就是说，得出结果后还需手工设置 Excel 单元格相关区域的格式：单元格格式、边框、字体、字号、行高、列宽等内容，也不算便捷。使用函数公式制作的工资条效果如图 1-4 所示。

A1			f_x =IF(MOD(ROW(),3),OFFSET(Sheet1!\$A\$1,(MOD(ROW()-1,3)>0)*ROUND(ROW()/3,),COLUMN(A1)-1),"")										
	A	B	C	D	E	F	G	H	I	J	K	L	M	N
1	姓名	基础工资	工龄工资	岗位津贴	全勤奖	其他补贴	养老保险	医疗保险	失业保险	住房公积金	扣社保公积金合计	应税工资	个税	实发工资
2	罗雪峰	2309.32	0	152	0	350	0	65.68	0	240	297	3414	353.86	4872.54
4	姓名	基础工资	工龄工资	岗位津贴	全勤奖	其他补贴	养老保险	医疗保险	失业保险	住房公积金	扣社保公积金合计	应税工资	个税	实发工资
5	王丽丽	1168	150	571	200	350		93	9	420	135	3096	113.78	5137.78
7	姓名	基础工资	工龄工资	岗位津贴	全勤奖	其他补贴	养老保险	医疗保险	失业保险	住房公积金	扣社保公积金合计	应税工资	个税	实发工资
8	张于	4366.34	120	599	0	175	191.2	65.68	4.78		287	492	6301	0	8235.66
10	姓名	基础工资	工龄工资	岗位津贴	全勤奖	其他补贴	养老保险	医疗保险	失业保险	住房公积金	扣社保公积金合计	应税工资	个税	实发工资
11	卢长久	3820.37	210	332	0	175	202.88	65.68	5.07		304	139	5254		6687.63
13	姓名	基础工资	工龄工资	岗位津贴	全勤奖	其他补贴	养老保险	医疗保险	失业保险	住房公积金	扣社保公积金合计	应税工资	个税	实发工资
14	邹树泉	945.82	300	441	200	175	210.24	65.68	5.26		315	425	3083		5220.18
16	姓名	基础工资	工龄工资	岗位津贴	全勤奖	其他补贴	养老保险	医疗保险	失业保险	住房公积金	扣社保公积金合计	应税工资	个税	实发工资
17	邢园园	4945.78	30	353	200	175	247.36	65.68	6.18			103	6126	42.54	7348.76

图 1-4　Excel 函数制作的工资条

邮件合并也是获取工资条的途径——首先准备好一份源数据表和一个已经处理（设置）好格式的邮件合并的 Word 文档，然后选择【邮件】→【开始邮件合并】→【目录】→【选择收件人】→【使用现有列表】，至此，只要选择已准备好的工资表工作簿，并选择对应的工作表就可以了。接下来将需要的对应项目的域插入到指定单元格内，同时可以先预览并存储结果，也可以单击【完成并合并】后将结果全部打印。图 1-5 所示是邮件合并插入域和预览的效果以及最终效果。

1. 插入域代码的效果

姓名	基础工资	工龄工资	岗位津贴	全勤奖	其他补贴	养老保险	医疗保险	失业保险	住房公积金	扣社保公积金合计	应税工资	个税	实发工资
{ MERGEFIELD 姓名 }	{ MERGEFIELD 基础工资 \#"0.00" }	{ MERGEFIELD 工龄工资 \#"0.00" }	{ MERGEFIELD 岗位津贴 \#"0.00" }	{ MERGEFIELD 全勤奖 \#"0.00" }	{ MERGEFIELD 其他补贴 \#"0.00" }	{ MERGEFIELD 养老保险 \#"0.00" }	{ MERGEFIELD 医疗保险 \#"0.00" }	{ MERGEFIELD 失业保险 \#"0.00" }	{ MERGEFIELD 住房公积金 \#"0.00" }	{ MERGEFIELD 扣社保公积金合计 \#"0.00" }	{ MERGEFIELD 应税工资 \#"0.00" }	{ MERGEFIELD 个税 \#"0.00" }	{ MERGEFIELD 实发工资 \#"0.00" }
{ NEXT }													

2. 预览效果

姓名	基础工资	工龄工资	岗位津贴	全勤奖	其他补贴	养老保险	医疗保险	失业保险	住房公积金	扣社保公积金合计	应税工资	个税	实发工资
罗雪峰	2309.32		152.00		350.00		65.68		240.00	297.00	3414.00	353.86	4872.54

3. 最终效果

姓名	基础工资	工龄工资	岗位津贴	全勤奖	其他补贴	养老保险	医疗保险	失业保险	住房公积金	扣社保公积金合计	应税工资	个税	实发工资
罗雪峰	2309.32		152.00		350.00		65.68		240.00	297.00	3414.00	353.86	4872.54

姓名	基础工资	工龄工资	岗位津贴	全勤奖	其他补贴	养老保险	医疗保险	失业保险	住房公积金	扣社保公积金合计	应税工资	个税	实发工资
张于	4366.34	120.00	599.00	0.00	175.00	191.20	65.68	4.78	287.00	492.00	6301.00	0.00	8235.16

图 1-5　邮件合并的工资条

说说邮件合并的优点：邮件合并比函数和技巧更简单实用。先调整格式，直到自己满意再执行。对于格式调整，都比较直观。只需要处理好源数据的格式，其他操作都比较简单。邮件合并不仅可以制作工资条、还可以制作证件、证书、胸卡、对账单等，只要设置得当就是得力助手。那现在来说说缺点：邮件合并在引用数值时有时会在小数点后面多好几位数字，这个就需要另外执行域的操作，还需要另外学习 Word 的域操作，所以这也是邮件合并的难点。

综上所述，以上 3 种操作各有利弊，现在来讲讲本书的重点内容——自动化一键操作。

一键操作只需在已经制作好的工资源表，轻轻单击一下命令按钮，那么工资条将按照要求的样式，咻咻地全部呈现在眼前，不会出现来回重复指数级的复制粘贴、函数公式嵌套出错或计算量过大卡机、格式出现不满足或不熟悉如何设置等情况。

一键操作只需要单击一下，眨眼的工夫就可以解放人力劳动且得到需要的效果。先来看看操作前后的界面对比，如图 1-6 和图 1-7 所示。

姓名	基础工资	工龄工资	岗位津贴	全勤奖	其他补贴	养老保险	医疗保险	失业保险	住房公积金	扣社保公积金合计	应税工资	个税	实发工资	工资条
罗雪峰	2,309.32		152.00		350.00		65.68		240.00	297.00	3,414.00	353.86	4,872.54	
王丽丽	1,168.00	150.00	571.00	200.00	350.00		93.00	9.00	420.00	135.00	3,096.00	113.78	5,137.78	
张于	4,366.34	120.00	599.00	–	175.00	191.20	65.68	4.78	287.00	492.00	6,301.00	–	8,235.66	
卢长久	3,820.37	210.00	332.00	–	175.00	202.88	65.68	5.07	304.00	139.00	5,254.00	–	6,687.63	
邹树象	945.82	300.00	441.00	200.00	175.00	210.24	65.68	5.26	315.00	425.00	3,083.00		5,220.18	
那囡囡	4,945.78	30.00	353.00	200.00	175.00	247.36	65.68	6.18		103.00	6,126.00	42.54	7,348.76	
韩茂军	4,374.05		598.00		175.00	378.00	97.50	9.45	567.00	372.00	6,571.00	569.61	9,337.56	
王金兰	5,121.00		595.00		175.00						6,295.00		7,469.00	
侯丽薇	4,112.68	400.00	573.00	–	350.00	280.96	70.24	35.12	211.00	103.00	6,136.00	28.77	8,188.09	
程平平	3,909.20	30.00	278.00	200.00	175.00	167.12	65.68	–		454.00	5,279.00		6,648.80	
杨帆	2,006.02		194.00	200.00	175.00	167.12	65.68	4.18		406.00	3,218.00	179.49	4,609.47	

只需要点击下这个按钮执行，自动获得需要工资条

 图 1-6　原始工资表

姓名	基础工资	工龄工资	岗位津贴	全勤奖	其他补贴	养老保险	医疗保险	失业保险	住房公积金	扣社保公积金合计	应税工资	个税	实发工资
罗雪峰	2,309.32		152.00		350.00		65.68		240.00	297.00	3,414.00	353.86	4,872.54
王丽丽	1,168.00	150.00	571.00	200.00	350.00		93.00	9.00	420.00	135.00	3,096.00	113.78	5,137.78
张于	4,366.34	120.00	599.00	–	175.00	191.20	65.68	4.78	287.00	492.00	6,301.00	–	8,235.66
卢长久	3,820.37	210.00	332.00	–	175.00	202.88	65.68	5.07	304.00	139.00	5,254.00	–	6,687.63
邹树象	945.82	300.00	441.00	200.00	175.00	210.24	65.68	5.26	315.00	425.00	3,083.00		5,220.18
那囡囡	4,945.78	30.00	353.00	200.00	175.00	247.36	65.68	6.18		103.00	6,126.00	42.54	7,348.76

 图 1-7　一键制作工资条后的效果

　　当然纸面上看不出来这个处理结果有多快，需在 Excel 软件中单击按钮执行才能感受到——处理结果就在谈笑间立刻呈现出来。

　　无言：大家可能会问这是怎么做到的呢？

　　这就是本书要给大家讲解的内容——VBA（宏），通过这个工具无需多次操作就能得到想要的结果，大大提高了工作效率。来看一段宏（如代码 1-1 所示），该宏就是刚才【工资条】按钮背后的宏代码，通过这段宏代码即可获得需要的结果。这里暂时不需要认识理解这段代码中各语句的具体作用，只需知道轻轻一点条子轻松来！

代码 1-1　一键制作工资条

```
 1| Sub YijianGongziTiao ()
 2|     Dim MxR As Long, Rng As Range, BtRow2 As Byte, Cou As Long
 3|     Dim iR As Long, CouiR As Byte, Rsizes As Byte
 4| On Error Resume Next
 5|     Set Rng = Application.InputBox("选择标题区域, Title:=标题范围", Type:=8)
 6| If Err.Number <> 0 Then MsgBox "您未选择必要的区域, 过程将退出。"
 7|     BtRow2 = Rng.Rows.Count
 8|     MxR = Cells(Cells.Rows.Count, 1).End(xlUp).Row
 9|     If BtRow2 = 1 Then
10|         Cou = BtRow2 + 2
11|         iR = MxR * 3 - 3
12|         CouiR = 3
13|         Rsizes = BtRow2 * 2
14|     Else
15|         Cou = BtRow2 * 2
16|         iR = MxR * BtRow2 ^ 2 - BtRow2 ^ 3
17|         CouiR = BtRow2 ^ 2
18|         Rsizes = BtRow2 + 1
19|     End If
20|     Application.ScreenUpdating = False
21|     ActiveSheet.Copy After:=Sheets(1)
22|     Cells(BtRow2, 1).Offset(1).EntireRow.RowHeight = 30
23|     Do While Cou < iR
24|         With Cells(Cou, 1).Resize(Rsizes, 1)
25|             .EntireRow.Insert
26|             .Offset(-Rsizes).Resize(1).EntireRow.Clear
27|             .Offset(-Rsizes).Resize(1).RowHeight = 15
28|             Rng.Copy .Offset(-BtRow2).Resize(1)
29|             .Offset(-BtRow2 + BtRow2).Resize(BtRow2 + 1).RowHeight = 30
30|         End With
31|         Cou = Cou + CouiR
32|     Loop
33|     ActiveSheet.Shapes(1).Delete
34|     Application.ScreenUpdating = True
35| End Sub
```

💬 无言：看到上面长长的一连串字符，感到晕乎乎，不明所以，但得到了想要的结果却很舒畅。只需轻轻一点，即可获得原先需要通过多个操作步骤才能有的结果。相对上面的技巧、函

数公式、Word的邮件合并，一键操作看起来是无比简单的操作了。

那么，在工作上宏还能运用哪里呢？接下来多举几个例子：一键拆分工作表、一键合并工作表、一键拆分工作簿。看，宏的一键操作多么神奇啊！

一键拆分工作表

有一天，在Excel解答群中某位网友焦急地说，需要将某个工作表按照指定的标题进行拆分，但她还是个新手，不知该怎么办。此时，大家说出了好几种方法：筛选复制粘贴、数据透视表、宏。但是无论大家说什么，妹子（鱼儿）都回应道："我不熟悉啊，你们说的我都很陌生，怎么办？"

无言刚好打开群看到了，于是回复："那我给你整个宏，然后你将代码复制到这个工作簿，单击表中的按钮，按照提示做下去就行了，可以吗？"

? 网友：好的，麻烦你了。

💬 无言：已经发共享了，你去下载名为"一键拆分工作表"的文件，然后单击表中的按钮即可。

? 网友：好的，我去下载！

? 网友：无言，不行啊，我按了没有反应呢，怎么办？

💬 无言：啊……

💬 无言：好吧，我刚才忘了和你说明白，看来你也没有使用过宏。

先关闭该Excel文件，然后再次打开，你将看到如图1-8所示的提示——【安全警告 宏已被禁用。】的旁边有一个【启用内容】按钮，单击它即可。接下来，只需要单击工作表中已经设定好的【一键拆分工作表】按钮，就可以获得根据指定标题拆分的内容不重复的新表。如图1-9所示，单击后工作簿中多了4个以【职业】标题拆分的新工作表。也可以选择其他列标题内容进行拆分，例如性别、学历来获取需要的分表内容。

? 网友：好的，我操作下，谢谢哈！

趁着网友去操作的间隙，无言将写好的代码复制、粘贴，发送到群里，并交代"大家也可以看看，在工作簿中有具体的代码语句说明，如代码1-2所示"。

 图1-8 启用宏，再执行过程

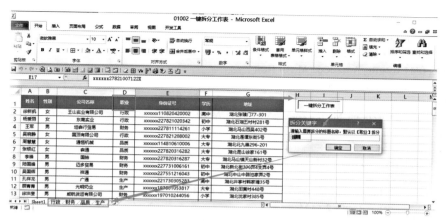

图 1-9　一键拆分工作表

代码 1-2　一键拆分工作表

```
 1| Sub YijianChaifenSheet()
 2|     Dim Zd As Object, FbKey, FbItem, ZdCou As Long, RngArr
 3|     Dim Sht As Worksheet, MxR As Long, MxC As Integer
 4|     Dim BtArr, BtMt As String, Mtc As Integer
 5|     Dim ShArr(), Ccou As Integer, Rcou As Long, Cous As Long
 6|     Application.ScreenUpdating = False:     Application.DisplayAlerts = False
 7|     For Each Sht In Worksheets
 8|         If Sht.CodeName <> Sheet1 Then Sht.Delete
 9|     Next Sht
10|     With Sheet1
11|         MxR = .Cells(1).End(xlDown).Row
12|         MxC = .Cells(1).End(xlToRight).Column
13|         BtArr = .Cells(1).Resize(1, MxC).Value
14|         BtMt = Application.InputBox("请输入需要拆分的标题名称，默认以【职业】拆分，拆分关键字," _
       "职业", , , , , 2)
15|         If BtMt = Then MsgBox "输入关键字不正确，过程将退出！ ": Exit Sub
16|         On Error Resume Next
17|         Mtc = WorksheetFunction.Match(BtMt, BtArr, 0)
18|         If Err.Number <> 0 Then MsgBox "输入的标题名称不存在，过程将退出", vbOKOnly: Exit Sub
19|         RngArr = .Cells(1).Resize(MxR, MxC).Value
20|         Set Zd = CreateObject(Scripting.Dictionary)
```

```
21|          On Error GoTo 0
22|          For ZdCou = 2 To MxR
23| If Not (Zd.Exists(RngArr(ZdCou, Mtc))) Then
24|          Zd.Add RngArr(ZdCou, Mtc), 1
25| Else
26|          Zd(RngArr(ZdCou, Mtc)) = Zd(RngArr(ZdCou, Mtc)) + 1
27| End If
28|          Next ZdCou
29|          FbKey = Zd.Keys: FbItem = Zd.Items
30|          For ZdCou = 0 To Zd.Count - 1
31|              ReDim ShArr(1 To FbItem(ZdCou), 1 To MxC)
32|              For Rcou = 2 To MxR
33|                  If RngArr(Rcou, Mtc) = FbKey(ZdCou) Then
34|                      Cous = Cous + 1
35|                      For Ccou = 1 To MxC
36|                          ShArr(Cous, Ccou) = RngArr(Rcou, Ccou)
37|                      Next Ccou
38|                      If Cous = FbItem(ZdCou) Then Cous = 0: Exit For
39|                  End If
40|              Next Rcou
41|              With Worksheets.Add(After:=Worksheets(Worksheets.Count), Count:=1)
42|                  .Name = FbKey(ZdCou)
43|                  Sheet1.Rows(1).Copy .Cells(1)
44|                  .Cells(1).Offset(1).Resize(FbItem(ZdCou), MxC) = ShArr
45|                  .UsedRange.Borders.LineStyle = 1
46|                  .UsedRange.Columns.AutoFit
47|              End With
48|              Erase ShArr
49|          Next ZdCou
50|      End With
51|      Application.DisplayAlerts = True: Application.ScreenUpdating = True
52|      MsgBox "依据关键字，拆分工作表，已完成！"
53| End Sub
```

❓ 网友：好了，现在可以使用了，速度杠杠的。刚才我还在一个一个地扫描呢，看得眼睛酸胀。谢谢！现在我可以去交差了。

就这样，又一难题在自动化（宏）下解决了。但是 Excel 的自动是不是仅限于此呢？后面还有几个实例。

 **1.1.3　一键合并工作表**

群里的每一天都会有不同的、新鲜的、火辣的问题亟待解决。这不，某天群内又一位网友（鳄鱼）有问题。

? 网友：请问大家，谁能告诉我如何合并Excel工作簿里的所有工作表呢？谢谢！比较急，我先上传一个模拟文件，请大家帮下忙。

这下群里又开始讨论了——这么少，手工复制就可以了；要不用 SQL 吧，或者用多重数据透视表、宏也行。

? 网友：手工不行啊！我只是模拟了十来个，实际上有差不多二百多个工作表呢。还有你们说的SQL我完全不懂；数据透视表我操作了，感觉不是我要的结果；宏的话我也不会，只能请大家帮下我了，要不今晚加班都可能搞不定。

💬 无言：我给你弄一段宏，稍等会儿。

这个话题停止了讨论，但是群内的问题是不断的。只是无言也无暇理会其他了——正在忙着给鳄鱼弄一键合并工作表的宏。时间又过了差不多十多分钟。

💬 无言：好了，我将文件发到共享了，你去下载吧。注意使用时根据提示启用宏，如果不明白请先百度一下，再单击表中的【一键合并工作表按钮】按钮，如图1-10所示。

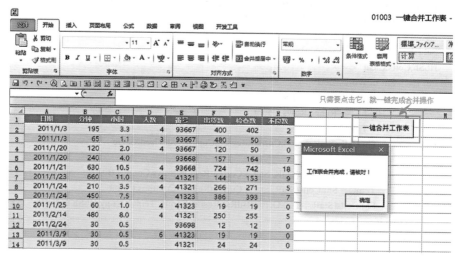

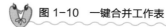 图 1-10　一键合并工作表

? 网友：谢谢大家，谢谢无言。刚才的模拟表简直是瞬间完成；真实的文件不到一分钟也完成了，效果很不错。我今晚不用加班了，可以准时下班回家了。对了，无言，能说下这段代码的大概作用吗？

💬 无言：可以啊。这个宏过程主要通过已经建立的一个名为"合并工作表"的工作表，然后通过判断工作表名是不是与其相同，如果不同，则通过让用户选择内容循环获取具体的数据范围，并将这些数据复制到"合并工作表"中，具体的代码如代码1-3所示，但还是希望大家下载Excel文件，每条代码都有详细的注释。

代码 1-3　一键合并工作表

```
1| Sub YijianHeBingSheet()
2|     Dim Sht As Worksheet, R As Integer
3|     Dim StaR As Integer, BitRs As Byte, StaC As Integer
4|     Dim TemR As Integer, TemC As Integer
5|     Dim HbSht As String, HbSh As Worksheet
6|     StaR = Application.InputBox("请输入开始标题的行号，默认为 1", "开始标题行号", 1, , , , , 1)
7|     If StaR < 1 Or StaR >= Rows.Count Then Exit Sub
8|     BitRs = Application.InputBox("请输入标题的行数，行数不超3行，默认为 1 ", "标题行数", 1, , , , , 1)
9|     If BitRs < 1 Or BitRs > 3 Then Exit Sub
10|     BitRs = IIf(BitRs = 1, 1, BitRs)
11|     StaC = Application.InputBox("请输入开始标题的列号，默认为 1，开始标题列号", 1, , , , , 1)
12|     If StaC < 1 Or StaC >= Columns.Count Then Exit Sub
13|     Application.ScreenUpdating = False
14|     HbSht = "合并工作表"
15|     Set HbSh = Worksheets(HbSht)
16|     HbSh.Cells.Clear
17|     For Each Sht In Worksheets
18|         If Sht.Name <> HbSh.Name Then
19|             R = HbSh.UsedRange.Rows.Count
20|             If R = 1 Then
21|                 Sht.Cells(StaR, StaC).CurrentRegion.Copy HbSh.UsedRange
22|             Else
23|                 TemR = Sht.Cells(StaR, StaC).CurrentRegion.Rows.Count - BitRs
24|                 TemC = Sht.Cells(StaR, StaC).CurrentRegion.Columns.Count
25|                 Sht.Cells(StaR, StaC).Offset(BitRs).Resize(TemR, TemC).Copy HbSh.Cells(R + 1, StaC)
26|             End If
27|         End If
28|     Next Sht
```

```
29|        Application.ScreenUpdating = True
30|        MsgBox "工作表合并完成，请核对！"
31| End Sub
```

问题解决了，突然又蹦出来一个鲜活的问题（陶朱）。

? 网友：无言，我有一个工作簿，需要把每一个工作表按表名另存为一个新的工作簿，要怎么办？内容不少啊，求出手！

1.1.4 一键拆分工作簿

💬 无言：好的，请稍等下，我把手头的活儿先忙完。你这个问题不难，我这里有现成的实现方法，我找下。

💬 无言：陶朱，你看看这是不是你要的功能？我先截图，你看下图1-11中的效果——根据这个工作簿中的所有工作表拆分到和当前工作簿同一路径下的文件夹中，且文件夹的名称和该工作簿相同。

? 网友：对的，要的就是这个效果。不错，不错！麻烦你把文件发给我吧，谢谢！

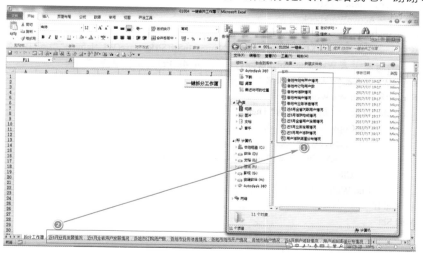

 图 1-11 一键拆分工作簿的效果

💬 无言：稍等，我将它放到共享文件中，大家需要就去下载。

❓ 网友：无言，你如何实现的呢？我也想学点自动化操作。

💬 无言：这些一键操作都托了Excel的功能之一——宏（VBA）的福。换名话说，这些自动化操作都源自于宏。按习惯我还是将宏代码粘贴出来（如代码1-4所示），让记录中有它，以后也方便搜索使用。

代码 1-4　一键拆分工作簿

```
 1| Sub YijianChaifenWork()
 2|     Dim Wk As Workbook, Sht As Worksheet
 3|     Dim Luj As String, WkName As String
 4|     Dim Tis As String, Bol As Boolean
 5|     Tis = "是否要将当前工作簿的所有工作表拆分",  & vbCr & "且并将新建工作簿按拆分的原工作表名称", & vbCr _
 6|         & "并保存在在当前工作簿的路径下同名的文件夹内！" & vbCr & "请选择 【Yes】 或【No】"
 7|     If MsgBox(Tis, vbYesNo, "拆分提示") = 6 Then
 8|         Bol = True
 9|     Else
10|         MsgBox "您选择不拆分工作簿，过程将退出！", vbOKOnly, "退出提示"
11|         Exit Sub
12|     End If
13|     Application.ScreenUpdating = False
14|     On Error Resume Next
15|     Set Wk = ActiveWorkbook
16|     Luj = Wk.Path
17|     WkName = StrReverse(Mid(StrReverse(Wk.Name), InStr(StrReverse(Wk.Name), ".") + 1))
18|     If Dir(Luj &" \" & WkName, vbDirectory) = 0 Then MkDir Luj & "\" & WkName
19|     Luj = Wk.Path & "\" & WkName & "\"
20|     For Each Sht In Wk.Worksheets
21|         If Sht.Name <> "拆分工作簿" Then
22|             Sht.Copy
23|             With ActiveWorkbook
24|                 .SaveAs Filename:=Luj & Sht.Name & ".xlsx"
25|                 .Close
26|             End With
27|         End If
28|     Next Sht
29|     Application.ScreenUpdating = True
30|     MsgBox "工作表拆分已完成！"
31| End Sub
```

1.2　Excel一键操作完成的来源

?　网友：你刚才说Excel的自动化源自于宏，那宏是什么呢？

●●●　无言：初步的宏是一堆存储的指令集合，下面来详细说下。

1.2.1　自动化的源头——宏

在日常办公中，自动化已深入应用到工作的方方面面。自动化不仅可以实现工资条制作、拆分/合并工作表（簿）等，还可以进行多表汇总、多工作簿合并汇总、无人值守调取数据、自动发送邮件等。

关于自动化的好处，由上面几个实例管中窥豹，可见一斑。Excel 的自动化有利于提高数据准确率，减少重复劳作，提高工作效率，从此让办公一族远离加班，获取更多时间充实自己，陪伴家人、好友。

?　网友：那么Excel的自动化是如何实现的呢？

其实从 Excel 的自动化被开始提及时，说的频率最高的一个词语就是宏。宏作为实现 Excel 自动化的核心部分，在 Excel 一键操作中占有非常重要的位置。那么什么是宏？

1.2.2　什么是宏

借由上面的"一斑"，可进一步扩展对自动化的宏的认知：在多数情况下，只要听到宏就如同听到数组函数一样，让大家都觉得高深莫测，只有特别神奇的人才会运用。

其实不然，宏其实在最初也只是个测试辅助工具，经过许多开发者和用户的不断发掘、开发、完善，才使得宏取得了今天的成功。

那么宏到底是什么呢？

宏其实是一个存储一系列命令的程序过程。在 Excel 及其他软件中宏作为自动化操作的核心部分，起到了非常重要的作用。在这里，可以将宏先强制分为两种类型：录制的宏（使用宏）和手动编写的宏（编写 VBA）。例如，下面的两段代码都是宏。虽然功能一样，但是它们看起来也有很多不同的地方。以下两段代码都是对 A1 单元格的设置。输入"我就是一个宏"，

并设置单元格填充色为红色，字体为黑体，字号大小为 20。来看下代码 1-5 和代码 1-6 的差别。

代码 1-5　录制（使用）宏

```
1| Sub 录制宏2()
2|     Range ("A1").Select
3|     ActiveCell.FormulaR1C1 = "我就是一个宏"
4|     Range ("A1").Select
5|     With Selection.Interior
6|         .Pattern = xlSolid
7|         .PatternColorIndex = xlAutomatic
8|         .Color = 255
9|         .TintAndShade = 0
10|        .PatternTintAndShade = 0
11|    End With
12|    With Selection.Font
13|        .Name = "黑体"
14|        .Size = 11
15|        .Strikethrough = False
16|        .Superscript = False
17|        .Subscript = False
18|        .OutlineFont = False
19|        .Shadow = False
20|        .Underline = xlUnderlineStyleNone
21|        .ThemeColor = xlThemeColorLight1
22|        .TintAndShade = 0
23|        .ThemeFont = xlThemeFontNone
24|    End With
25|    With Selection.Font
26|        .Size = 20
27|        .Strikethrough = False
28|        .Superscript = False
29|        .Subscript = False
30|        .OutlineFont = False
31|        .Shadow = False
32|        .Underline = xlUnderlineStyleNone
33|        .ThemeColor = xlThemeColorLight1
34|        .TintAndShade = 0
35|        .ThemeFont = xlThemeFontNone
36|    End With
37| End Sub
```

代码 1-6　手工（编写）宏

```
1| Sub 手工宏1()
2|      Cells(1, 1)= "我就是一个宏"
3|      Cells(1, 1).Interior.ColorIndex = 3
4|      Cells(1, 1).Font.Name = "黑体"
5|      Cells(1, 1).Font.Size = 20
6| End Sub
```

？ 网友： 上面两段代码是同样效果的宏，第1段看起来代码行数多，结构复杂，看起来就犯懵；但是第2段宏看起来则简洁易懂。

💬 无言： 第1段繁杂的代码就是通过Excel自带的录制宏功能获取的，其中包含了很多不需要的操作或属性；第2段代码则是简简单单地直接在Cells(1,1)单元格对象（相当于A1单元格）中进行数据输入和格式设置，6条语句就完成了4步操作。

这就是录制宏和手工宏的主要差别。本书主要以手写编制宏为重点学习方向，并将简单介绍录制（使用）宏。

宏的录制

如上所述，Excel 的自动化是通过使用录制宏或手工编写宏实现的，本节主要讲解如何获取录制宏。

在 Office 2007 及以上版本中录制宏，可以在【视图】选项卡的【宏】组中单击【录制宏】按钮，如图 1-12 所示；也可以先打开【开发工具】选项卡，在【代码】组中单击【录制宏】按钮，如图 1-13 所示。相对【视图】选项卡来说，【开发工具】选项卡中的工具更多、更全面，本书以后的操作和添加工具等都将在【开发工具】选项卡中进行。在此要说明的是，在 Excel 工作界面中默认并未显示【开发工具】选项卡，需要通过选择【文件】→【选项】命令，在弹出的如图 1-14 所示【Excel 选项】对话框中进行相应的设置，才会在功能区中显示该选项卡。

🎀 图 1-12　在【视图】选项卡的【宏】组中单击【录制宏】按钮

🎀 图 1-13　在【开发工具】选项卡的【代码】组中单击【录制宏】按钮

🎀 图 1-14　显示【开发工具】选项卡

💬 无言：说了这么多，现在来看看如何录制宏。录制宏，以后默认都直接从【开发工具】选项卡的【代码】组中单击【录制宏】按钮进行操作。

假设要在 C2 单元格内输入 VBA 这个字符串，且设置字号为 36，则直接单击【录制宏】按钮，在弹出的【录制新宏】对话框中按图 1-15 所示设置录制宏的自定义名称、快捷键、保存位置及作用说明。其中在设置快捷键时，可以在 Ctrl+ 右侧的文本框中输入要使用的任何小写字母或大写字母。当包含该宏的工作簿被打开时，该快捷键将覆盖任何对等的默认 Excel 快捷键。如需查看在 Excel 中已分配的 Ctrl + 快捷键的列表，请参阅 Excel 快捷键和功能键。

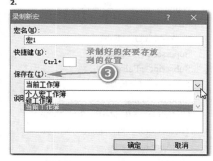

图 1-15　显示"开发工具"功能区

完成设置后，单击【确定】按钮。此时可以看到，【录制宏】按钮 已变为【停止录制】按钮 。在激活的工作表中选择 C2 单元格进行操作，完成录制后单击【停止录制】按钮即可。此时【停止录制】按钮又将重新变回【录制宏】按钮。

录制完成的宏，可以通过在【开发工具】选项卡的【代码】组中单击【宏】按钮（见图 1-13）来查看。单击后将弹出如图 1-16 所示的【宏】对话框，其中列出了已录制或者编写的宏。此时只需要双击该录制宏；或者选中该宏名称后单击右侧的【执行】按钮；或者在选择的单元格上按下已设置好的快捷键，都可以执行指定宏。如果需要修改宏，也可以单击【编辑】按钮修改已有的宏过程，这个后面再讲。录制新宏的代码如代码 1-7 所示。

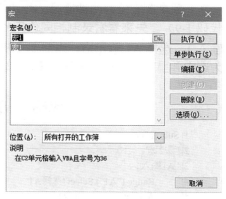

图 1-16　执行宏

代码 1-7　录制在 C2 单元格输入并设置格式的宏

```
1| Sub 宏1()
2| ' 宏1 宏
3| ' 在C2单元格输入VBA且字号为36
4| ' 快捷键: Ctrl+m
5|     With Selection.Font  '选中对象的字体设置
6|         .Name = "宋体"　'字体名称
7|         .Size = 36 '字号
8|         .Strikethrough = False
9|         .Superscript = False
10|        .Subscript = False
11|        .OutlineFont = False
12|        .Shadow = False
13|        .Underline = xlUnderlineStyleNone
14|        .ThemeColor = xlThemeColorLight1
15|        .TintAndShade = 0
16|        .ThemeFont = xlThemeFontMinor
17|     End With
18|     ActiveCell.FormulaR1C1 = VBA    '激活单元格输入，原操作为选中C2单元格
19|     Range(C3).Select '选中C3单元格
20| End Sub
```

　　一般录制宏分为两种情况：类似绝对引用录制的宏（见代码 1-8）和相对引用录制的宏（见代码 1-9）。先来看看录制相同作用的宏，在使用不同录制方式时代码的变化——在激活单元输入 1，选择 A1 单元格。当需要【使用相对引用】录制宏时需要先单击 使用相对引用 按钮使其变为选中并呈高亮状态，再单击【录制宏】即可。

代码 1-8　绝对引用录制宏代码

```
1| Sub 宏2()
2| ' 宏2 宏
3| ' A1输入1
4|     Range ("A1").Select '选择A1
5|     ActiveCell.FormulaR1C1 = 1 '输入
6|     Range ("A2").Select '选择A2
7| End Sub
```

> ### 代码 1-9　相对引用录制宏代码
>
> ```
> 1| Sub 宏3()
> 2| ' 宏3 宏
> 3| ' 相对引用录制的宏
> 4|     ActiveCell.FormulaR1C1 = 1 '激活单元输入
> 5|     ActiveCell.Offset(1, 0).Range ("A1").Select '偏移
> 6| End Sub
> ```

通过代码 1-8 和代码 1-9 的代码可以看出宏 2 和宏 3 的区别不是很大，但是宏 2 每次执行时只能在 A1 单元格输入数据，并且输入后选中 A2 单元格；宏 3 则是在当前选中单元格输入数据后依据原选中单元格的位置向下偏移一行（宏 3 中的 ActiveCell.Offset(1, 0).Range ("A1") 中的 Range ("A1") 的作用为类似于激活单元格偏移几行）。

通过比较发现，相对引用代码作用类似于函数公式中的相对引用方式，依据单元格的位置的不同变化变化位置；而用绝对引用的宏，输入位置和选择如同最初录入的位置一样没有变化，也和函数公式中的绝对引用方式一样，只能引用同一个位置的数据一样。

使用相对引用方式录制的宏适用于需要灵活操作的情况，而绝对方式录制宏使用在固定位置输入情况。进行实际录制时我们可以根据需要进行选择，但是后面会学习直接用绝对引用录制宏方式录制好宏之后，修改为适用于实际运用的过程代码。

1.2.4　录制宏的弊端

无言：来看看录制的代码 1-10 中，只有标识为红色的才是有用的语句，其他很多语句看起来对实际操作并没有实质的作用，那么这些语句是如何产生的，又该如何尽量少地产生这些语句呢？

语句的产生——由录制宏生成。在录制过程中，Excel 会将我们的操作转换为计算软件承认的语句。既然是其承认的，那么就会在操作中产生由软件默认的关于操作对象的关联属性及逐步操作的代码语句（不管中间操作步骤是否多余或者操作失误，都会被如实记录下来）。比如，对于选中的 A1 单元格，只需要设置其字号，但是此时软件会将选中的对象转化为一个 Selection 对象，并在选择字号时，将选择对象关联到了字体属性 Selection.Font，接着换行写入我们修改后的字号大小（红色字体）。那么到这里，按照我们的思维就可以停止，不需要继续关联到其他任何属性了。

代码 1-10　录制宏产生的多余语句

```
1| With Selection.Font
2|     .Size = 20 '字号
3|     .Strikethrough = False '删除线
4|     .Superscript = False  '上标
5|     .Subscript = False    '下标
6|     .OutlineFont = False '空心字体
7|     .Shadow = False  '阴影
8|     .Underline = xlUnderlineStyleNone '下划线
9|     .ThemeColor = xlThemeColorLight1 '配色方案
10|    .TintAndShade = 0 '渐变设置
11|    .ThemeFont = xlThemeFontNone '关联主题字体
12| End With
```

但是 Excel 录制宏就认为需要将关联到这个字体对象的所有关联属性逐一列出，并写上默认属性设置或者录制的操作情况。看到这么多的字符，不晕才怪呢。正是因为录制宏在步骤太多的情况下会自动生成很多的无用语句，才导致阅读和分解起来不太方便。那么要如何产生尽量少的语句，做到精简录制宏代码呢？

这个可以通过先设计好每一步操作，精确到每一步该做什么都先写在纸张上，并在录制的时候尽量一气呵成，这样就可以做到产生尽量少的关联属性操作代码。例如要在 D5 单元格中输入 AC 并设置黑体 16 字号，那么录制 D5 的数据过程可以分别拆解成如图 1-17 和图 1-18 所示的数据过程 1 和 2，来看下这两个过程的代码差异。

　　图 1-17　录制 D5 数据过程 1　　　　　　　　图 1-18　录制 D5 数据过程 2

从图 1-19 和图 1-20 所示过程步骤及录制宏过程代码，可以看出按照设计好的步骤进行了精确操作后，还存在这么多的语句。如果在录制宏时进行了多次不确定的选择或操作时，将会产生更多的代码语句在实际使用时将增加执行的步骤，也将增加执行时间。

精准的步骤，准确的操作——才是减少产生的非必要语句的必要条件。

```
Sub 数据过程1()
    Range("D5").Select
    With Selection.Font
        .Name = "黑体"
        .Size = 11
        .Strikethrough = False
        .Superscript = False
        .Subscript = False
        .OutlineFont = False
        .Shadow = False
        .Underline = xlUnderlineStyleNone
        .ThemeColor = xlThemeColorLight1
        .TintAndShade = 0
        .ThemeFont = xlThemeFontNone
    End With
    With Selection.Font
        .Name = "黑体"
        .Size = 16
        .Strikethrough = False
        .Superscript = False
        .Subscript = False
        .OutlineFont = False
        .Shadow = False
        .Underline = xlUnderlineStyleNone
        .ThemeColor = xlThemeColorLight1
        .TintAndShade = 0
        .ThemeFont = xlThemeFontNone
    End With
    ActiveCell.FormulaR1C1 = "AC"
    Range("D6").Select
End Sub
```

 图 1-19　数据过程 1

```
Sub 数据过程2()
    Range("D5").Select
    ActiveCell.FormulaR1C1 = "AC"
    Range("D5").Select
    With Selection.Font
        .Name = "黑体"
        .Size = 11
        .Strikethrough = False
        .Superscript = False
        .Subscript = False
        .OutlineFont = False
        .Shadow = False
        .Underline = xlUnderlineStyleNone
        .ThemeColor = xlThemeColorLight1
        .TintAndShade = 0
        .ThemeFont = xlThemeFontNone
    End With
    With Selection.Font
        .Name = "黑体"
        .Size = 16
        .Strikethrough = False
        .Superscript = False
        .Subscript = False
        .OutlineFont = False
        .Shadow = False
        .Underline = xlUnderlineStyleNone
        .ThemeColor = xlThemeColorLight1
        .TintAndShade = 0
        .ThemeFont = xlThemeFontNone
    End With
End Sub
```

 图 1-20　数据过程 2

1.2.5　宏的存放位置

💬 无言：那录制完成的宏存放在哪里？

　　一开始录制宏的时候，Excel 就会提供给我们 3 个存放位置的选择：当前工作簿、新工作簿、个人宏工作簿，如图 1-21 所示。

　　存在这 3 个地方有什么区别和作用呢？

　　（1）当前工作簿：顾名思义，也就是将录制的宏保存在当前工作簿的模块中，录制的宏只有在当前工作簿打开时才能使用。

　　（2）新工作簿：即录制时，Excel 会自行先创建一个默认名称的新工作簿后，在宏录制完毕后将宏保存到该新创建的工作簿模块中，只有将新工作簿保存为 .xlsm 或者 .xls 才能将宏保存，如果保存为 .xlsx 格式，将出现如图 1-22 所示的提示，这样我们保存在该工

作簿的宏都将竹篮打水一场空——没了。所以保存时要注意选择保存为 .xlsm 或 .xls 格式。当前工作簿也是一样的操作。

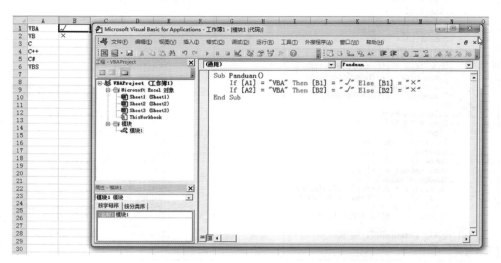

图 1-21　录制代码保存的位置

图 1-22　录制宏的保存提示

（3）个人宏工作簿：个人宏工作簿是 Excel 默认的文件，在选择个人宏工作簿时，如果隐藏的个人宏工作簿（Personal.xlsb）不存在，Excel 会创建一个，并将宏保存在此工作簿中。每次启动 Excel 时，XLStart 文件夹中的工作簿都会自动打开。如果想在另一个工作簿中自动运行个人宏工作簿中的宏,则还必须将该工作簿保存在 XLStart 文件夹中,以便在启动 Excel 时同时打开这两个工作簿。Personal.xlsb 的位置：

- 在 Windows7 及以上系统中，此工作簿保存在
  C:\Users\ 用户名 \AppData\Local\Microsoft\Excel\XLStart 文件夹中。

- 在 Windows XP 中，此工作簿保存在
  C:\Documents and Settings\ 用户名 \Application Data\Microsoft\Excel\XLStart 文件夹中。
  因此，如果不想每次都打开多个宏工作簿的话，需要将录制或编写的宏都放置在 Personal.xlsb 文件中或将宏工作簿放置在 XLStart 文件夹中。

1.2.6　宏的运行

宏的运行，可以在【开发工具】选项卡的【代码】功能组中单击【宏】，在弹出的对话框中选择需要运行的宏名称，再单击右侧的【执行】按钮或者直接双击宏名称；如果设置了快捷键则可以不用打开【宏】直接按快捷键就可以执行指定的宏了。也可以在 VBE 窗体运行，这个后话说明。

1.3　如何宏过程

💬 无言：有时在拿到其他网友、朋友、同事带有宏的工作簿时，在操作相应的界面按钮时，期待出现相应的运行结果或提示，但是我们等了好久也不见动静，这究竟是为什么？

1.3.1　为什么宏运行不了

为什么宏运行不了了？这个需要从宏病毒这个名词开始唠叨下。

宏病毒是一种寄存在文档文件中并伺机感染其他计算机的一种病毒。宏病毒曾经在一段时间泛滥成灾，对文件造成破坏、删除和感染，通过途径循环感染，对其防不胜防，使得用户的心血付之东流。但是现在的 Office 软件都有了对宏的安全设置和提示，提升了宏的安全性能。

Excel 默认对于含有宏的工作簿都会进行友好提示。在文件所处的路径下第 1 次打开时,将会出现如图 1-23 所示的窗口,这就是 Office 的【宏安全性】设置提示。只有选择图 1-23 中的【启用宏】才能运行宏。有时会发现 Excel 连提示都没有,那是怎么回事呢,要么做呢?

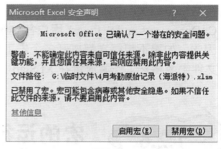

图 1-23　Excel 安全声明提示

 **1.3.2　调整修改宏安全级别**

💬 无言:其实这个与Excel的【宏安全性】的具体设置有关,那么这个要在哪里调出来、如何调整相关项?

从 Excel 的【文件】选项卡进入 Excel 选项,然后选择左侧【信任中心】选项,接着单击其右侧的【信任中心设置】按钮,弹出【信任中心】对话框,继续单击【信任中心】左侧的【宏设置】项,就可以看到关于 Excel 宏设置的几个选项,如图 1-24 所示。

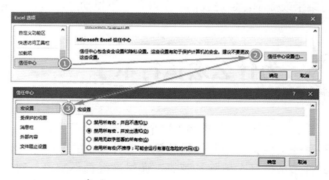

图 1-24　如何进入宏设置

进入【宏设置】后,我们可以看到其有 4 个选项可以选择,我们来了解下它们各自的作用:
(1)禁用所有宏,并且不通知:Excel 会禁用所有宏,且不通知用户,用户只能通过修改

【宏设置】后再打开工作簿，才有提示选择。

（2）禁用所有宏，并发出通知：Excel 会禁用所有宏，但会弹出窗体通知用户，用户只需要选择【启用宏】或者【禁用宏】的选项就可以了，以后每次打开该文件，就会按选择执行也不会再提示。

（3）禁用无数字签署的所有宏：Excel 宏将被禁用，但如果存在宏，则会显示安全警告。但是，如果受信任发布者对宏进行了数字签名，并且您已经信任该发布者，则可运行该宏。如果您尚未信任该发布者，则会通知您启用签署的宏并信任该发布者。（数字证书需要通过认证才能获取）

（4）启用所有宏：这个最简单，就是运行所有含有宏的工作簿，提示都不给，也是安全隐患最高的一个危险设置，Excel 本身也不推荐如此设置。

一般情况下，只需要选择第 2 个宏设置即可，让用户判断是否使用该工作簿。以后打开该工作簿都将可以正常使用了。

安全文件的位置

那么能否有一个被信任的路径下存放的文件，就被认为的可信任、安全的呢？Excel 为此提供了类似的选项，分别是：受信任的发布者、受信任位置、受信任的文档。

（1）受信任的发布者：即需要已通过认证的数字签字且在有效期内的发布的代码，如宏、ActiveX 控件或外接程序等，才可导入。该功能很少用，了解即可。

（2）受信任位置：重点介绍对象：即将我们认为存放宏、ActiveX 控件等可信任的文件夹添加到该处，这样每次打开该文件夹路径下的文件都可直接运行。在添加时可以选择信任指定路径下的子文件夹，同时也可以添加网络上信任的位置，一般情况不推荐这么操作。既然可以选择信任该位置，同样也可以选择不信任已添加的所有路径位置，如图 1-25 所示。

（3）受信任的文档：指那些包含活动内容（宏、ActiveX 控件、数据连接等）的文件，在启用这些文件中的活动内容后，打开这些文件时不会显示消息栏。在打开受信任的文档时不会出现任何提示，即使添加了新的活动内容或者更改了现有活动内容也是如此。不过，如果在上次信任文件后移动了该文件，则会出现提示。在信任某个文档后，该文档在受保护的视图中不会再打开。因此，只有在信任文件来源的情况下，才应信任文档。也就是如果我们信任过一次的文件，以后打开都不再提示【启用宏】的提示了，除非位置发生变化，才有提示。

一般只需要设置好受信任位置就可以了，这样以后只需要将文件程序都放置到该路径下，都是顺利执行，没有通知用户是否启用宏之类的提示了。

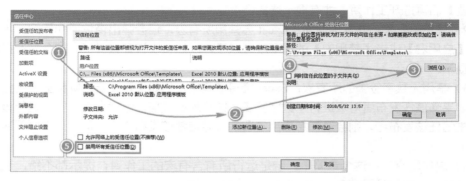

图 1-25　如何添加受信任位置

1.4　VBA与宏的关系

? 网友：无言你说了这么多，怎么跟平时在群里看到的有些不同呢？平时他们就直接说VBA可以搞定，但直到现在你说的都是宏——这个和VBA有什么关联吗？

无言：嗯，必须有关联啊——平时他们说的宏基本等同于VBA，但是上面我说的宏，只是VBA的"敲门砖"而已。

为什么说是"敲门砖"，因为宏是通过记录用户的每一步操作并将其转换为一组命令组合存储在模块中，所以可以通过这些命令组合的相关帮助说明，进入 VBA 世界的大门。下面讲解 VBA 和宏的关系及 VBA 相对于宏的优势。

1.4.1　录制宏的局限性

从上面的内容可以发现录制的宏，会在代码中出现许多我们认为不需要的属性，并且会记录下可能的误操作，执行的区域比较固定，缺少灵活性，就算是使用相对录制的宏，也不具备灵活性。例如，录制宏的过程中将某个图形命名为图形 1，但是第 2 个或其他图形可能需要命

名为图形 2、图形 3 等，但录制的宏过程不能根据实际对其他图形进行序列命名，新的图形还是被命名为图形 1。

　　某些行为操作动作不能记录下来并生成宏代码；宏不能根据具体条件判断执行是否需要执行写入或其他动作；宏无法进行循环操作，只能手工多次执行同一个宏过程，这样也就造成效率低，多次单击执行不亚于人工操作。还有就是录制宏生成的不必要操作或者属性，在执行过程又重复执行了。例如，有 10 个单元格，我们需要在内容为空再根据左边单元内容填入内容，录制宏只能单一地返回原先录制的内容，且不会从第 1 个单元格逐一判断是否满足填写要求。

1.4.2　什么是 VBA

? 网友：嗯，那你说了这么多，那到底什么是VBA？

💬 无言：VBA就是……

　　VBA 是 Visual Basic for Application 的缩写，是一种应用程序自动化语言。VBA 是 VB（Visual Basic）的子集，都是面向对象的一种编程语言。所谓应用程序自动化，是指通过程序或者脚本让应用程序（如 Excel、Word 、CAD 等）自动化完成一些工作。例如，在 Excel 中自动完成工资条的制作、定时发送邮件、定时完成汇总、自动设置单元格格式等，这些我们都可以通过 VBA 来完成。

　　VBA 作为自动化语言 VB 的子集，它们在语法结构和用法上很相似，但是 VBA 无法直接脱离依附的应用程序独立使用，而必须依附在应用程序上才能有施展使用的空间，否则将如同断了线的风筝。既然 VBA 的语法都相似，那么我们在 Excel 中学会了 VBA，以后跨软件使用时学习成本就会降低。在掌握相关语法的基础上，只需要再看软件的对象、属性、动作、事件等，就可以利用 VBA 的自动化功能来解决问题。

1.4.3　VBA 编程的灵活性、高效率和可操作性

　　上面说了录制宏会生成冗余的代码、无法进行判断、无法进行循环操作、无法记录部分操作，那么 VBA 能做到简洁、判断、循环等录制宏所不能克服的缺点吗？

　　当然可以了，通过以上学习，我们知道，比起根据实际要求和内容手工编写代码来完成录制宏效果，VBA 还可以做到更加智能化、自动化、高效率！还是以录制宏和手工宏的代码比较，

代码 1-6 不包含必需的外壳语句，仅需要 4 句代码就完成需要的输入和属性设置；而代码 1-5 在去外壳后还需要 35 句代码才能完成同样的要求。

宏执行过程中无法进行条件判断选择，而 VBA 却有，而且不止一种方式。最熟悉的莫过于类似 IF 函数，该函数起到了判断计算结果的作用，而 VBA 同样拥有类似于该函数的 IF 语句、Select 语句、IIF 函数。有这么多可用的语句和函数，这在录制宏的过程中不能做到。如图 1-26 以及代码 1-11 所示，该过程为判断 A1 和 A2 单元格中是否存在 VBA 字符，如果是则在右侧的单元格内输入 √ 或 ×，宏此时只能默默地执行原先输入的符号，不能进行判断。

代码 1-11　判断单元字符

```
1| Sub Panduan()
2|     If [A1] = VBA Then [B1] = "√" Else [B1] = "×"
3|     If [A2] = VBA Then [B2] = "√" Else [B2] = "×"
4| End Sub
```

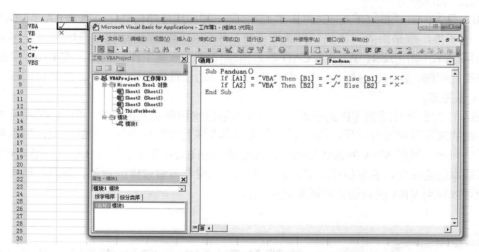

图 1-26　VBA 的选择判断

VBA 的高效性：从一开始我们的一键操作就是高效性的体现。如果我们通过录制宏来制作工资条，有 20 个数据，那么最少需要操作 18 次宏才能获得需要的工资条结果。但是一键操作都只是在单击之后稍微等待，就可以获得我们需要的效果（结果）。这个效率和我们单击 N 次得到的结果，哪个更高效呢？答案不言而喻。

　　VBA 的可操作性相对于录制宏，可以在设计编写的过程中考虑将需要用户选择的单元格区域或者文档文件对象等进行预设，再通过其他选项让用户选择保存、删除或者保留备份等。这样比宏的一成不变，来的更加灵活及具有可操作性，使得程序更具有自动化。如图 1-27 所示是一个拆分工作表的 VBA 过程——根据实际需要拆分工作表，再指定拆分列，由该列不重复内容生成对应的工作表数据。

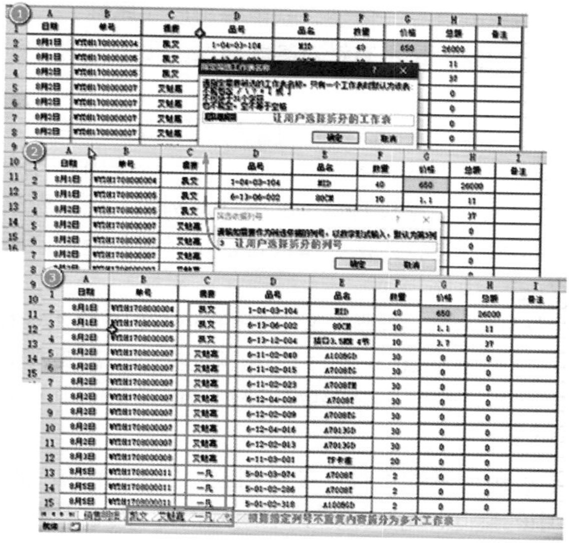

图 1-27　让用户有更多的操作选择

1.5　如何学习VBA

? 网友：无言，测试了很快啊，比我手工快而且准，挺好用。正如刚才说的，VBA确实比原来录制的宏，有更多优势和潜力，那么要如何学习Excel的VBA呢？

... 无言：学习VBA也不难，我们只需要先掌握好几个要点，结合录制宏，再结合Excel的帮助文件进行关联学习，下面来说说具体的学习方法。

　　录制宏——录制宏是我们学习 VBA 的一个很好的入门途径，虽然录制宏会产生冗余的代

码，但是在初学时，在不了解具体语法的组合和属性作用时，通过录制宏可以很轻松地获得我们需要的信息。再结合 VBA 帮助文件，就可以加深对知识的认知和运用。本人也在很多时候通过录制宏和帮助文件及实际需要对录制的代码进行修改精简直到满足实际需求。

认识对象——认识面向对象编程的程序语言的对象，了解 Excel 的对象有哪些。VBA 的所有编程结果都通过对象的来完成，如果你不了解对象和理解对象，那么你可能就找不到对象。对象都没有了，将不知道对象的身高、体型、肤色等特质（属性），也就不能得知对象行为动作（方法），也就不能知道对象的是否有针对某类事情的预定方式（哪些事件可能触动对象某个技能）。

认识对象的属性、方法、事件——认识完对象的类别后，就要了解它们的具有哪些可供描述的特征（属性），例如行高、列宽、字体颜色等；对象可使用的方法，例如：复制、粘贴、移动、缩小、定位等；还有某些对象具有特定的事件，例如：工作表激活事件、工作簿打开事件等。每个对象都具有相似的属性、方法、事件，但是又有些差别，所以学习时就需要认识对象大概有哪些的属性、方法、事件。

VBA 帮助文件——学习 VBA，推荐大家安装 Office 2010 版本（比 2007 版成熟），虽然其他的新的版本也可以，但是因为 2010 版的 VBA 帮助文件不需要网络就可以随时获得常规语法、语句、函数等的详细帮助。通过阅读帮助的资料，以及帮助中的示例文件，可以帮助我们提高对各项内容的了解和使用。

其实学习 VBA 的平时运用真的不难，多录制宏，多 F1 帮助，多运用网络搜索引擎。在这些都还无法解决你心中的疑问，可以通过论坛、微信群、QQ 群等多平台，找到给自己释疑解惑的人，然后自己理解加固。

内置补齐功能——和函数一样，在学习前可能大家有一个误区：函数用得很好的，是不是英语一定很厉害。其实不然，大家都站在同一个平台上，只要认得 26 个英文字母，那么学习起来的阻力不会很大，VBA 中已经设置针对对象的属性、方法自动跳出功能，只要你了解并大概记住某对象它拥有哪些属性、方法、事件，不管对这个单词能否记全，只需要输入关联的首字母就能通过这个功能完成完整词语的输入。

以上是学习 VBA 的基础方法，在掌握了这些知识后，慢慢通过自己工作需求运用这些语法、语句、函数等编写成满足自己需求的代码过程，进而提高工作效率、数据正确率，使得工作上少加班，不加班。

第 2 章

开启进入 VBA 的征途

工欲善其事，必先利其器。古有愚公移山，那么愚公开山劈石的利器是什么？叩石垦壤，箕畚运于渤海之尾。这么看来愚公开山凿石都需要使用工具，那我们进入 VBA 的世界的工具是什么呢？答案是 VBE。

2.1 认识VBE窗体集成结构要素

? 皮蛋：言子，那VBE是啥？有什么作用？

无言：VBE是Excel的功能附件，后面将一一介绍VBE的作用和进入的方式。

那VBE到底是什么呢？VBE是Visual BAsic编辑器的意思，是一个依附于Excel程序下的子程序，我们所有代码的书写和存放都在这里。那么如何打开这个VBE编辑器？

（1）右击工作表标签，在弹出的快捷菜单中选择【查看代码】命令，即可进入VBE。

（2）在【视图】选项卡的【宏】组中单击【查看宏】按钮，在弹出的【宏】对话框中，如果存在宏名称，那么单击右侧的【编辑】按钮进入VBE。

（3）在【开发工具】选项卡的【代码】组中单击【宏】按钮，在弹出的【宏】对话框中如果存在宏名称，那么单击右侧的【编辑】按钮，也可以进入VBE。

（4）在【开发工具】选项卡的【代码】组中单击Visual Basic按钮，可直接进入VBE。

（5）按快捷键【Alt+F11】，也可直接进入VBE。

无言：通过以上5种方式均可进入VBE，但是进入后的位置有些许不同，往后再介绍说明。知道了VBE的存在，接下来介绍它的界面有啥组件及其功能。

 **VBE 窗体的组件**

? 皮蛋：VBE窗体有哪些组件呢？和Excel一样有选项卡吗？

无言：与Excel 2010不同，VBE窗体不存在选项卡一说，倒是和原来的旧版本Office一样采用菜单栏。

下面来认识一下VBE窗体各组件的名称及相关作用。

VEB窗体大体分为3部分：菜单栏、工具栏、功能窗口，如图2-1所示。它们的作用分别是什么？

? 皮蛋：确实和Office 2003版本挺像的，你继续！

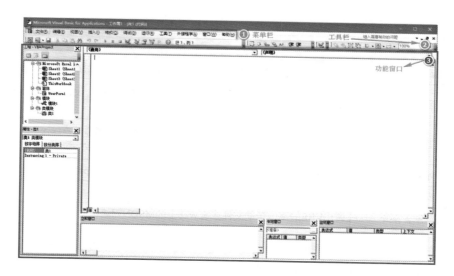

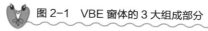

图 2-1　VBE 窗体的 3 大组成部分

2.1.2　菜单栏

菜单栏集合了导入 / 导出文件、移除文件（模块）、编辑代码、视图窗口、插入模块等必要功能，且沿用了 Windows 的菜单模式。共有 11 个功能菜单可供选择，如表 2-1 所示。

表 2-1　VBE 菜单

序　号	菜 单 名 称	功 能 简 介
1	【文件】菜单	用于保存工程、导出导入文件、移除模块窗体、打印代码、关闭VBE窗体等
2	【编辑】菜单	主要包括针对代码编写的操作，如复制、剪切、粘贴等；查找替换；代码书写的缩进；对象的属性、方法的自动完成功能；书签（用于代码指定位置的快速切换）；对象可使用的属性及方法查询
3	【视图】菜单	主要用于不同功能窗口及工具栏的显示；切换不同已定义的工具开启或切换，以及切换到Excel窗体
4	【插入】菜单	插入编写代码语句的过程、窗体、模块、类模块，共4种模式
5	【格式】菜单	主要针对窗体对象中的控件的格式进行调整

续表

序 号	菜 单 名 称	功 能 简 介
6	【调试】菜单	对已书写代码过程的调试、测试，包括逐句调试、过程调试、设置断点等功能
7	【运行】菜单	过程的直接运行、运行中断、重置所有过程的变量、设计模式（代码书写，该过程不会执行代码）
8	【工具】菜单	引用——添加对象库或类型库引用到工程中；附加控件——添加外部控件到控件工具箱；返回Excel宏窗口；加密保护工程；添加数字证书
9	【外接程序】菜单	可用来加载/卸载外接程序，以扩展Visual Basic for Application的开发环境
10	【窗口】菜单	用于功能窗口位置的排列，及各已有窗口的切换
11	【帮助】菜单	调用VBE的离线帮助文件或者Web上的MSDN网络帮助

其中比较常用的功能菜单是【编辑】菜单、【调试】菜单、【工具】菜单，其他菜单的大部分功能都可以通过快捷键或者工具栏调用。

 **工具栏**

工具栏集常用功能于一身，将用户从繁杂的菜单命令选择中解脱出来，大大提高了工作效率。VBE 有默认的工具栏，如果需要关闭或者开启工具栏，只需要在【视图】→【工具栏】子菜单中选择所需工具栏，根据实际使用情况，对应的工具栏将显示或隐藏。

 **功能窗口**

功能窗口实际上是从多个小窗口组合而成的大窗口，其中包含代码窗口、工程窗口、属性窗口，这 3 个为默认窗口；如果在调试过程中需要用到其他的窗口，可以调出立即窗口、本地窗口、监控窗口对运行过程及结果进行观察，如图 2-2 所示。

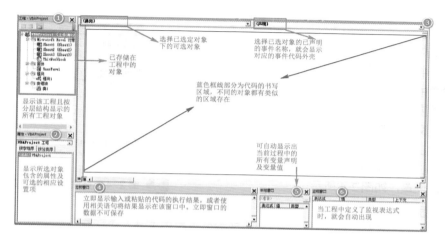

图 2-2　功能窗口中各小窗口的说明

💬 无言：接下来，我们按照使用频率的高低，简单介绍各个小窗口的用途及功能。

1.　代码窗口

图 2-2 中蓝色框线部分即为代码窗口（③号）。代码窗口用来编写、显示以及编辑 Visual Basic 代码。打开各模块的代码窗口后，可以查看不同窗体或模块中的代码，并且在它们之间进行复制及粘贴等动作。

例如，单击选中 ThisWorkbook 对象（底色显示蓝色）后，右击，就会弹出快捷菜单，如要编写或者查看代码，就选择【查看代码】命令，如图 2-3 所示；此外，也可以通过双击该对象直接进入代码窗口。

代码窗口中有两个下拉列表框，左侧的【通用】下拉列表框用于选择已选定对象下的可选对象（图形、按钮、列表等）；右侧的【声明】下拉列表框用于选择已选对象中已书写的过程或已定义的事件过程。

图 2-3　进入代码窗口

2.　工程窗口

图 2-2 中的①号红色框线部分为工程窗口，即工程资源管理器。该窗口主要显示已存储在该工程中的所有对象。每个 Excel 工作簿都可看成是一个工程，那么存储在 VBA 工程资源管理器中的对象就包括：Excel 对象、窗体对象、模块对象、类对象。其中的窗体对象、模块对象、类对象，需要后期添加才会出现在工程资源管理器中。Excel 对象包含 Workbook 工作簿对象、

Sheet 表对象，且默认必须存在一个 Sheet 表对象。

3. 属性窗口

图 2-2 中的②号窗口即是属性窗口，主要列出选取对象的属性以及当前设置的属性值，可以在设计时改变这些属性。当选取了多个控件时，属性窗口会列出所有控件都具有的属性。其中属性窗口中存在一个对象列表，可以直接选择已选择对象上存在的附属对象，并选择后显示该对象的相关属性设置，如图 2-4 所示。

图 2-4　属性窗口的对象列表

4. 立即窗口

图 2-2 中的④号窗口即为立即窗口。立即窗口主要用于键入或粘贴代码后得到操作效果或者计算结果显示，但是立即窗口中的代码及显示的结果不能存储。

立即窗口中输入代码需显示计算结果分为两种方式：在中断模式情况下，在变量或语句开始前输入问号（？，中英文均可），如在 A1 单元格中输入 1 ～ 10 的累加值的过程变化结果，只需要在立即窗口输入【？ Cells (1) & vbTab & i】后按 Enter 键即可获取 A1 单元格当前的值及 i 的变量值；或者在立即窗口输入计算式【？ 45*9+100】后按 Enter 键，在窗口将立即显示该计算式的计算结果，如图 2-5 所示。

立即窗口还有另一个功能，将操作结果显示在指定对象上。例如，需要设置 A1 单元格的字体为楷体，字体颜色为红色，则在窗口内分别输入【Cells(1).Font.Name= 楷体】和【Cells(1).Font.ColorIndex=3】，然后按 Enter 键，即可看到 A1 单元格的字体和颜色已经改变成刚才的语句设置，如图 2-6 所示。

图 2-5　获取变量或计算结果

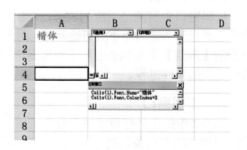

图 2-6　在立即窗口中输入设置语句

　　介绍完代码窗口、工程窗口、属性窗口、立即窗口 4 个窗口后，下面介绍对调试运行过程比较重要的两个窗口——本地窗口和监视窗口。

5. 本地窗口

　　本地窗口主要用于观察运行过程中变量的声明类型和值的变化。如图 2-7 所示，在 Test01 过程中定义了两个变量：i 和 Sums。在启用本地窗口并运行的过程中，i 和 Sums 都将根据计算规则改变原来的变量值。本地窗口也可用于在调试模式查看对过程或变量的改变（计算）是否满足原先的设想，便于修正语句代码。若想知道执行的过程名称是什么，只需调试时按下【Ctrl+L】组合键，在弹出的【调用堆栈】对话框中便会列出调用堆栈中的过程，如图 2-8 所示。

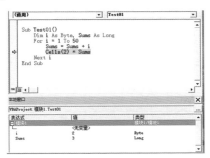

图 2-7　通过本地窗口观察变量值

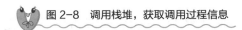
图 2-8　调用栈堆，获取调用过程信息

6. 监视窗口

　　监视窗口——当指定的工程中定义了监视表达式，且监视类型设置为【当监视值为真时中断】或【当监视值改变时中断】时，就会自动出现监视窗口。

　　那么该如何添加监视呢？选择【调试】→【添加监视】命令，弹出【添加监视】对话框，在【表达式】文本框中输入需要监控的变量名称及其表达式，如 Sums>=10，然后在【过程】和【模块】下拉列表框中选择需要的过程名称及模块名称，设置【监视类型】为【当监视值为真时中断】，如图 2-9 所示。

　　无言：这样，当过程运行中指定变量的数值变化等于表达式的结果时，过程将进入中断模式。

　　本地窗口和监视窗口的作用都在于观察过程中变量的变化，便于我们验证具体变量在过程汇总后是否获得了需要的正确结果，若不是需要的，就需要对代码进行调整修正。

　　无言：上面介绍了VBE窗体中几个常用的窗口及其作用，接下来看看关于代码保存方面的知识。

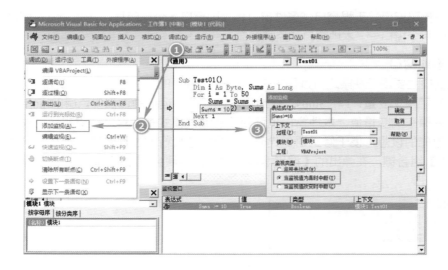

图 2-9　添加监视表达式

2.2　代码可以写在哪里呢

❓ 皮蛋：无言，你说了每个Excel工作簿就是一个工程，那么这个工程内是不是包含着很多部件（对象）。还有，代码要写在哪里呢？

💬 无言：嗯，每个Excel工作簿就是一个工程，而且工程内可以包含很多不同的对象。

每一个 Excel 工作簿都是一个工程对象，那么这个工程对象中包含了哪些对象呢？

这个可以从 VBE 窗体中的 VBAProject（VBA 资源管理器）中一探究竟。一般打开 VBE 窗体时默认只有工作簿和工作表两种对象。其实 VBE 中的对象不止此两种，可以通过插入、新建（图表工作表）等方式添加其他对象。代码可以保存在所有列出的对象代码窗口中，VBE 中包含如下几类对象：表对象、工作簿对象、窗体对象、模块对象、类模块对象共五大类对象。

❓ 皮蛋：这么多的大类，那么代码需要保存在哪里呢？

💬 无言：嗯，这个视情况而定，一般代码都写在模块对象中。接下来说说不同对象代码保存的作用。

2.2.1 Sheet 表对象

说到 Excel，大家最熟悉的就是工作表，但其实 Excel 的工作表还可以分为 5 个类型，表只是这些类型的总称，其具体分为：工作表、图表、对话框工作表、Excel 版本 4 国际宏工作表、Excel 版本 4 宏工作表。其中后面 3 种类型已经逐渐被淘汰，所以主要介绍工作表和图表两种类型。

工作表类——用于读取、保存其上的单元格数据、图表、图形、表控件及 AX 控件，同时可以通过双击对应的表名称进入代码窗口，代码就写在资源管理器右侧。

图表类——图表类和工作表类很相似，但其主要体现数据的图表，即将原来在工作表上做的图表直接独立存为一个表，没有了单元格的存在。同样通过双击对应图表名称亦可进入代码窗口。

表对象上的代码（内置事件）——针对该表上指定事件，执行对应操作。工作表类和图表类的示例如图 2-10 所示。

💬 无言：对象的内置事件将在进阶版的第 2～4 章介绍讲解。

 图 2-10　VBA 工程中包含的对象

每一个表对象都有一个默认的代码名称，工作表对象的中英文名称都是 Sheet+ 序号，图表对象中文名称为图表 + 序号，英文名称为 Chart+ 序号；如若需要修改默认的代码名称只需要单击【属性窗口】的名称修改需要的名称即可，同时【属性窗口】的【Name】属性为修改表对象的标签名称，两个属性的作用不同。名称可以看做一人的姓名，而 Name 可以看成一个人的别名（花名），但是它们又同时指向同一人（对象）。

💬 无言：在实际使用中，不推荐修改默认的代码名称，以便于提高代码可读性和适用性。

2.2.2 Workbook 工作簿对象

每个表对象都必须存在于 Excel 工作簿对象之内，所以表对象的父对象就是 Excel 工作簿。工作簿对象的代码书写位置和表对象的一样，但是又有些许不同——因为每个工作簿只能有一

个工作簿对象（ThisWorkbook），那么书写工作簿代码时，只需要双击 ThisWorkbook，就会出现和表对象一样的代码窗口。

工作簿对象上的代码（内置事件，工作表也有内置事件），主要针对本工作簿上所有存在的工作表，只要满足了事件要求及代码判断，就执行相应语句。

💬 无言：工作簿代码名称与表对象的代码名称一样是可以修改的，但不推荐随意修改。

> 注：此处应注意，工作簿的事件的优先级低于工作表同等事件的优先级，所以在存在相同事件情况时，首先执行的是工作表事件。

 ### 2.2.3 标准模块对象

标准模块简称为模块，模块对象是最先接触到的写代码的对象——从录制宏开始，宏代码就都写在标准模块对象上。模块中不仅可以书写子过程代码（Sub 开头）、自定义函数（Function 开头），还可自定义属性（Property），它们的功能作用将在 2、3 节介绍。

如果需要多个模块，可以通过【插入】菜单中的模块新建。每个模块中可以书写多个子过程或自定义函数。

每一个模块中的子过程可以相互调用，不同模块间的子过程也相互调用，但是被调用的子过程必须是其他模块中的公共过程。

工作表和工作簿对象中书写公共过程也是，但是每个被调用的子过程名称前必须加上该过程的父对象的名称，具体如图 2-11～图 2-13 所示，调用不同对象中的子过程。

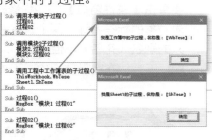

 图 2-11　调用本模块中子过程　　 图 2-12　调用其他模块的子过程　　图 2-13　调用工作簿（表）子过程

💬 无言：自定义函数不可写在工作表及工作簿对象代码窗口，如果写入将无法被其他工作表调用该函数，必须写在标准模块中。

2.2.4 UserForm 窗体及其上的控件对象

皮蛋： 言子，我见过好几个比较高大上的Excel文件都采用好多按钮、文本选择等图形，那些是什么呢？

无言： 选择采用窗体或控件，看起来确实高大上，但其主要作用却是为了帮助大家比较规范地输入数据，便于后期运算操作。

皮蛋： 那你赶紧说说窗体和控件是什么。

如果需要高大上的窗体，只需要选择【插入】→【用户窗体】 用户窗体(U) 命令，就可以在工程资源管理器中看到默认的【UserForm1】名称，当插入多个窗体时，默认的名称都是以UserForm+ 序号的模式变化。

无言： 默认的名称也是可修改的，方法和工作簿（表）相同。

窗体对象作为另一个承载书写代码及过程的载体，内容十分丰富——窗体作为主要的控件载体，它既有属性、方法、事件，也包含书写在其上的其他控件子过程。如图 2-14 所示，可以看到窗体中（⓪为窗体本身）包含了 3 种不同类型的控件：①为标签控件；②为文本框控件；③为按钮控件。

皮蛋： 这么多控件，那么代码要写在哪里呢？

无言： 窗体对象比较特殊，书写代码只需要双击窗体空白位置或者其上控件即可打开代码窗口，也可右击窗体或其上控件选择【查看代码】打开代码窗口。

双击窗体或控件后，将出现代码窗口，但是与双击标准模块、工作簿及表对象不同，每次双击窗体的不同控件（按钮）对象时，VBE 将自动给我们书写好一个被双击或查看对象的默认事件程序外壳，且所有其上的控件的代码都只能写在该窗体的代码窗口。这个外壳将在进阶版的第 2 章中介绍，我们只需要将代码写入需要的外壳过程内即可。如图 2-15 所示，两个子过程分别对应窗体上的【确定】和【退出】按钮。

```
Rem 确定按钮子过程
Private Sub CommandButton1_Click()
    MsgBox "编号：" & Me.TextBox1 & vbCr & _
    "姓名：" & Me.TextBox2, vbOKOnly, "信息提示"
End Sub

Rem 退出按钮子过程
Private Sub CommandButton2_Click()
    End
End Sub
```

 图 2-14　窗体及其上的控件　　　　 图 2-15　窗体按钮事件过程

注：只有选择正确的外壳事件才能正确地执行需要的代码过程。

类模块对象

？ 皮蛋：那么类模块有什么用？

无言：类模块，一般不常用，主要用于声明某类具有相同对象的属性、方法、事件的对象。

类模块作为一个比较特别的模块，其作用主要为创建一个新的、非标准的 VBA 对象（非内置对象），并在类模块中添加必要的对象代码属性、方法。在类模块中创建的属性、方法后，在 Excel 中如同使用其他已内置对象的属性、方法。

这里打个比喻：原来一个箱子里头已有好多已定义了名称的盒子，而盒子里头存放了各种对应的物件，现在需要再放入一个盒子，那么先需要对这个新加入的盒子进行命名创建，并给这个盒子标明相应的外观属性等特性及可使用的方法。

每个新创建的类模块名称都会默认以中文【类】+ 序号的模式新增。如果需要修改类模块的名称只需要修改属性窗口中的【名称】属性即可，给类以更加明确作用的名称。类模块的具体用法将在进阶版中介绍。

无言：书籍附件使用了自定义类后运用工作表单元格选中事件，将选中的单元格底色设置偶数行为红色，奇数行为绿色。

2.3 认识解读VBA代码的语法

？ 皮蛋：无言，函数有语法、写法，VBA有没有这些呢？录制宏和手工写的宏都貌似有一个 Sub 和 End Sub，这个麻烦你说下。

无言：好的，VBA的语法，首先要说的是程序外壳这个东西。

代码的分类

VBA 代码的常用类型一般分为两个大类：Sub 子过程和 Function 函数过程，其他如自定义属性过程一般较为少用，那么这两大常类的具体用途是什么呢，各自有什么特点呢？

Sub 过程是一系列由 Sub 和 End Sub 语句所包含起来的 Visual Basic 语句，它们会执行动作却没有返回值。Sub 过程可有参数，例如常数、变量、或表达式等。如果一个 Sub 过程没有参数，则它的 Sub 语句必须包含一对空的圆括号。如代码 2-1 所示，其每行在 Excel 中都有注释来解释它的作用。

代码 2-1　Sub 过程示例代码

```
1| Sub Holle ()
2|    Msgbox "大家好！"
3|    Msgbox [A]
4| End Sub
```

Function 过程是一系列由 Function 和 End Function 语句所包含起来的 Visual Basic 语句。Function 过程和 Sub 过程类似，但其有返回值。

Function 过程可经由调用者过程通过传递参数，例如常数、变量或是表达式等来调用它。如果一个 Function 过程没有参数，它的 Function 语句必须包含一对空的圆括号。自定义函数必须在过程中指定该函数本身名称来返回其运算的值——Function 过程返回计算结果值。

在代码 2-2 中，【华氏温度 To 摄氏度】函数会根据华氏温度来计算摄氏温度。当【调用自定义函数过程】调用此函数时，会有一个包含参数值的变量传递给此函数。而计算的结果会返回到调用的过程，并且显示在一个消息框中。

代码 2-2　Function 过程示例代码

```
1| Sub 调用自定义函数()
2|      temp = Application.InputBox(Prompt:= " 请输入华氏度的温度。", Type:=1)
3|      MsgBox "华氏温度转换后为" & 华氏温度To摄氏度(temp) & " 摄氏度."
4| End Sub
5| Function 华氏温度To摄氏度(fDegrees)
6|      Celsius = (fDegrees - 32) * 5 / 9
7| End Function
```

? 皮蛋：那么它们之间有什么差别呢？

从代码 2-1 和代码 2-2 可以知道：Sub 过程的名称不能直接传递计算的结果，只能通过 Sub 过程的参数进行传递；而 Function 过程的名称则可以返回计算结果值，并由另一个参数变量传递，同时可以将该函数的值直接传递给另一变量。

Sub 过程调用的其他过程存在参数时，则必须用 Call 语句调用该子过程，如果没有参数的可以直接书写调用过程名称即可，如图 2-11～图 2-13 所示。

Function 过程不管调用的函数过程名称是否存在参数，都须通过另外一个变量名称直接获取 Function 过程的计算结果。

? 皮蛋：那是不是Function过程只能获取结果值，而不能操作呢？

无言：这个也不是，其实Function过程也可以对象进行操作，只是其最终结果只能返回值，而不是操作。

> 注：对对象的操作直接用 Sub 过程，获取计算的结果值的用 Function 过程！

2.3.2　代码往哪里写合适

无言：说了代码书写结构后，来说下具体代码要写在哪里呢？

本章的第 2 节中了解到几种主要对象中都存在一个代码窗口，它的作用就书写主体代码，那么应该如何选择将代码写在哪些对象的代码窗口呢？

一般来说 Sub 过程都可以写在标准模块中，和录制宏一样，模块中的过程都可以直接通过【开发工具】选项卡中的【宏】组直接使用。写在模块中的公共过程可以被任何其他对象中的过程调用。

对于需要根据对象内置事件写过程的，则必须将代码书写在对应事件的过程，且事件过程一般不可被其他过程调用，特别是窗体对象。代码都是写在窗体对象本身的代码窗口中，且是根据对不同控件对象书写不同的事件过程。

对于 Function 函数过程，如果想在任意工作表中使用，则必须写在标准模块中，否则将该自定义函数都只能在书写对象内的子过程间调用，不能被对象外的其他子过程调用。

2.3.3　代码的书写结构

无言：这一节，将介绍如何书写VBA的代码结构，不管子过程代码或自定义函数或者是自定义属性代码都有必要书写结构——外壳+执行语句。

Sub 过程和 Function 过程的代码结构是很相似，先来看下图 2-16 和图 2-17 所示 Sub 过程及 Function 函数过程的书写结构图。

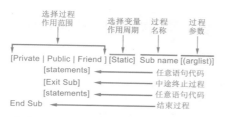

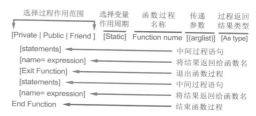

 图 2-16 Sub 子过程的书写结构图

 图 2-17 Function 函数过程的书写结构图

无言： 图 2-16和图 2-17中可以看出来两种过程类似，过程都需要一个外壳包围起来。

图 2-16 和 2-17 中红色划线的都是必要的结构，如果过程中不写 Sub 或者 Function 只写过程名称、只写了 Sub 或者 Function 不写名称，VBE 都将提示编译错误。

当写完外壳和过程名称后，VBE 自动补完两个半边圆括号，无需手工添加。

从图 2-16 和 2-17 中看到某些关键字被包围在中括号（[]）中，这表明在该括号中的类型都是可选项，也就是根据具体用途选择是否书写 [] 中的单词；而 | 则是几个条件是等同可用的，但是只能选择其中一个。所以不管是作用范围、作用周期、过程（传递）参数、结果类型都是可选的，不书写也不影响这个外壳的运行。

一个简单的过程只需包含开头 Sub（Function）、过程名和结束 End Sub（End Function）。中间语句，这里虽说可以不写，不写就失去这段过程的意义。因为中间代码语句才是我们重点的学习内容及执行对这个过程需要达到的效果，没有了中间语句，一个过程等于废了，没有存在意义和必要。

Sub 及 Function 过程可以简写成如代码 2-3、代码 2-4 所示的结构，实际使用中将会根据具体运用的作用范围、作用周期以及过程（传递）参数等构成一个过程主体代码。

代码 2-3　过程的缩简模式

```
1| Sub 过程名称()
2|   中间语句
3| End Sub
```

代码 2-4　Function 过程的缩简模式

```
1| Function 过程名称()
2|   中间语句
3| End Sub
```

2.3.4　代码的缩进 / 凸出

无言： 曾国藩曾经说过——心中有尺寸，行为定方圆。

这里不是要来说做人做事的道理，这里用来说说要如何书写代码，做到有尺寸有方圆，做到让代码看起来层次结构清晰，明白代码的思路结构。以代码 2-5 和 2-6 所示子过程，来说明在不同的书写方式下会有什么的感觉。

代码 2-5 的代码看上去都是左对齐的，而且不管什么语句都一齐靠左对齐，这样看起来没有层次感，而且不能一眼看出属于该段语句内的作用语句等。

? 皮蛋：代码 2-6 看起来感觉就好多了，具有层次感。

外壳一律左对齐，而内部其他语句如定义变量的 Dim 语句比外壳语句缩进了几个字符，后面姓名变量的赋值也和定义变量对齐，表明它们都在一个层面上的语句，接下来 If 语句也和定义变量对齐，而 If 内部的语句条件又比 If 语句缩进了几个字符，这样看起来，我们就知道了 Msgbox 函数是 If 的下一层或者内层语句。

代码 2-5　无层次缩进的 Sub 过程

```
1| Sub GetInfo()
2| Dim 姓名 As String
3| 姓名 = InputBox(Prompt:=" 您叫什么名字?")
4| If  姓名 = Empty Then
5| MsgBox Prompt:="您没有输入名称。"
6| Else
7| MsgBox Prompt:="您的名字是" & 姓名
8| End If
9| End Sub
```

代码 2-6　采用层次缩进的 Sub 过程

```
1| Sub GetInfo()
2|     Dim姓名As String
3|     姓名 = InputBox(Prompt:="您叫什么名字?"
4|     If 姓名= Empty Then
5|         MsgBox Prompt:="您没有输入名称。"
6|     Else
7|         MsgBox Prompt:="您的名字是" & 姓名
8|     End If
9| End Sub
```

这样看起来每段语句间的层次关系明确，谁包含了谁，谁是谁的内层结构。那么问题来了，如何缩减或突出不同层次的代码语句呢？

? 皮蛋：那是不是用敲空格的方式来缩进凸出层次？

... 无言：Word的段落层次，难道你也是用空格来决定的吗？

? 皮蛋：呵呵哒，没错！

其实无需用空格来缩进代码的缩进凸显层次，熟悉 Word 的使用者应该知道 Word 段落的缩进凸显其实通过 Tab 键和 Shift+Tab 快捷键进行缩进字符的位置。在 VBE 中既可以通过这种快捷方式进行缩进或凸出语句，也可以通过【编辑】工具栏中的【缩进】和【凸出】按钮进行设置，如图 2-18 所示。但是在此之前，我们还需要设置缩进的字符个数，也就是缩进或凸出的距离。

图 2-18 编辑工具栏

打开 VBE 程序窗体后选择【工具】→【选项】命令，弹出【选项】对话框，然后选择【编辑器】选项卡，在【Tab 宽度】文本框中输入数字，默认为 4，即每按一次 Tab 键或 Shift+Tab 组合键变动的距离都是 4 个字符的宽度，如图 2-19 所示。

如果对代码的字符的大小感觉不满意，也可以通过【选项】窗口的【编辑器格式】选项卡修改默认字号大小，默认为 12，可以根据实际需要进行调整，同时还可以修改字体、不同作用代码的字体颜色、背景色等。选项窗口还有其他功能。

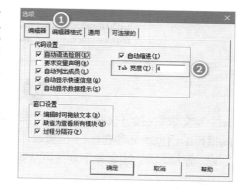

图 2-19 【选项】窗口——设置缩进量

 2.3.5 打断长字串的代码

无言：在Word中写文字，当字符达到页面设置末端时，字符会自动换行，这个大家应该知道的。

皮蛋：是的，没错啊，怎么了？

无言：VBE中就没有这个功能啊，如果按照Word中按Enter键将一段长字符串从中截断的话，将出现错误提示。

皮蛋：请无言举例。

无言：现在手里有一首古诗，要写入变量中，但是字符很多，而且直接中间按Enter键换行，又会出现错误提示（如图 2-20所示），要怎么办呢？

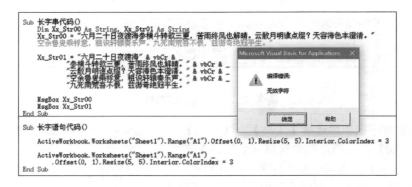

```
Sub 长字串代码()
Dim Xx_Str00 As String, Xx_Str01 As String
Xx_Str00 = "六月二十日夜渡海参横斗转欲三更，苦雨终风也解晴。云散月明谁点缀？天容海色本澄清。"
空余鲁叟乘桴意，粗识轩辕奏乐声。九死南荒吾不恨，兹游奇绝冠平生。

Xx_Str01 = "六月二十日夜渡海" & vbCr & _
"参横斗转欲三更，苦雨终风也解晴。 " & vbCr & _
"云散月明谁点缀？天容海色本澄清。 " & vbCr & _
"空余鲁叟乘桴意，粗识轩辕奏乐声。 " & vbCr & _
"九死南荒吾不恨，兹游奇绝冠平生。 "

MsgBox Xx_Str00
MsgBox Xx_Str01
End Sub

Sub 长字语句代码()

ActiveWorkbook.Worksheets("Sheet1").Range("A1").Offset(0, 1).Resize(5, 5).Interior.ColorIndex = 3

ActiveWorkbook.Worksheets("Sheet1").Range("A1") _
.Offset(0, 1).Resize(5, 5).Interior.ColorIndex = 3
End Sub
```

Microsoft Visual Basic for Applications ×

⚠ 编译错误

无效字符

[确定] [帮助]

图 2-20　长语句或字符截断

写文本字符的代码时，必须在字符串的开始和结尾处各输入一对英文半角双引号 ""；从中间换行的话也就必须在换行 位置输入一对引文半角的双引号 ""，并且用连接符 & 和英文半角下划线 _ 连接起来；或者先下划线再从第二行的开始用连字符进行连接，才能解决刚才的错误提示。

> 注：每个符号前都必须有一个空格，否者将会出现错误提示！
> 每次打断的字符串位置都必须补充双引号！

? 皮蛋：如果是执行语句也太长又该怎么办呢？

如图 2-20 所示，只需要在要断开的位置输入半角空格下划线即可，但是要注意提防断开的位置必须在对象的属性/方法的小圆点. 之前或之后，而决不能在任意一个单词的中间断开，否则将出现"子过程或函数未定义"的编译错误提示。

> 注：语句的断开位置不能打断变量或单词的完整性，必须断在点. 前后，空格 + 下划线。

💬 无言：现在知道如何断开长的语句或字符串了吧？
皮蛋：大致知道了，我要实践出真知，先下班回家。

2.3.6　注释和接触注释语句

? 皮蛋：无言，看你的代码有时会出现绿色字体的文字，那些是干什么用？
💬 无言：绿色字体是让我知道过程的作用，或者变量、语句的大致作用。

在写代码的工作完成之后，会很久不会再去修改代码，那么就有必要留下一些说明，便于以后进行修改的提示，或者给其他需要的人知道过程语句的原意是什么，这就需用到注释说明了，这个习惯要养成，会一劳永逸。

? 皮蛋：那么要如何添加注释呢？

可以通过【编辑工具栏】上的【设置注释块】或者【解除注释快】的命令来设置——首先用光标将需要进行注释的语句范围选中后单击【设置注释块】，就可以设置注释了，且注释后的语句将显示为绿色字体。操作及效果如图 2-21 和图 2-22 所示。

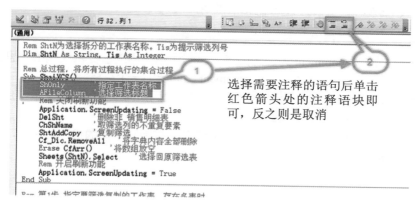

图 2-21　运用注释工具注释语句

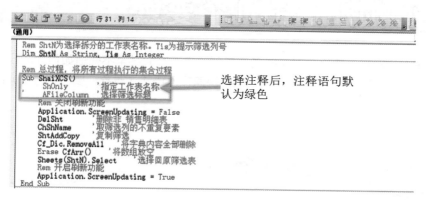

图 2-22　注释后的语句显示效果

? 皮蛋：无言，我试过了，注释工具好像都是注释一整行，我有时需要注释一小段或者指定位置，有办法吗？

••• 无言：肯定有了，而且有两个。

确实注释工具只能是整行语句注释，如果需要在一个完整语句的结尾注释，只需（能）通过在语句的末端添加一个英文半角单引号（撇号）'标识。这样系统就会认为这段话就是一段注释，不需要执行其他操作，如图 2-21 中在 DelSht 语句后面就采用撇号注释了该语句的作用说明。

手工注释还可以使用一个注释语句——Rem。

Rem 语句用于注释说明，该语句也只能放在需要的代码语句开头，不能放置在其他位置，用来在程序中包含注释。下面为 Rem 的语法说明：

Rem comment

Rem 语句中的参数 comment 为注释内容，起到注释作用或者提供代码编写思路的，可以为任何注释文本。注意在 Rem 关键字与 comment 之间要加一个空格。

注释语句的特性是什么？注释语句就是用来解释代码如何工作的附加文本，且代码运行时会自动跳过该段语句执行后面非注释的语句代码。

注释说明如果太长的话，可以采用 2.3.5 节讲到的打断长字串的代码的方法，也可以在换行后的每句开端用撇号或者用 Rem 语句注释。

? 皮蛋：嗯，明白了。

2.4　必须知道的几个要点

使用 VBA 的时候，新手会对某些名词感到陌生，有时甚至不知道如何才能找到需要的帮助文件。本节就将说明几类常用的名词、如何快速输入语法（对象、属性、方法）以及如何快速获取相关帮助说明。

 **2.4.1　搜索帮助**

💬 无言：蛋蛋，你知道如何更快地掌握Excel中VBA的知识，或者说如何获取需要的帮助资料吗？

? 皮蛋：知道，不就是F1的帮助吗，这个我懂。不需要你告诉我了吧。

💬 无言：不错，底气是啥？

> **皮蛋**：底气就是我使用Excel时也经常使用自带的帮助文件，解答我一些不知道的知识点。

> **无言**：好，有使用帮助的基础，不错！下面就容易展开了。

帮助文件是进一步了解 Excel 各类基础功能、函数、数据透视表等的宝典，同时也是学习 VBA 的宝库——帮助包含了基于 Excel 的解决方案的概念、概述、编程任务、示例和参考。通过帮助文件了解进而熟悉有哪些对象，对象有哪些属性和方法，以及对象有哪些事件；在书写代码和调试的过程中可以根据不同的错误提示，针对性地获取帮助说明等。

那要如何打开帮助文件？有些朋友会说为什么我按了好多次 F1 都没能出来帮助？这个可能是因为你安装的是精简版的 Office 版本。现在台式机和笔记本等硬件性能非常好，大家不要吝啬这么点硬盘空间，重新下载安装一个完整版的 Office 即可。

> **皮蛋**：说重点，假如我要搜索某个名词怎么办，例如单元格？

> **无言**：好好，你这个问题简单——按F1键后弹出的帮助文件，看到左上角的搜索栏没？

> **皮蛋**：看到了，和Excel下基本一致，在搜索栏输入"单元格"就可以了？

> **无言**：是的，输入后按Enter键。

在搜索栏中输入要搜索的关键字后，在其右侧将出现与搜索关键字有关的所有帮助内容，此时只需要单击感兴趣的链接，进去即可获得相应的帮助说明，如图 2-23 所示。

> **皮蛋**：对啊，平时也是这么做的。

> **无言**：这个是F1的基础用法，函数中不是有一个选中函数名就自己弹出相对应的函数帮助说明吗？

> **皮蛋**：是啊，有这个功能，VBA也有类似的功能？

> **无言**：有的。

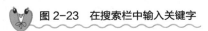

图 2-23   在搜索栏中输入关键字

假设现在有段在激活单元格输入数值的子过程，只需将光标放置在需要获取帮助的名词中任意位置，如图 2-24 所示；或者将需要的名词用光标整个选中，如图 2-25 所示；然后按下 F1 就会自动弹出来帮助界面，并呈现光标所在的名词或者高亮名词的相关帮助内容。

```
Option Explicit

Sub Test01()
    Application.ActiveCell = 15
End Sub
```

```
Option Explicit

Sub Test01()
    Application.ActiveCell = 15
End Sub
```

 图 2-24　光标放置在名词中间

 图 2-25　选中需要的名词

其中帮助左侧列出了当前的 ActiveCell 属于 Application 的子对象的属性，右侧为 ActiveCell 的语法及示例帮助说明，如图 2-26 所示。

 图 2-26　获取名词的帮助界面

? 皮蛋： 还有这么一层关系啊，我最多也就傻傻地输入后挑选我要的看而已，反正就一把抓了。

无言： 这个习惯要改一改了，帮助提供了比较详细的语法和示例帮助，帮助窗口的左侧同时给出当前名词所属的上一级（父级）对象，这样更有利于新手依据不同对象获取帮助。

? 皮蛋： 言子，除了这个方法还有其他途径没？

无言： 有，可以按F2调出【对象浏览器】来获取帮助。

如果对 VBA 已经入门，对对象等有一定认识后，在【对象浏览器】的【搜索】文本框输入关键字后单击🔍按钮，即可在搜索结果栏看到关于该关键词的所有结果。

【对象浏览器】会列出不同对象、属性、方法、事件所属的库、类、成员明细，如图 2-27 所示。如果想知道更加具体的说明帮助，只需移动光标到需要的条目后右击，选择【帮助】命令，即可获得如图 2-26 所示的帮助。

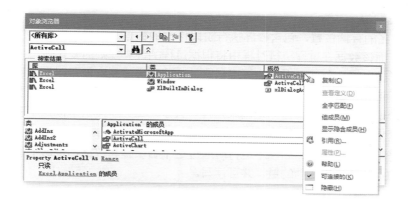

图 2-27　利用对象浏览器获取帮助

💬 无言：皮蛋，这个如何？

❓ 皮蛋：我还是比较喜欢刚才那种F1直接出来帮助，这个等我入门熟悉后再来吧。

💬 无言：好吧。用好帮助事半功倍，但是帮助文件中某些帮助可能不清楚，或者讲的不太透彻，此时我们就可以借助庞大的Internet世界，获得更多帮助。推荐微软的MSDN技术资源库，这里能获取最新的开发技术人员资料及更多的信息帮助。

MSDN 技术资源库：https://msdn.microsoft.com/zh-cn/library/fp179694.aspx

❓ 皮蛋：知道了，就是要多善用内置的帮助说明及通过网络资料获取帮助。

💬 无言：是的，不管什么时候不懂，都先从帮助说明找切入口。就像要找单元格的话，就在搜索栏输入"单元格"即可。好了不说了，该回去了，明天见。

❓ 皮蛋：哦，好的！

2.4.2　变量和常数

过了几天，皮蛋来找无言。

❓ 皮蛋：无言，给我讲讲变量吧，我看了帮助还是有些不懂，也经常看你们在群内提起变量，那变量到底是什么呢？

💬 无言：初次涉及编程接触最多的名词非变量莫属了。那什么是变量呢，它有什么作用和要注意的地方呢？

1. 什么是变量

变量——命名的存储位置，包含程序执行阶段修改的数据。变量为存储程序执行过程中存放数据的位置，而该数据在过程执行过程中将根据过程的计算规则而变化的。

例如一所学校，里头分成了很多班级或科室，这些班级或科室就可以看成程序中已定义的变量。那么有了这些变量，某天校长需要找某一个班级的老师，那么校长只需要点名某班级的班主任。那这个班级的老师就会自动站出来找校长去了；每一学年班级固定不变，但是班内的学生将不停地变化，变量与此类似。

> **皮蛋：** 就是给定一个名字然后程序运行时通过这个名字存写数据，是这个意思吧？

> **无言：** 是的，一个总是变动的量，并可读写。

2. 变量的命名

> **皮蛋：** 那变量要如何命名呢，是不是可以随意呢？

> **无言：** No，这个可不行，它有一定规则的。

既然每个学校对命名班级、科室都有一定规律，那么要如何命名变量呢？

（1）不可重复命名

和命名班级、科室一样，变量的命名不可重复，在其范围内具有唯一识别。例如：一年级二班，一年三班，就是不能存在两个重复一年级二班，如果这样将会让人找不着北，不知道找哪个。

（2）不可含有特殊的符号

变量中不可存在特殊符号，否则将提示错误。表 2-2 列出了不能包含在变量名中的特殊符号，其中货币符号会根据不同系统语言会有不同符号表示。

表 2-2　特殊符号

特殊符号列表					
中文名称	点	at	井号	感叹号	货币符号	
符号	.	@	#	!	$	¥
中文名称	百分号	连字符	空格	反单引号	波浪号	
符号	%	&		`	~	
中文名称	大于号	小于号	问号	星号/乘号	正反斜杠	
符号	>	<	?	*	/	\
中文名称	加号	减号	等号	乘方/插入符号		
符号	+	-	=	^		

（3）变量名不可用数字及下划线开头

变量名不可使用数字开头，必须以字母或中文开头；也不能以下划线 _ 为开头命名，下划线只能出现在开头位置之后。变量命名的正确与错误方式如表 2-3 所示。

表 2-3　变量命名的正确与错误方式

变 量 名 称	符合要求与否	说　　明	变 量 名 称	符合要求与否	说　　明
1Ab	×	数字开头	Xx_Str	√	
Bj!	×	含有特殊字符	Rng	√	
Byte	×	内置变量类型	VBA	√	
_Txt	×	下划线开头	班级_Byte	√	

（4）变量名不可过长

VBE 对于变量名的长度有限制要求，不得超过 255 个字符，超过限制后将提示"编译错误 标识符太长"的提示；同时变量名定义过长也没有实际意义，还不如用注释进行说明。

一般定义变量可以按照该名称用途 + 变量类型进行命名——明确该变量在过程中的作用，并以该变量所需要指定的数据类型来进行命名。

🔵 无言：这样做的好处是可以一目了然地知道变量的作用及其数据类型，如表 2-4所示。

表 2-4　变量命名的方式

变 量 名 称	数 据 类 型	说　　明
KehMc_Str As String	String	客户名称，类型为字符
HtJe_Cur As Currency	Currency	合同金额，类型为货币
产品单价_ Sin As Single	Single	产品单价，类型为单精度浮点型
Sel_Rng As Range	Range	选中的单元格，类型为单元格对象
Word_Obj As Object	Object	Word程序对象，类型为对象
RngArr As Variant	Variant	单元区域数据，类型为变体
RngArr	Variant	不直接定义变量类型默认变体

3.　什么是常数

🔵 无言：既然有变量就有常数——万变不离其宗。

❓ 皮蛋：这常数又是什么，有啥特点？

（1）自定义的常数（条件编译常数）

常数是相对于变量来说的，从上面知道了变量就是程序在执行过程中不断改变的一个存储位置。那么常数呢？刚好相反，常数类似于变量的冤家、反义词。

过程执行的过程中存储的位置（数据）不能加以更改或者赋予新值。还是拿学校说事，假设一个学生在某一小学上学，未曾转学，那么我们就可以指定一个常数（学校），并给该常数赋值为"XX 学校"，这个常数就是一个恒古不变的数据位置，在该学生毕业前它基本是不可能变化的。

> 常数——计算过程中始终不变的数值（数字、逻辑值、文本、常数表达式等），但不可使用例如 Now，Date 等函数。

常数的命名原则和变量一样，这里就不赘述了。只需要记住过程执行过程中，其他变量无论怎么变，常数都不变。

? 皮蛋：好的，明白了。

💬 无言：为了方便，一般将变量和常数统称为变量，特殊情况特殊说明。

? 皮蛋：啊……这都行啊，好吧，不懂时我可会打破砂锅问到底。

（2）内置常数（固有常数）

💬 无言：对了，还有一种系统内固有的常数——内置常数。

所谓固有常数是由应用程序与控件提供的常用对象属性固定数值，也就是 Excel 或其他应用程序预先定义的内置常数。内置常数多数以 xl 开头，系统就会自动列出这些常数成员，如图 2-28 所示。图中为获取工作表 Sheet1 的显示情况设置，当输入 xl 后系统会自动列出符合输入字符的后续内置常数。

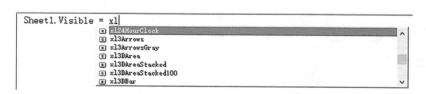

图 2-28　内置常数的调取

? 皮蛋：那语句中的＝干什么用？

💬 无言：这个是对于 Sheet1.Visible 的属性的赋值的写法，如果要对属性进行赋值就必须用=。

? 皮蛋：哦，这样啊。

💬 无言：内置常数只需要知道它的存在和调取方法即可，赋值的知识点将在 2.5.5 小节介绍。

内置常数因与对象相关联，所以使用时只需要依据对象的属性来进行赋值，采用系统的自动功能列出的成员进行选择，再结合帮助说明获取我们需要的即可。

2.4.3　数据类型有哪些

? 皮蛋：言子啊，说了这么多，我估摸着，数据类型还是大大的问号，咋整呢？

无言：莫急，接下来就是它了。

1.　什么是数据类型

知道了变量和常数，但是上文总是时不时地提到数据类型这个概念，那数据类型是什么？有什么作用呢？

数据类型——用来指定变量或常数的特性，决定可保存何种类型的数据。

数据类型的分类比较多。现在不能用学校来说事了，学校一般也只能分两类人——教师与学生，数据类型可不止这两类。

皮蛋：来一个新桥段吧！

无言：这个可以有，刚好有一位小 A 朋友在物流公司工作，这次用物流来举例。

物流公司会根据不同货运重量分配不同的吨位货车装卸货物，现在把不同重量的货物看成数据类型。

假设现在有 30 吨的货物，物流人员致电客户时误听了货物重量，直接派出一辆五十铃货车（额定载重：4 吨）就到客户那里。

客户一见五十铃：这个是要多少辆五十铃才能装完呢？

客户立马电话给物流公司并说明了具体的明确重量，并沟通好了该派遣的货车类型。物流公司在沟通后，确认将派出一辆 40 吨的拖头货柜车到客户那里装载货物，事情也顺利完结。

货车的吨位可以看成数据类型，不同的吨位可以载入的数据量是不同的。如果货物只有 1 吨的话，这个五十铃还有 3 吨的剩余量，这样做很浪费空间，但是客户的货物量是 30 吨，这个 4 吨的轻卡又无能为力，怎么也塞不进再多了货物了，再多也只能溢出。所以必须选择合适的吨位车来载货，这样才能防止货物多次运输（溢出）或大材小用。

无言：数据类型的选择必须以满足数据存储量为选择依据，做到"量量相应"。

2.　数据类型有哪些

皮蛋：原来这样啊，需要选择适合的数据类型，才不会浪费空间或造成溢出，那数据类型有哪些呢？

无言：上菜，下一道开始。

系统提供的数据类型有 12 种，分别是 Byte、Boolean、Integer、Long、Currency、Decimal、Single、Double、Date、String、Object、Variant（默认），使用者还可自定义需要的数据类型。

皮蛋：这么多数据类型，那它们的差异在哪里呢？

无言：13 种数据类型的数据存储空间的大小和适用范围如表 2-5 所示。

表 2-5 数据类型概述

类型/类型声明字符	存储空间大小	范　围
Byte	1 个字节	0 ～ 255
Boolean	2 个字节	True 或 False
Integer %	2 个字节	-32,768 ～32,767
Long & （长整型）	4 个字节	-2,147,483,648 ～ 2,147,483,647
Single！（单精度浮点型）	4 个字节	负数时从 -3.402823E38 ～-1.401298E-45； 正数时从 1.401298E-45 ～3.402823E38
Double #（双精度浮点型）	8 个字节	负数时从 -1.79769313486231E308 ～-4.94065645841247E-324； 正数时从4.94065645841247E-324～1.79769313486232E308
Currency @（变比整型）	8 个字节	从 -922,337,203,685,477.5808～ 922,337,203,685,477.5807
Decimal	14 个字节	没有小数点时为+/-79,228,162,514,264,337,593,543,950,335，而小数点右边有 28 位数时为+/-7.9228162514264337593543950335；最小的非零值为+/-0.0000000000000000000000000001
Date	8 个字节	100 年 1 月 1 日到 9999 年 12 月 31 日
Object	4 个字节	任何 Object 引用
String $ （变长）	10 字节加字符串长度	0 到大约 20 亿
String $ （定长）	字符串长度	1 到大约 65,400
Variant （数字）	16 个字节	任何数字值，最大可达 Double 的范围
Variant （字符）	22 个字节加字符串长度	与变长 String 有相同的范围
用户自定义（利用 Type）	所有元素所需数目	每个元素的范围与它本身的数据类型的范围相同

皮蛋：这么多啊！后面的范围太广了吧，要怎么记住呢？

无言：无需大费周章，只需记住大概，需要时打开帮助并键入"数据类型"搜索帮助即可，或者将帮助的表格截图保留。

无论变量还是常数，都必须依据具体使用的范围确定使用的数据类型，做到不浪费不克扣。如果在确实不知道要使用的范围则可以直接省略变量 / 常数名称后的数据类型，系统会自动采用 Variant（变体类型）。

3. 如何给变量和常数声明数据类型

皮蛋：要如何给变量/常数声明数据类型呢？

无言：学习了数据类型之后，就必须要知道如何给变量声明数据类型。

声明数据类型需用到 Dim 和 Const 语句，其作用就是让过程明确该变量的数据类型，并让系统分配资源存储位置。先来看下该语句的语法，其每个参数作用如表 2-6 所示。

声明变量并分配存储空间：

Dim [WithEvents] varname[([subscripts])] [As [New] type] [, [WithEvents] varname[([subscripts])] [As [New] type]]...

表 2-6　Dim 语句的参数

参 数 名 称	必选/可选	数 据 类 型	说　　明
WithEvents	可选	/	关键字，说明 varname 是一个用来响应由 ActiveX 对象触发的事件的对象变量，只有在类模块中才是合法的。使用 WithEvents，可以声明任意多个所需的单变量，但不能使用 WithEvents 创建数组。New 和 WithEvents 不能一起使用
varname	必选	/	变量的名称，遵循标准的变量命名约定
subscripts	可选		数组变量的维数，最多可以定义 60 维的多维数组。subscripts 参数使用下面的语法[lower To] upper [, [lower To] upper] . . . 如果不显式指定 lower，则数组的下界由 Option BAse 语句控制。如果没有使用 Option BAse 语句，则下界为 0
New	可选		可隐式地创建对象的关键字。如果使用 New 来声明对象变量，则在第1次引用该变量时将新建该对象的实例，因此不必使用 Set 语句来给该对象引用赋值。New 关键字不能声明任何内部数据类型的变量，以及从属对象的实例，也不能与 WithEvents 一起使用
type	可选		变量的数据类型，可以是 Byte、 Boolean 、Integer、Long、Currency、Single、Double、Decimal（目前尚不支持）、Date、String（对变长的字符串）、String * length （对定长的字符串）、Object、Variant、用户定义类型或对象类型。所声明的每个变量都要一个单独的 As type 子句

❓ 皮蛋：言子，这么多参数是什么啊？

💬 无言：这还不多呢，后面会有更多的。

言归正传，不要看它有这么多参数，实际上用的真的不多，也挺简单的，咱先从几个必要参数说起。

声明变量前必须用：

Dim+ 空格 + 变量名称（varname）+ 空格 +As+ 空格 + 数据类型（Type）

这就是最基础的基本的声明数据类型的语法，例如：我要声明一个班级座位编号（变量名称：Nums），那么一般一个班级不会超过 100 号人，所以锁定的数据类型范围对象就是 Byte（范围 0 ~ 255）就可以满足，就不用那个大卡装小货。完整语句如下：

Dim Nums As Byte

无言：看到没，就是这么简单的一句，搞定一个变量的数据类型声明。

？ 皮蛋：确实挺简单，那么如果有多个变量名称要如何搞定？

无言：看来你是有点上瘾了吧。

Dim 和变量名称是声明时必需的语句语法，如若不写，过程运行时会提示"Type 块外的语句无效"，如图 2-29 所示。如果需在同一行同时声明多个变量数据类型，要怎么办？

其实很简单——需要声明多个变量数据类型，只需在已经声明的前一个变量后面加上一颗豆芽菜，（英文半角逗号）即可，后面数据类型的声明，与前面的操作没差别。

假设现在我们要记录一个年级的相关考试成绩信息，那最少需要这么几个变量名称：班级（Banji）、编号（Bianhao）、学生姓名（Xingming）、语文（Yuwen）、数学（Shuxue）、英语（Yingyu），6 个变量名称各自声明不同的数据类型。按照上面说的在第 1 个声明后加豆芽就行了，具体如下：

图 2-29　Type 块外的语句无效

```
Dim Banji As String, Bianhao As Byte, Xingming As String, Yuwen As Single, Shuxue As Single, Yingyu As Single
```

？ 皮蛋：我刚才还想着是不是要每一个变量 Dim 一行？

无言：你太会想了，不过也没错啊，这样也可以的，只是重复太多次了而已。

？ 皮蛋：言子，如果变量声明太多了是不是也可以换行啊？

无言：这个可以有，但是没必要。

声明的变量太多的话，不推荐使用下划线 _ 换行，不如直接另起一行进行 Dim 声明，这样自己和其他人都清楚知道这行变量是新起一行，不用费力地上下关联去看。

无言：下面的两个例子，哪种更实用？

```
Dim Banji As String, Bianhao As Byte, Xingming As String, Yuwen _
As Single, Shuxue As Single, Yingyu As Single
```

```
Dim Banji As String, Bianhao As Byte, Xingming As String
Dim Yuwen As Single, Shuxue As Single, Yingyu As Single
```

？ 皮蛋：看起来第 2 个比较清楚，知道谁和谁是一家！

无言：明白就好！

？ 皮蛋：Dim 的其他参数有什么用？说下。

无言：嗯。

WithEvents 参数为可选的，只能在类模块中使用，而且不能使用它创建数组，只能声明一个单量类型的变量，类似上文中姓名、班级这些单个变量的数据类型。

subscripts 参数为可选的，主要用于声明数组的每个维度的维数数量，可以直接用数字表示，例 5；也可用一个区域范围表示，范围开始和结尾中间用 To 连接，例 0 To 5、1 To 5、2 To 6。数组的维度及维度维数。

New 参数也是可选的，该数主要用于隐性地创建一个对象的关键字（用 New 声明的对象，不需要在使用 Set 语句对变量进行赋值具体的对象类型）。该对象不能和 WithEvents 参数同时使用，也不能声明非对象类型的数据类型。

💬 无言：皮蛋，还有一个Type参数，我不打算和你说了。

❓ 皮蛋：为什么，是不是被皮蛋噎着了，出不来气啊？

2.4.4　定义数据类型的好处

💬 无言：肯定不是啦。

❓ 皮蛋：那是有内情啦？

💬 无言：确实啊，这都让你知道了。

Type 这个参数虽然也可选的，但是在这里不推荐不声明具体数据类型，为什么？因为这个和大卡装小货一个意思。在我们不声明具体的数据类型时，系统会按自动给变量安排变体数据类型（Variant），从表 2-5 中知道了系统会为不同是数据类型分配不同的字节占用空间，而 Variant 却是占用空间最多的类型，这样做不仅是浪费存储空间的问题，在计算上也增加程序对于采用数据类型的选择判断。

❓ 皮蛋：这样啊，但是上面的数据类型那么多，好难记啊。

💬 无言：谁让你死记硬背了，开始用个把钟头把它们熟悉了，以后写的时候多定义变量，熟能生巧嘛。何况巧妇难为无米之炊，你已经有米了，就差你自己生火多煮几次就好！

❓ 皮蛋：按你这个逻辑来说倒还能接受。但是你要和我说说为什么要声明数据类型，我还是有点不明白。

💬 无言：好吧，继续举例。

现在有两家商店，其中一家把所有商品都放置到一个货架上，另外一家则把每类商品（数据类型）都进行归类放置在不同货架。

现在我要去购物，到了第 1 家商店，一眼不穿，琳琅满目。服务员，麻烦你帮我找下，有点乱。在服务员千辛万苦地翻山越岭的帮助下，好不容易找到了需要的物品。

过来几天后，我来到了另外一商店——进门不错啊，都分类好了。我很快就在不同分类的货架上找到我需要的商品，结账嘀嘀嘀扫一扫付款走人。

对比上一家和这一家的差别，就如同数据类型的 Variant 和单个数据类型一样。Variant 将所有数据类型都包进去了，每次运算时程序都要判断满足这个数据要使用的类型是什么：Byte 对不？Integer 对不？Long 对不？这个和在一大堆商品中一个个翻找同样的道理——累啊、慢啊！

而相较第 1 家的混合放置类型，第 2 家显得更加方便，我一进门就可以根据不同分类货架去找到我要的物品，不需多时我就可以结账走人，还不一定需要服务员帮我找——省时省力。

皮蛋：确实，如果太乱了，找起来确实费劲。那是不是一定要声明变量？

无言：说了这么多，其实我想说是声明变量是有好处的！

皮蛋：哪有好处啊，我就看到了它自己计算得很辛苦。

无言：好处有，输入变量时按Ctrl+J快捷键会出现已定义的变量名称，还可以自定补完哦，这种就快捷输入。

皮蛋：这个好处可以有，但是我还没有习惯。

无言：我去，你喜欢和我作对我也不怕，看下面这一语句。

1. Option Explicit 强制声明语句

VBE 中有一个强制要求声明变量的项，只要勾选了该项，以后每次新建的工作簿都会自动在第 1 行写入 Option Explicit 语句。它的作用就是在程序运行时，如果检测到没有声明的变量都会提示"变量未定义"，如图 2-30 所示。

皮蛋：这招狠，那要如何添加这个功能？

打开 VBE 程序窗体后选择【工具】菜单→【选项】命令，在弹出的【选项】对话框中选择【编辑器】选项卡，勾选【要求变量声明】复选框，如图 2-31 所示。

强制要求每个过程的变量都必须先声明
Option Explicit

图 2-30 变量未定义提示

图 2-31 添加 Option Explicit 语句

2. 自动列出成员

 皮蛋：你刚才说可以自动补偿变量名的是怎么回事？

 无言：我专门弄了一个变量名称，你看看这个变量名挺长的是不，如果每次都自己输入，累——但VBE提供了便捷的法子。

　　如果（默认）勾选了【自动列出成员】复选框，每次只要输入变量第 1 个或前几个字符后按 Ctrl+J 组合键就能自动列出已定义的列表成员（变量等），此时只需要选择需要的成员，VEB 就会自动帮我们补完，如图 2-32 所示。

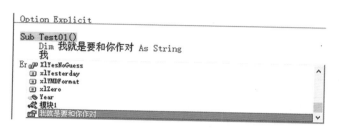

 图 2-32　自动列出成员（变量）

 皮蛋：好吧，言子你赢了。

 无言：孺子可教也，今晚吃皮蛋粥庆祝下。

2.4.5　自定义数据类型（Type）是什么

1. 运用 Type 语句自定义数据类型

 皮蛋：还有数据类型中有一个自定义类型，是什么？

 无言：这个和Variant类型就不同了。

 皮蛋：哪里不同？

 无言：就是不同，请听下回分解。

 皮蛋：你快给我说明白吧。

 无言：好吧，我也不想加班。

　　Variant 类似上面说的杂货架，而用 Type 自定义的属性，更像一个精致划分了区域的精装盒子，盒子被划分几个小块各自装入什么东西（名称和数据类型）都已经规定好了，不许瞎来。

用月饼盒来说吧，一个高档气派的月饼盒，不仅需要美丽好看的外观，内部也是定制好了放多少块月饼，每个空位放什么口味的月饼。流水线的职员在放置的时候不许放错（提示"类型不匹配"），如果放错了被检查出来就必须返工了。

❓ 皮蛋： 这样啊，就是一个萝卜一坑的意思。明白了，但是如何定义呢？

💬 无言： 使用Type语句即可，语法如表 2-7所示。

❓ 皮蛋： 呃……

表 2-7　Type 语句及其参数

语句名称：			
Type			

作用：			
在模块级别中使用，用于定义包含一个或多个元素的用户自定义的数据类型			

语法：

```
[Private | Public] Type varname
    elementname [([subscripts])] As type  （定义变量数据类型）
    [elementname [([subscripts])] As type]（定义变量数据类型）
    ...（任意重复定义变量语句）
End Type
```

参 数 名 称	必需/可选	数 据 类 型	说　明
Public	可选	/	用于声明可在所有工程的所有模块的任何过程中使用的用户定义类型
Private	可选	/	用于声明只能在包含该声明的模块中使用的用户自定义的类型
varname	必需	/	用户自定义类型的名称；遵循标准的变量命名约定。
elementname	必需	/	用户自定义类型的元素名称。除了可以使用的关键字，元素名称也应遵循标准变量命名约定
subscripts	可选	/	数组元素的维数。当定义大小可变的数组时，只须圆括号。subscripts 参数使用如下语法： [lower To] upper [,[lower To] upper] ... 如果不显式指定 lower，则数组的下界由 Option BAse 语句控制。如果没有 Option BAse 语句则下界为 0
type	必需	/	元素的数据类型；可以是Byte、Boolean、Integer、Long、Currency、Single、Double、Decimal（目前尚不支持）、Date、String（对变长的字符串）、String * length（对定长的字符串）、Object、Variant、其他的用户自定义的类型或对象类型

Type 语句用于将多个变量名称的数据类型集合于一个变量名称，并通过引用该声明变量

名称，即可使用其已内置的不同变量名称的数据类型。

? 皮蛋：这话真拗口。

💬 无言：好吧，那我通俗点说，一家中每个成员的姓名并对应其性别（属性之一），这样明白了吧？

? 皮蛋：如果家里有5口人，那么按照户口编号（自定义类型名称）+父母兄弟姐妹的姓名来说明他们的性别。

💬 无言：是的，没错。现在来看下如何自定义数据类型。

参照上面的 Type 语法表，可以知道要自定义数据类型，必须用代码 2-7 的形式定义。

代码 2-7 自定义数据类型的示例代码

```
1| Type开头+空格+自定义的数据类型名称
2|    自定义名称1 as 数据类型
3|    自定义名称2 as 数据类型
4|    自定义名称n as 数据类型
5| End Type
```

还是用学校成绩记录的例子说，假设现在要定义一个用于记录班级学生的信息及 3 科成绩的成绩数据类型，那就需要用到班级（String）、姓名（String）、学号（Byte）、语文（Single）、数学（Single）、英语（Single），6 个变量 3 种不同数据类型。按照上面语法，声明自定义格式的代码如代码 2-8 所示。

代码 2-8 Type 自定义数据类型

```
1| Type XueXiao
2|    Banji As String * 8 '定义字符长度输入最多8个字符
3|    XingM As String * 20 '定义字符长度输入最多20个字符
4|    Nums As Byte
5|    YuWen As Single
6|    ShuXue As Single
7|    YingYu As Single
8| End Type
```

代码 2-8 中 Type Xuexiao 就是这个自定义数据类型的名称，中间声明了讲到的 6 个变量及数据类型；在自定义数据类型内声明类型时是不需要用 Dim 进行声明，这个与 Sub 过程中是不同的声明变量。

? 皮蛋：那能用变体类型吗？

无言：这个可以啊，声明变量数据类型一样，但是这样也就没有意义了。

? 皮蛋：还有，你上面的定义字符长度是什么意思呢？

2. String 定长的用途

无言：在表 2-5 中有 String $ （定长）这个数据类型，它的具体写法和用途是什么呢？

String 定长数据类型的用途在于限制输入字符的个数。Banji As String * 8 这句声明强制限制了班级变量最多输入字符的个数只能 8 个，超过 8 个字符后的都将被截断，而不够 8 个字符的都将以空格补充完整，语法如下：

> 指定字符个数程序
>
> 变量名称 As String *

字符的定长字符个数不得低于 1 和高于 65 400 这个范围的限制，否则将提示定长的长度无效。

? 皮蛋：好，这个可以甩了。

无言：那接着讲如何引用自定义数据类型内部变量。

? 皮蛋：有请，讲完这个我要回家。

声明自定义数据类型后，需要在使用的过程中再声明一个变量名称且引用已声明的自定义数据类型的名称，这样才能引用该类型中其他定义了的变量类型。先看过程如何引用自定义类型的内部变量，如代码 2-9 所示，效果如图 2-33 所示。

代码 2-9　引用自定义数据类型的内部变量

```
1| Sub ChengjiLuru()
2|   Dim Chj As XueXiao
3|   Chj.Banji = "一年二班"
4|   Chj.Nums = 1
5|   Chj.XingM = "李白"
6|   Chj.YuWen = 90.5
7|   Chj.ShuXue = 98
8|   Chj.YingYu = 99
9|   MsgBox Chj.Banji & vbCr & "姓名："  & Chj.XingM & vbCr & "座号： " & Chj.Nums _
10|   & vbCr & "语文： " & Chj.YuWen & vbCr & "数学： " & Chj.ShuXue & vbCr & "英语： " & Chj.YingYu
11| End Sub
```

代码 2-9 中声明定义了 Chj 这个变量，且声明了该变量为代码 2-8 中自定义的数据类型 Xuexiao。声明了变量名称和类型后，当要引用自定义类型中的班级类型时，首先输入过程已声明的变量名称，接着输入 .，系统将根据该变量名称引用的数据类型弹出关于该自定义数据变量内部已声明的其他变量数据类型，如图 2-34 所示。此时只需要选择你需要的【子变量名称】，最后用 = 赋值即可。

图 2-33 数据类型过程效果

图 2-34 自定义类型的子变量

先将光标放置在代码 2-9 处任意位置后按下 F5 功能键运行该过程，过程将对该过程 Chj 变量的几个子变量进行赋值，最后弹出一个窗口，显示刚才输入各子变量的数据，如图 2-34 所示。也可以通过单击标准工具栏中的【运行子过程或用户窗体 F5】，和直接按 F5 键是等效的，如图 2-35 所示。

图 2-35 标准工具栏

💬 无言：蛋蛋，明白怎么用了吗？

❓ 皮蛋：大致明白了，就是通过声明新的变量名称且引用自定义的数据类型，接着输入"定义的名称+.，将能自动引用它的子变量名称"。

💬 无言：嗯！

❓ 皮蛋：言子，还有几个参数没说吧？

💬 无言：没有了。

Type 语句中 Public 和 Private 都为可选的，且只能二选一；还有如果 Type 前不写明是 Public 或 Private 时，默认就为 Public 即等同于 Public Type 名称。子过程也是如此，不写默认为 Public。

Public 的意思就该过程或数据类型可以在本工程的不同模块间直接使用，只需要注明：模块名称 + 数据类型名称 / 子过程名称，语法示例如下：

```
Dim 跨模块引用 As 模块 1.XueXiao
```

如果写明 Private Type 名称则该数据类型只能在当前模块的子过程使用，不能跨模块引用。

？ 皮蛋：Public意味着大家都可以看，就像明星一样；Private则如同待嫁闺中的可人儿，只能孤芳自赏的意思啦？

💬 无言：你这比喻太对了。一个是只需要经过经纪公司就可以签用的对象，另一个是只能在自家使唤的对象。

subscripts 参数和 Dim 语句中的 subscripts 参数一样，都是用来声明数组的维度的上下限，只能运用于数组。Varname 这个是上文一直提及的自定义数据类型的名称，也是必需参数，不可省略。elementname 则必须和 type 配对才能是完整的声明数据类型方式，如果变量名后面省略了数据类型，该变量的数据类型默认为 Variant。

💬 无言：好了，关于自定义数据类型的就先这样吧，下班喽！

？ 皮蛋：好，终于讲完了，我回去好好温故知新，言子拜！

2.5 公有和私有的设置和作用

💬 无言：皮蛋，估计你已经温故而知新了吧。这里再给你脑补下公有和私有的初步概念和作用。

？ 皮蛋：好吧，来吧。

2.5.1 什么是公有模式 / 私有模式

所谓公有模式是针对于子过程（函数）、变量、常数而言，其能被其他模块工程的过程查看引用。私有模式相当于子过程（函数）、变量、常数等不能被其他模块工程查看引用，只能在当前模块中的过程（函数）查看引用。不同模式下，它们的作用范围和作用周期都不同，它们的标识也不同，下面将进行讲解。

2.5.2 设置过程的公有 / 私有

？ 皮蛋：不懂。

无言：那我继续了，以子过程来说吧。

一般书写子过程时，都省略 Public 或者 Private 这两个参数，在省略的时候子过程都默认公有过程，此时无论在哪个模块和工程下都可以引用该模块的该过程。

如图 2-36 所示，已写了 4 个子过程，测试 01 子过程没有直接标明为公有过程（隐性），但是在图 2-37 中却可以通过添加"模块名称 + . + 过程名称"，直接调用模块 1 中的该过程。

而测试 02 子过程直接显性声明该过程为公有过程，在模块 2 中以同样的形式也可以直接调用；但是采用了 Private 的私有变量测试 01 子过程，在跨模块调用时即使采用了模块加名称的方式也没法自动弹出来可选择私有过程列表项，就算强制人工添加运行也会出现如图 2-38 所示的"方法和数据成员未找到"错误提示。

　图 2-36　调用本模块中子过程

　图 2-37　跨模块的调用子过程

　图 2-38　手工添加私有子过程的结果

皮蛋：原来公用和私有子过程是这样调用的啊，那如果本模块中的调用自己的子过程呢？

无言：自定义函数也是一样的，标不标明公有函数都可以直接被调用，但是如果写在工作簿等其他非标准模块中的自定义函数都是无法被调用的。

皮蛋：好的，这个知道了，那本模块的呢？

无言：自身模块的特简单啦，So Easy！

模块调用自己的本模块内的所有子过程，不管是公有过程还是已标明为私有过程的子程序都可以轻松调用，只需要直接通过关键字获取成员列表后选择对应的过程名字就可以了，如同图 2-36 中的模块内调用子过程，很容易就可以搞定的。

? 皮蛋：这个理解了，还是挺简单的。

自动插入完整的子过程 / 函数外壳

💬 无言：皮蛋，VBE还有一个自动插入子过程（函数）外壳的功能，这个对于懒人来说不错哦，还可以防错呢！

? 皮蛋：有这等好事，不早说。

💬 无言：这不正要和你说来着。

对于公有或私有拼写不熟的新手，咱们可以直接通过选择【插入】→【过程】命令，打开【添加过程】对话框，如图 2-39 所示。该对话框中各项的功能，下面一一介绍。

（1）【名称】文本框用于输入该过程的名称，必须输入不能为空，取名规则符合变量取名。

（2）【类型】包括【子程序】【函数】和【属性】，一般默认为【子程序】，按照需求选择即可。

（3）【范围】就是刚才一直说的公有和私有过程，在此进行选择后，系统将自动根据选择在过程前面添加 Public 或者 Private。

（4）【把所有局部变量声明为静态变量】的作用是将整个过程中的所有局部变量都变为静态变量，自动在范围和过程类型的中间插入一个【Static】名词。

输入选择完上述项目后，单击【确定】按钮，系统将在【代码窗口】直接输入一个完整的过程外壳，之后只需在内部写上需要图 2-39、图 2-40 代码即可，效果如图 2-40 所示。

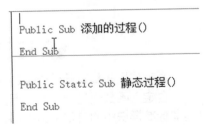

图 2-39　添加过程窗口

图 2-40　添加后的过程外壳

皮蛋：这个明白了，但是这个Static的作用是什么呢？

2.5.4　Static 的作用

无言：Static的作用比较单一，我这里简单说明下。

Static 的主要作用是将声明的变量在计算过程中数据的改变保留下来，不因为过程结束而释放其已改变的数据内容，只有当整个工程关闭才会释放这个变量，清空它。

皮蛋：我听不懂，再浅显些。

无言：好吧，那就来一个谈人生的过程吧。

现在假设静态变量如同我们的年龄，而年龄随着年复一年周而复始地变化着，不会因为一年的结束而将年龄结算清空，而是累加到下一年中，直到人生的结束，年龄才会被彻底地释放清空了。现在我们来写一段类似的代码，并将古人对于从襁褓到期颐之年的划分进行提示，每个阶段都会有所提示，如代码 2-10 所示。

代码 2-10　静态变量的变化

```
 1| Sub 人生的岁月()
 2|     Static 年龄 As Byte
 3|     年龄 = 年龄 + 1
 4|     If 年龄 >= 255 Then MsgBox 年龄 & vbTab & "仙人级别，登峰造极", "退出": End
 5|     Select Case 年龄
 6|         Case 1
 7|             MsgBox 年龄 & vbTab & "襁褓"
 8|         Case 2 To 3
 9|             MsgBox 年龄 & vbTab & "孩提"
10|         Case 7
11|             MsgBox 年龄 & vbTab & "女孩：髫年/男孩：韶年"
12|         Case 10
13|             MsgBox 年龄 & vbTab & "黄口"
14|         Case 20
15|             MsgBox 年龄 & vbTab & "弱冠之年"
16|         Case 30
17|             MsgBox 年龄 & vbTab & "而立之年"
```

```
18|          Case 40
19|              MsgBox 年龄 & vbTab & "不惑之年"
20|          Case 50
21|              MsgBox 年龄 & vbTab & "知命之年"
22|          Case 60
23|              MsgBox 年龄 & vbTab & "花甲或耳顺之年"
24|          Case 70
25|              MsgBox 年龄 & vbTab & "古稀之年"
26|          Case 80
27|              MsgBox 年龄 & vbTab & "杖朝之年"
28|          Case 90
29|              MsgBox 年龄 & vbTab & "鲐背之年"
30|          Case 100
31|              MsgBox 年龄 & vbTab & "期颐之年"
32|      End Select
33| End Sub
```

第 1 次运行时，年龄会加 1，并且提示为襁褓；第 2 次运行时，原来按照过程结束变量应该被释放或清空才对，但是此时却不是如此；年龄还是继续增加了，而且提示变为了孩提。如此反复多次执行这个过程，会发现年龄这个变量真的如同我们自己的年龄一样不断累加上来，直到变量超过了 Byte 数据类型的上限，才结束过程，如图 2-41 所示。

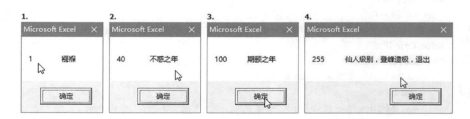

图 2-41　静态变量——年龄的变化

💬 无言：明白了吗，皮蛋？设置静态变量就是为了让某个变量在工程完全结束前，数据一直保留而设置的。

❓ 皮蛋：嗯，明白了，就是人生未完结，年龄不断增加。

💬 无言：静态过程内所有声明的变量都不会因为子过程结束而被释放，和单一静态变量类似，下节说变量/常数的赋值。

2.5.5　如何给变量和常数赋值

?　皮蛋： 言子，来继续，我今天有空，来烦你了，你上次说要讲赋值的。

无言： 等会吧，我手头有点活儿，等会儿。

?　皮蛋： 好的，那你说说今天要说什么知识点。

无言： 变量和常数的赋值，我先忙。

无言去忙自己的活儿了，皮蛋听后也去忙自己的去了。过了一段时间，无言发 QQ 给皮蛋：我忙完了，来一起"伤害吧"！

?　皮蛋： 呵呵，你不怕等下连最后个言字都不见了。

不一会，皮蛋来到了无言的位置。

?　皮蛋： 好了，你说今天讲解赋值，那赶紧。

前面讲过了 VBE 窗体、VBE 工程中包含哪些对象、代码的书写位置、子过程和自定义函数大致写法、如何使用帮助、什么是常数和变量、数据类型有哪些及如何自定义一个数据类型；现在就要说说声明了变量和数据类型之后该如何给常数和变量赋值一个具体数据。

?　皮蛋： 停，有问题，你刚才说的赋值？赋值是什么？

无言： 蛋哥啊，刚才上面不是说了吗，那我再唠叨一次。

> 赋值——指定一个值或表达式给变量或常数，也就是给变量或者常数给定一个具体的数值或者表达式。

延续上面的学校变量，原来已经声明 6 个变量和数据类型，现在再加上 2 个常数：学校名称和部门，需要怎么做呢？

赋值分为两种情况：对象和非对象。

?　皮蛋： 你不要总是给我说对象，我已经有了。

无言： 我去，能认真点不。

2.5.6　Const 常数的赋值

赋值语句通常会包含一个等号（=），也就是赋值时必须在已经变量名称后面加行一个等号，再写上需要的数值或表达式。但是常数的赋值方式和变量有点不同，先说下常数的。

给常数赋值时，相当于声明＋赋值常数的具体数值，具体语句方式如下：

> Const Mingzi As String = " 我就是一个常数 "

Const 常数的赋值是在声明常数名称和数据类型的同时赋值具体的数据；常数名称的命名方式前面已经说过了，采用的数据类型必须满足提到的数据类型；具体的赋值为在名称后输入 = 后写入数据。Const 语句及其参数说明如表 2-8 所示。

表 2-8　Const 语句及其参数

语句名称：

Const.

作用：

声明用于代替文字量的常数

语法：

[Public | Private] Const constname [As type] = expression

参 数 名 称	必需/可选	数 据 类 型	说　　明
Public	可选	/	该关键字用于在模块级别中声明在所有模块中对所有过程都可以使用的常数。在过程中不能使用
Private	可选	/	该关键字用于在模块级声明只能在包含该声明的模块中使用的常数。不能在过程中使用
constname	必需	/	常数的名称；遵循标准的变量命名约定
type	可选	/	常数的数据类型；可以是 Byte、 Boolean 、 Integer、Long、Currency、Single、Double、Decimal（目前尚不支持）、Date、String 或 Variant。所声明的每个变量都要使用一个单独的 As 类型子句
expression	必需	/	文字，其他常数，或由除 Is 之外的任意的算术操作符和逻辑操作符所构成的任意组合

? 皮蛋：说明中说了只能是文字、其他常数、表达式，不明白。

⋯ 无言：嗯！

说明中的文字，笼统点将它们划分为数字和字符串即可；其他常数为 VBE 对于常用的语法的某些值的固定名称写法；表达式包含了算术运算符：四则运算的字符（+、-、*、/）、开方（^）等和逻辑操作符；大于、小于、等号等逻辑比较符号及部分内置函数，例子如下。

> 文本、数字类型的常数
> Const 名字 As String = " 小明 " '文字常数
> Const 数字 1 As String = 100 '数字常数
> Const 数字 2 As Byte = vbOK '内置常数

表达式类型的常数

Const 算术操作符 As Integer = 5*6 ' 乘法算术操作

Const 逻辑操作符 As Integer = 1<>0 ' 逻辑操作符

? 皮蛋：原来表达式是这样，还有需要注意的吗？

无言：有啊，常数不能使用变量，不能使用函数来声明赋值，先来看看下面的代码（见代码2-11）吧。

代码 2-11　常数的赋值

```
1| Sub 常数的赋值01()
2|      Const Xuexiao As String = "XXX学校", Bumen As String = "教导处"
3|      MsgBox Xuexiao & vbCr & Bumen
4|      Const Rnds As Boolean = 50 > 100
5|      MsgBox Rnds
6| End Sub
```

? 皮蛋：又是学校啊，不过这个我看明白了。你给Xuexiao和Bumen两个常数赋值了具体数据了，Rnds就是比较50是否大于100，Msgbox是返回一个提示窗口；但是你刚才说了不能用变量是怎么说的？

无言：常数只能是一个固定值对吧，但是它是不能通过引用其他声明或未声明的变量进行常数声明，这个错误的操作，看下面的代码2-12，如果采用了变量将出现如图2-42所示的错误提示。

 图 2-42　要求常数表达式

代码 2-12　含有变量的常数赋值

```
1| Sub 常数的赋值02()
2|      Dim A1 As Byte, B1 As Integer
3|      A1 = 1: B1 = 2
4|      Const A = A1 + B1
5|      MsgBox A
6| End Sub
```

❓ 皮蛋：原来这样啊，那就桥归桥啦，常数只能直接赋值，不能通过变量赋值改变了。

💬 无言：还有一个情况，就是就是数据类型为变体，但是赋值不能赋值数组，再给你一段代码（见代码2-13），错误提示跟刚才的一样，所以要记住哦。

代码 2-13　含有数组的常数赋值

```
1| Sub 常数的赋值03()
2|     Const Arr As Variant = Array(1, 2, 3, 4)
3|     MsgBox Arr(0)
4| End Sub
```

2.5.7　Const 的公有和私有设置

❓ 皮蛋：好的，先休息一分钟。

💬 无言：皮蛋，说说这个Const是公有常数还是私有常数。

❓ 皮蛋：言子，我知道Public 和 Private就是公有和私有的意思，这个不用解释了，默认Const是公有常数，对吧！

💬 无言：那就错多了——Const语句默认是私有的，子过程内的常数是不能被本模块中的其他子过程调用，更别说被其他模块调用。

❓ 皮蛋：言子啊，如果声明为Public能用吗？

💬 无言：通过在自过程内声明为公有常数时，其他模块也是不可直接调用的。

> 子过程内声明的常数无论如何都不能被其他过程调用,不论是否是在声明前 Public 都无法改变其私有性质。

❓ 皮蛋：言子，我记得你没和我说过公共和私有要怎么设置啊？

💬 无言：不对哈！你该立马补课了，你该看下2.5节。

❓ 皮蛋：好的，我去回忆温习下。

💬 无言：在子过程内Const无论是否添加了Public都无法改变其私有性质，除非在模块顶端声明才有效。

❓ 皮蛋：什么是模块顶端？

💬 无言：模块顶端就是在第1个过程的顶部，如图2-43所示。

❓ 皮蛋：哦，那不在顶端可以吗，言子？

😏 无言：不行，模块内的声明只能放置在模块顶端，否者将出现如图 2-44 所示错误提示。

❓ 皮蛋：明白了！你刚才还说了过程内的常数都是私有的，那么模块声明的呢？

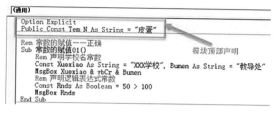

模块顶部声明

 图 2-43　在模块顶端声明变量 / 常数　　　　 图 2-44　非顶端声明变量 / 常数的错误提示

声明模块用变量 / 常数，只能将声明写在模块顶端。

顶端声明常数（如图 2-43 所示），如果标明 Public 参数则代表该常数可以被任意模块调用；而如果直接采用 Const 或 Private Const 都是标明该常数只能被当前模块内的子过程调用。

模块顶端

Public Const Tem_N01 As String = " 皮蛋 "　　'任何模块都可以调用

Private Const Tem_N02 As String = " 瘦肉 "　　'当前模块任何过程都调用

Const Tem_N03 As String =" 粥 "　　　　　　'同上，只能模块内调用

 **2.5.8　如何调用公有 / 私有常数**

如果要在同一个模块内调用顶端已声明的所有常数，可以直接在过程中输入已经声明常数的名称即可，可忽略模块名称，如代码 2-14 所示。

代码 2-14　模块引用常数

```
1| Sub 模块引用常数()
2|     MsgBox Tem_N01          '公有
3|     MsgBox Tem_N02          '私有
4|     MsgBox Tem_N03          '私有
5| End Sub
```

如果要在跨模块调用其他模块内的公有常数时，则必须注明调用常数的模块名称 +.+ 常数名称，才可调用已声明的常数，如代码 2-15 所示。

代码 2-15　跨模块引用常数

```
1| Sub 跨模块引用常数()
2|     MsgBox 常数赋值.Tem_N01
3| End Sub
```

无言：明白了吗，蛋蛋？

皮蛋：明白了，前面好像有提及过几次了。

 ## 2.5.9　非对象变量的赋值

无言：说完了常数的赋值——Const的用法，接着说变量的赋值。

变量存在两种不同赋值方式，一种是对于数字、文本等非对象数据类型变量的赋值，另一种是对对象（Object）数据类型变量的赋值。

皮蛋：为什么分两种呢？

1.　非对象变量赋值——Let

无言：很简单啊，因为赋值方式不同。接下来分别讨论，先说非对象变量的赋值。

所谓非对象变量，指的是声明变量时采用非 Object 或者 New 程序等类型的声明，如 Byte、Long、String、Date 等数据类型，直接采用 Let 语句将表达式的值赋予该变量。来看一下 Let 的语法及其参数（如表 2-9 所示）。

[Let] varname = expression 将表达式的值赋给变量或属性

表 2-9　Let 语句的参数

参数名称	必需/可选	数据类型	说　明
Let	可选	/	显式使用 Let 关键字也是一种格式，但通常都省略该关键字
varname	必需	/	变量或属性的名称；遵循标准变量命名约定
expression	必需	/	赋给变量或属性的值

? 皮蛋：感觉和Const常数的赋值很相似？

... 无言：没错，很相似。

Let 的语法与 Const 都是：语句 + 关键字 = 赋值的方式完成变量的赋值。先来看看如何在过程中使用 Let 对声明的变量进行赋值，如代码 2-16 所示。

代码 2-16　采用 Let 的显性赋值

```
1| Sub ChengjiLuru01()
4|     Dim Banji As String, XingM As String
5|     Dim Nums As Byte, YuWen As Single, ShuXue As Single, YingYu As Single
6|     Let Banji = "一年二班":      Let Nums = 1:           Let XingM = "李白"
7|     Let YuWen = 90.5:           Let ShuXue = 98:        Let YingYu = 99
8|     Let Range("A1").Value = Banji & " " & Nums & " " & XingM & " " & YuWen & " " & ShuXue & " " & YingYu
9|     Let Range("A1").Interior.ColorIndex = 3
10| End Sub
```

通过代码 2-16 所示，每当需要给已声明变量赋值时，都需要以 Let 开头加上变量名称且等号后写上具体的数据内容。例如 Banji 变量赋值为 "一年级二班"、Bianhao 赋值为数字 1、Xingming 赋值为 "李白"，这就是 Let 对已声明变量的赋值。

? 皮蛋：不对啊，代码中有Let Range ("A1").Value =…和Let Range ("A1").Interior. ColorIndex=…，这个好像没有声明的吧，怎么也可以呢？

... 无言：对，Range ("A1")确实没有声明，其实这个是Excel内置的对象之一———单元格（Range）对象。

对于多数内置对象可以不需要声明其类型，也可以通过对其进行直接赋值写入数据，就和平时在工作表上直接对 A1 单元格写入数值、公式一样，刚才的代码就是直接将几个变量通过 & 连字符将它们组合成一个字符串后写入单元格内。

Range.Value 其实指的就是单元格的值，而 Range ("A1").Value = 任意数据，相当于在该单元格输入需要的数据；Range.Value 的 .Value 属性可以省略，因为 .Value 是 Range 等多数对象默认属性，直接调用或者输入可以忽略该属性。

Range ("A1").Interior.ColorIndex 则是给指定单元格背景填充红色，其中 Interior 指的是单元格对象的内部设置（内饰）的对象，再通过 Interior 来获取属性成员中的 ColorIndex（背景底色），进而通过在=后写入具体的数值。ColorIndex 为 Excel 填充颜色功能中调色板的颜色，3 为标准色的红色。调色板默认为 57 个颜色（0 ~ 56），如图 2-45 所示。

? 皮蛋：无言，这种赋值语法有什么诀窍没有？

💬 无言：诀窍？

? 皮蛋：就是类似于我知道这段话是干什么的，有吗？

💬 无言：喔，这个啊！应该说是解读方式吧，有！

2. 解读语句的作用

以刚才给 A1 单元格上底色的 Let Range ("A1").Interior.ColorIndex=3 语句为例，刚才说了，这条语句是给单元格填充背景色为红色，那么要如何拆解它呢？

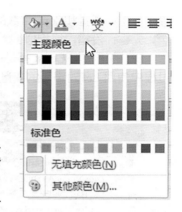

图 2-45 主题颜色

我们知道拆解函数公式时，是要从最外层的函数慢慢一层一层拆解，明白每个函数参数的作用及嵌套其内的函数的作用，且该嵌套函数返回给上一级函数的参数的内容及作用是什么，庖丁解牛式地分解公式。那么代码也是采用类似的方法进行语句解读，但是它是从右往左拆解语句。

? 皮蛋：怎么说的？

从右往左的意思是以最后一个属性或动作为分割点，往上一级对象逐层看，以 . 为分割点拆解对象、属性或方法，拆解的时候先忽略属性或动作的参数，先看下图 2-46 中拆解的次序方向。

等号后的赋值，我们可以不用理会，现在就先按照图 2-46 进行分析。

语句的拆解

从右往左读取，语句的属性、动作的上一级父对象

④   ③   ②   ①
Let Range("A1"). Interior. ColorIndex = 3

1、这个属性能赋值声明。这个动作的操作有什么作用；
2、属性或动作的上一级父对象是什么；
3、如果2对象的还有上一级父对象又是什么，2对象变为子对象；
4、这个单词语句的作用是什么。

属性的最终
赋值数据

图 2-46 语句拆解图

（1）ColorIndex 是一个属性，通过查阅帮助知道它的作用是设置或者读取内部颜色。

（2）Interior 为 Range 的内对象，也就是说 Interior 为 Range 的子对象，所以 ColorIndex 属性上一层共有 2 个对象，最上一级的父对象是 Range 单元格对象；而 Let 是给变量赋值。

整段代码拆解完后，就从左往右读取回来——对 A1 单元格背景色进行填充，颜色为指定数值的对应颜色。

? 皮蛋：再举个例子吧！

💬 无言：好吧，这次用针对一个对象的方法和属性来说明，两句简单的语句。

（3）Range ("A1").ClearContents。ClearContents 为清空数据，ClearContents 的上一级对象为 A1 单元格，那么整句话的意思就是清空 A1 单元格中的数据。

（4）Range ("A1").NumberFormatLocal = "yyyy/m/d"。NumberFormatLocal 为设置数据格式（Excel 中的单元格格式），NumberFormatLocal 的上一级对象也是 A1 单元格，赋值的格式为

日期格式,那么整句代码的意思就是将A1单元格的单元格格式设置为日期格式,样式为yyyy/m/d。

? 皮蛋:明白了。

> 每一语句都是以对象的方法或属性作为结束,如果以方法为结束的,不需要等号进行,而是对相关对象进行操作。如果以属性为结束的,都必须以等号进行赋值(读取)。一段完整的语句,最后必须包含一个方法操作或者属性的赋值才是正确的。

••• 无言:其实Let在赋值时是可以省略的,从图 2-46中的语法说明中体现了。

? 皮蛋:可以省略,那就是和公有、私有那些参数语法一样啦。

3. 隐性的 Let 赋值

••• 无言:在过程中给非对象变量赋值采用Let标示的话,就如同我们在去车站接人举牌:欢迎某某先生/女士,一样的效果。

? 皮蛋:那就众人皆知的意思啦。

••• 无言:对,就这个意思。

采用显性赋值就是直接表明对某个变量或某个对象的属性进行赋值,但是在实际使用中经常是将 Let 省略了,直接对变量或属性用 = 进行赋值,如代码 2-17 所示,其效果和代码 2-16 是一样的。

代码 2-17　省略 Let 的隐性赋值

```
1| Sub ChengjiLuru02()
2|     Dim Banji As String, XingM As String
3|     Dim Nums As Byte, YuWen As Single, ShuXue As Single, YingYu As Single
4|     Banji = "一年二班": Nums =2: XingM = "杜浦"
5|     YuWen = 100: ShuXue = 85: YingYu = 90.5
6|     Range("A2").Value = Banji & " " & Nums & " " & XingM & " " & YuWen & " " & ShuXue & " " & YingYu
7|     Range("A2").Interior.ColorIndex = Null
8| End Sub
```

••• 无言:现在来看下代码 2-16 和代码 2-17 运行后效果如何,如图 2-47所示。

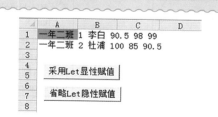

 图 2-47　Let 的显性和隐性赋值效果

? 皮蛋：还真没差多少呢，就是底色有点不同了。

••• 无言：这个可以忽略，因为代码 2-17 将底色赋值为了 Null——不予填充任何颜色，即无色。

? 皮蛋：好的。

••• 无言：说完了 Let 的非对象赋值，接下来，就该说下对象变量的赋值。

 **2.5.10** 对象变量的赋值——Set

? 皮蛋：对象变量？

••• 无言：就是对象——数据类型直接声明为 Object 类型或者 Variant 或者直接省略后面的声明，最终使用的类型为对象类型的都必须用以下的方法进行赋值。

1. 常用的对象有哪些

? 皮蛋：言子，我有问题——对于我这个新手村出来的，不要太急。你先和我说下常用的对象有哪些，如何书写。

••• 无言：好的。

前面的介绍中也接触过了一些对象，例如单元格、工作表、工作簿、图表、图形等这些都是在 Excel 界面可以经常接触到的对象。其实 VBA 原来就是针对对象进行编程的一门语言，在编写代码的时候都是针对不同对象进行操作的，只要找到了正确的、需要操作的对象，才能进一步进行方法、属性的操作和赋值等。先看看表 2-10 所列的几类常用对象。

表 2-10　VBA 常用的几类对象

对象名称	对象标示名称	说　　明
应用程序对象	Application	该对象为 Excel 程序本身，为最高级别的父对象
工作簿对象	Workbook	Excel 工作簿对象，也就是平时经常说的 Excel 表，属于 Excel 的子对象
工作表对象	Worksheet	属于 Workbook 的子对象，也是真正意义上的 Excel 表，一般分为 Sheet 和图表（Chart）两类，默认为 Sheet1、Sheet2 此类型的工作表
单元格对象	Range	Range（单元格对象）属于工作表的子对象，所有单元格都是依附其上
图表对象	Chart	此处的图表对象一般指存在于单元格上的图表对象（嵌入图表），与工作表类型的图表对象不同，该对象的上一级对象为 Worksheet，而不是 Workbook
图形对象	Shape	图形对象的上一级对象是 Worksheet，包括常见的图形（直线、曲线等）、插入的图片、艺术字、工作表控件（文本框、按钮等）都属于 Shape 对象
批注对象	Comment	属于 Range 对象的子对象代表单元格批注

无言：表 2-10中的对象将是编写代码时经常用到的对象，特别是Range对象，该对象就如平时录入数据、写函数公式一样，在Excel单元格能做到的，通过VBA的Range对象同样也能做到。

2. 如何声明对象变量

皮蛋：好的，常用的对象知道了，那么在声明这些对象时，我要怎么做呢？

无言：声明变量及数据类型在前面的内容已经说过了，这个你知道怎么做的了吧？

皮蛋：知道啊，就用Dim语句来声明变量名称，As后指定必要的数据类型。

无言：对，这个没差。

皮蛋：但是，对象数据类型可以声明为Object，但表 2-10中的对象又说属于常用的对象，这个混了。

无言：都没错，我来讲解下。

表 2-10 中说常用对象类型可以统称为 Object，像说人就是一个统称，但还可按照年龄段分为婴儿、幼儿、儿童、青壮年、老年这几类。上面的对象分类也是这样的意思，一个大的统称中细分为多个其他的类比对象。

皮蛋：是不是类似，一个仓库也是一对象，但是仓库中能放（分）好多零配件或产品，这样呢？

无言：是的，就是这个意思。

在把 Object 细分为多种不同对象之后，只需将具体的对象类型声明给变量名称即可，声明方式还是 Dim 语句的用法，具体例子如表 2-11 所示。

表 2-11 声明对象类型 Object 的具体类型对象

对 象 名 称	对象标示名称	声 明 语 句
工作簿对象	Workbook	Dim Wb As Workbook
工作表对象	Worksheet	Dim Sht As Worksheet
单元格对象	Range	Dim Rng As Range
图表对象	Chart	Dim TuB As Chart
图形对象	Shape	Dim Shp As Shape
批注对象	Comment	Dim Comt As Comment
菜单命名栏	CommandBar	Dim Cdb As CommandBar
命令按钮	CommandBarButton	Dim Cbb As CommandBarButton

皮蛋：清楚了，将声明的具体对象数据类型直接声明给变量就对了。

无言：是的，接下来说下对象要如何赋值，刚才的只是温习如何声明变量。

3. 对象类型的赋值

2.5.9 节说的非对象变量的赋值可以使用 Let 语句或者省略给变量或属性赋值，那么如何对已声明具体对象类型的变量进行赋值？

❓ 皮蛋：言子，你能快说要怎么赋值吗？

💬 无言：心急吃不了热豆腐，我给你加点酸菜——Set。

对象变量的赋值不能使用 Let，只能使用 Set 语句，先看下 Set 语句的语法及参数作用（见表 2-12）。

> 将对象引用赋给变量或属性
>
> Set objectvar = {[New] objectexpression | Nothing}

表 2-12　Set 语句的参数

参 数 名 称	必需/可选	数 据 类 型	说　　明
Set	必需	/	不可省略
objectvar	必需	/	变量或属性的名称，遵循标准变量命名约定
New	可选		通常在声明时使用 New，以便可以隐式创建对象。如果 New 与 Set 一起使用，则将创建该类的一个新实例。如果 objectvar 包含了一个对象引用，则在赋新值时释放该引用。不能使用 New 关键字来创建任何内部数据类型的新实例，也不能创建从属对象
objectexpression	必需	ObjectName	由对象名，所声明的相同对象类型的其他变量，或者返回相同对象类型的函数或方法所组成的表达式
Nothing	可选	/	断绝 objectvar 与任何指定对象的关联。若没有其他变量指向 objectvar 原来所引用的对象，将其赋为 Nothing 会释放该对象所关联的所有系统及内存资源

Set 语句就将已声明的对象类型实质性地赋值给一个指定的对象，如刚才皮蛋说他有对象了，现在我们就需要具体知道他对象的名字一样，这个就是 Set 的作用，Set 在整段赋值代码中是不可省略的，这和 Let 不一样。

💬 无言：为确保合法，objectvar 必须是与所赋对象相一致的对象类型。

现在回头看下表 2-11 中已经声明的具体的数据类型——对象，相当于我们已经知道他已经是有对象了，而且对象就是某款，此时我们要深究下他对象的具体名字（人）是怎么样的，所以要把这些对象都揭开面纱看看，此时就需要用到 Set，它就是那块神秘面纱。按照表 2-11 已声明具体类型对象进行的赋值，如表 2-13 所示。

表 2-13　Set 的赋值

对象名称	对象类型	声明语句	对象说明
工作簿对象 Wb	Workbook	Set Wb = Workbooks("神秘的对象")	Wb赋值给名为<神秘的对象>的工作簿
		Set Wb = Workbooks(1)	Wb赋值给打开的工作簿中序号为1的工作簿
		Set Wb = ActiveWorkbook	Wb赋值给当前激活的工作簿
		Set Wb = ThisWorkbook	Wb赋值给写代码的当前工作簿
工作表对象 Sht	Worksheet	Set Sht = Worksheets("考勤表")	Sht赋值给活动工作簿中名为<考勤表>的工作表
		Set Sht = Worksheets(1)	Sht赋值给当前工作簿中第1个工作表
		Set Sht = Workbooks(1).Sheet1	Sht赋值给打开中序号为1的工作簿的Sheet1工作表
		Set Sht = Activesheet	Sht赋值给当前工作簿中激活的工作表
单元格对象 Rng	Range	Set Rng =Range("A1:F10")	Rng赋值给A1:F10的单元格区域
		Set Rng =Range ("A1").Resize(3,3)	Rng赋值给A1单元开始范围为3行3列的单元格区域
		Set Rng = ActiveSheet.UsedRange	Rng赋值给已使用的单元格区域
		Set Rng = Range ("A1").CurrentRegion	Rng赋值给当前工作表A1开始的连续使用区域
		Set Rng =Cells	Rng赋值给当前整个工作表的所有单元格
		Set Rng =Cells(1,1)	Rng赋值给A1单元格
		Set Rng = Selection	Rng赋值给已选择的单元格区域
图形对象 Shp	Shape	Set Shp =Sheet1.Shape(1)	Shp赋值给Sheet1的图形对象1
		Set Shp =Sheet1.Shape("CheckBox1")	Shp赋值给Sheet1的名为CheckBox1的图形
批注对象 Comt	Comment	Set Comt = Cells(1).Comment	Comt赋值给A1单元格的批注
		Set Comt = ActiveCell.Comment	Comt赋值给激活单元格的批注
		Set Comt = Sheet5.Comments	Comt赋值给Sheet5工作表的所有批注
		Set Comt = ActiveSheet.Comments	Comt赋值给激活工作表的所有批注

💬 无言：表 2-13就将已声明的变量赋值为指定的对象类型。

❓ 皮蛋：就是将已经声明的变量数据类型对象，赋值到具体的对象上啊。

无言：对，就像刚才说的，你有对象了，现在就让你把你对象找出来，让我们可以具体认识他。

皮蛋：哦，这样啊。还有语法中的New的作用是什么？

无言：我们下节会讲到。

 ## 2.5.11　前期和后期绑定的作用

New 的作用是在 Dim 声明非 Excel 内置对象变量前，并已引用外部程序或模块对象，此时只需要先声明具体的对象即可使用，而无需再对该变量进行赋值——该参数用于对象的前期绑定。

图 2-48 所示即为在使用 New 参数对象前先引用了需要的对象，通过选择【工具】→【引用】命令，在弹出的对话框中勾选需要的对象前面的复选框即可。

例如现在要引用 Scrrun.dll 对象，只需要找到其中 Microsoft Scripting Runtime 对象，单击其前的复选框，就可以使用其中的对象【字典】；引用该外部对象后，就可以声明该变量的变量名称，语句如下。

图 2-48　引用外部程序或工程

```
Dim + 对象变量名称 + New + 需要的对象名称
Dim Dic As New Dictionary
```

前期绑定后的对象变量可以直接使用已声明的名称，而无需再赋值具体对象。前期绑定对象的好处有可以自动列出引用对象的有关的成员，便于代码书写和获取相应的帮助说明，如图 2-49 所示。

皮蛋：既然有前期绑定，那是不是就有后期绑定呢？

无言：有的，后期绑定的书写相对简单。

后期绑定，其实也就是将声明对象变量名称先声明为 Object 的数据类型，之后用 Set 语句进行实例赋值给具体的对象，表 2-13 中已知要赋值的对象类型的具体名字，直接声明具体对象。而后期绑定只能先声明为 Object，后再用 Set 进行具体赋值实例的对象。

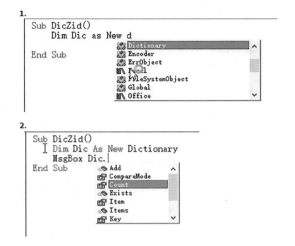

? 皮蛋：那要如何对Object对象赋值为具体的对象呢？

💬 无言：Set + CreateObject的组合。

? 皮蛋：Set知道了，CreateObject这个是什么意思？

💬 无言：来看语法及表2-14，一清二楚。

> 创建并返回一个对 ActiveX 对象的引用
> CreateObject(class,[servername])

 图 2-49　引用外部对象的变量的使用

表 2-14　CreateObject 函数的参数

参 数 名 称	必需/可选	数 据 类 型	说　　明
class	必需	Variant (String).	要创建的应用程序名称和类
servername	可选	Variant (String).	要在其上创建对象的网络服务器名称。如果servername 是一个空字符串()，即使用本地机器
class 参数使用 appname.objecttype 这种语法，包括以下部分：			
appname	必需	Variant (String).	提供该对象的应用程序名
objecttype	必需	Variant (String).	待创建对象的类型或类

　　CreateObject 函数的参数 servername 一般在非网络对象时可以忽略（省略），主要掌握第 1 个参数 class。该参数主要书写被引用的对象（程序 / 父级）的具体对象（内部对象 / 子对象）的名称。

? 皮蛋：那要怎么写呢？

💬 无言：现在来直接举例子，看下面的语句。

> Dim ExcApp_Sht As Object
> Set ExcApp_Sht = CreateObject（"Excel.Sheet"）

　　第 1 句是将 ExcApp_Sht 声明为 Object 数据类型，第 2 句就使用 Set+CreateObject+ 具体对

象名称，其中 Excel 是程序级对象（父级），而实际上此时创建的一个工作簿对象，而非工作表对象，所以整句就将 ExcApp_Sht 赋值为一个 Excel 的工作簿对象。声明赋值后将通过该变量获取需要的信息等。

? 皮蛋：言子，麻烦提供下完整的过程看看。

无言：如代码 2-18 所示，即为后期绑定对象操作。

后期绑定，没有和前期绑定一样能自动列出相应的成员，也无法直接使用其内置的帮助说明。后期绑定的作用主要是方便后期使用者的使用，不会出现因未做前期对象引用而出现过程不可使用等错误。

代码 2-18 对象后期绑定

```
1| Sub ExcelSheet()
2|     Dim ExcApp_Sht As Object
3|     Set ExcApp_Sht = CreateObject("Excel.Sheet")
4|     MsgBox ExcApp_Sht.ActiveSheet.Name
5| End Sub
```

2.5.12 释放已赋值的对象变量

被赋值了对象的变量，在不使用时候就需要进行释放。所谓释放变量就把原赋值的关联对象进行解除，释放它占用的内存数据空间，释放后的对象变量为 Nothing。

Nothing 也是 Set 语句中的一个参数，它的作用就释放关联，它的使用特别简单，只需要按照如下的语法书写即可：

```
Set 原对象变量名称 = Nothing
Set ExcApp_Sht = CreateObject(Excel.Sheet) ' 赋值具体对象
Set ExcApp_Sh= Nothing                              '释放原关联对象
```

无言：如果过程中某些变量在运行后不再需要，就要记得将它释放。

虽然单个过程中声明的变量每当过程结束时，其中的变量都会自动被释放，但是如果是模块内私用变量或者公用变量时，则必须根据实际情况进行变量的释放。

❓ 皮蛋：言子，那要如何知道这个变量是不是已经被赋值对象了呢？

💬 无言：好说，一句话搞定你的问题，请看下面：

对象变量名称 Is Nothing
MsgBox Dic Is Nothing

❓ 皮蛋：就这样？

💬 无言：对，就是这样。如果是还没有被赋值的对象，就会出现如图 2-50所示的提示；如果是被赋值的对象，就会出现如图 2-51所示的提示。

❓ 皮蛋：True就是未赋值具体对象，False就是已经被赋值具体对象——明白了。

💬 无言：变量的赋值就到这里，后面有空再说其他的，我去喝杯单枞茶先。

❓ 皮蛋：赶紧去吧。

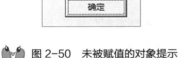

图 2-50　未被赋值的对象提示

图 2-51　已被赋值的对象提示

2.6　公有和私有的作用周期（范围）

最近皮蛋在消化前一段时间学的知识，想去找无言呢，可是无言又在忙他自己的工作，皮蛋就不好意思打扰。

又过了一段时间，看到无言不忙了，皮蛋急忙的过去。

❓ 皮蛋：言子，有空了吗，看你前段忙得团团转。

💬 无言：是啊，终于算忙完了，可以休息下。

❓ 皮蛋：前阵子的知识点，我自己学的还行，有些也通过了查阅帮助明白了些，但是你提及变量的释放时，模块内的私有和公用变量需要释放，这是怎么回事？

无言：下面就来说说私有和公有变量的话题

前面已经说过了私有变量和公有变量，它们的设置对于其他过程或模块的引用差别：私有时该变量／常数只能被本模块中的过程调用，而公有时该变量／常数可以被本模块及其他模块的子程序直接调用。那么私有和公有变量／常数的生存作用周期会有什么不同，如何声明才能保证它们的正确调用？

皮蛋：这个清楚，就是它们的作用周期——好高大上。

无言：那我就继续。

 **2.6.1** 如何设置公有变量和私有变量

变量／常数的作用周期实际上就是指：某个变量／常数在什么时候还能调用它所存储的数据。就像读书时某学校的档案室（模块内私有量），该校校长随时可以查阅该校师生（数据）所有档案；但是如果是其他学校的人员，那么他（模块外）就不能随意查阅这个学校的师生档案了。

而现在区教育厅弄了一个大型的学校档案室，将原来各校的档案都归集了（模块级公有量），任何人只需要获取批准（知道公有变量名称）就可以轻松调阅所有档案了。

大型档案室就如同公有量，所有指定的数据都被写在这公有量内，且其他非该模块内的过程都可以读取其中的数据内容。

将这个理论套用到代码中，在模块 1 的顶部声明 3 个变量：模块内公有变量、模块内私有变量 01 和模块内私有变量 02。其中公有变量用 Public 语句声明，模块内私有变量 01 使用 Private 语句声明，模块内私有变量 02 使用 Dim 语句声明。

模块 1 相当于某学校，而其中的公有变量相当于已经归档到了区设置的大型档案室；私有变量 01 和私有变量 02 则视为该校的档案室。

皮蛋：言子等会，你这私有变量01和02，为什么说它们视为同一档案室呢？

无言：其实在顶端使用Private和Dim语句声明作用一样，这个等下再说。

现在来设置 4 个子过程：首先通过代码 2-19 的"赋值变量"过程分别对顶端的 3 个变量进行赋值，代码 2-20 过程则是在过程内部声明新的变量"过程内私有变量 01"，并通过 Msgbox 函数提示；代码 2-19 和代码 2-20 过程起到给变量赋值的作用。

接着代码 2-21 过程为在模块 1（本模块）中通过"获取已赋值的变量"过程来获取顶端变量的值及代码 2-20 中的变量值，并显示它们的各自的具体赋值。

接着插入一个新的模块"模块 2"，并在其中通过代码 2-22 的过程，跨模块调用模块 1 中

顶端变量及代码 2-21 中的过程私有变量，并显示它们的具体赋值，4 个过程代码如下。

代码 2-19　模块 1 中的顶端变量赋值

```
1| Rem 声明3个顶端变量
2| Rem Public 和 Private 均无法在过程内声明变量
3| Public 模块内公有变量 As String
4| Private 模块内私有变量01 As String
5| Dim 模块内私有变量02 As String
6|
7| Sub 赋值变量()
8|    模块内公有变量 = "我是在模块1中的顶部 Public 语句声明的 模块内公有变量"
9|    模块内私有变量01 = "我是在模块1中的顶部 Private 语句声明的 模块内私有变量01 "
10|   模块内私有变量02 = "我是在模块1中的顶部 Dim 语句声明的 模块内私有变量02"
11| End Sub
```

代码 2-20　模块 1 中的过程内变量赋值

```
1| Sub 过程内变量()
2|    Dim 过程内私有变量01 As String
3|    过程内私有变量01 = "我是在模块1中过程内变量 Private 语句声明的过程内私有变量01"
4|    MsgBox 过程内私有变量01
5| End Sub
```

代码 2-21　模块 1 中调用两个赋值过程，并显示赋值情况

```
1| Sub 获取已赋值的变量()
2|    赋值变量
3|    MsgBox 模块内公有变量    '显示该变量的赋值内容
4|    MsgBox 模块内私有变量01  '显示该变量的赋值内容
5|    MsgBox 模块内私有变量02  '显示该变量的赋值内容
6|    过程内变量
7|    MsgBox 过程内私有变量01  '不显示该变量的赋值内容
8| End Sub
```

　　运行代码 2-21 过程，它将调用代码 2-19 和代码 2-20过程。接下来代码 2-21 将先运行代码 2-19 赋值顶端变量过程，过程运行后显示的变量情况如图 2-52 ～ 2-54 所示，显示了各自的赋值数据。

代码 2-22 跨模块在模块 2 中调用模块 1 中的过程

```
1| Sub 跨模块调用变量()
2|     MsgBox 模块内公有变量     '显示该变量的赋值内容
3|     MsgBox 模块内私有变量01 '不可显示该变量的赋值内容
4|     MsgBox 模块内私有变量02 '不可显示该变量的赋值内容
5| End Sub
```

 图 2-52 模块内公有变量　　 图 2-53 模块内私有变量 01　　 图 2-54 模块内私有变量 02

接着执行代码 2-20 声明赋值过程，在该过程内部直接显示了【过程内私有变量 01】的赋值情况，如图 2-55 所示；但是接着在代码 2-21 显示已赋值的【过程内私有变量 01】时却显示为空白提示，如图 2-56 所示。

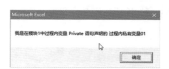

 图 2-55 过程内私有变量 01 显示　　　　 图 2-56 过程内私有变量 01 无显示

皮蛋：为什么这样？刚才执行代码 2-21 过程时不是显示了吗，为什么执行后就显示空白了？

无言：这是因为【过程内私有变量01】该变量的作用范围在代码 2-20的过程内已经结束了，同时也不能被外部引用，就算是同模块内的过程直接调用也是在运行后该变量自动释放了。

皮蛋：是这样啊，我还有个疑问——能否在子过程内使用Public和Private来声明变量呢？

无言：这个我可以直接回答——No！口说无凭，看错误提示，如图 2-57所示。

 图 2-57 子过程内使用 Public 和 Private 声明的错误提示

? 皮蛋：原来这样，看来Public和Private只能用于模块顶端声明才有效了。

∙∙∙ 无言：是的，没错，而且Const也是一样的。

Public 和 Private 均无法在过程内声明变量 / 常数，过程内声明变量 / 常数只能使用 Dim 及 Const 语句。

? 皮蛋：还有刚才说的顶端使用Private和Dim语句，你说效果一样，这个是为什么呢？

在模块顶端使用 Private 和 Dim 语句声明的效果是一样的，因为在模块级别中使用，Private 用于声明私有变量及分配存储空间和 Dim 声明的变量作用范围都是只能在当前模块中使用；而在过程级别中声明的变量，只在过程内是可用的，所以使用 Dim 语句不仅可以在过程级使用，同时也可以模块级中声明变量的数据类型。

Dim 和 Private 声明为模块内私有变量时，必须在第 1 个过程之前声明，而且它们声明的作用范围是相同的。

∙∙∙ 无言：最后来看下跨模块的代码 2-22 的运行结果如何？

因为原来代码 2-21 已经运行过模块 1 中的代码 2-19【模块 1 中的顶端变量赋值过程】，现在代码 2-22 只需要直接调用模块 1 中模块顶端声明的 3 个变量，其运行结果如图 2-58 ～图 2-60 所示。此时只有公有变量才出现原来已经赋值的数据，而其他两个私有变量赋值的数据都没能提示，显示为空白数据。

∙∙∙ 无言：皮蛋，看明白了吗？

? 皮蛋：大致明白了，公有变量的作用范围可以让所有模块的过程读取和调用，而私有变量只能在它所在的模块内的子过程调用；但是子过程内的变量只能在过程内被使用。

∙∙∙ 无言：是的，就是这层范围，公有变量的活动存活周期最长，在整个工程未结束前，总是能被其他的模块发现和使用。

图 2-58　模块 1共有变量 显示

图 2-59　模块 1 私有变量 1 无显示

图 2-60　模块 1 私有变量 2 无显示

2.6.2 限制公有变量不被使用 Option Private Module

在 VBA 中如果想要声明的公有变量不能被其他模块发现使用，就需要使用 Option Private Module 语句。该语句必须写在模块的第 1 个过程之前，否则将出现如图 2-61 所示的错误提示。但是在对象模块中不允许使用 Option Private Module，如果需要使用，只能到对应的模块内将 Option Private Module 语句删除。

图 2-61　语句位置错误的提示

限制公有变量不被使用其他模块调用
Option Private Module

💬 无言：好了，关于变量的作用范围（周期）就说这么多了，这个可以和 2.5 节结合在一起看。

❓ 皮蛋：呃，就这样啊，好吧，我继续 F1 和 F8 走起，老言子慢走不送。

💬 无言：这是我地盘，赶紧回你座位去！

❓ 皮蛋：我还会回来的。

2.7 VBA 的参数

Excel 函数中某些函数中不需要参数，有些只有一个参数或者多个，或者最多 255 个参数可用，那么 Excel 中的参数有什么用呢？ Excel 的每个函数都有计算规则（法则），其中的参数的作用起到了传递常数、函数或表达式。

VBA 中的参数比这个更加强大，作用也更突出，这也凸显了参数的重要性，和 Excel 函数一样，函数其实都是参数在驱动。

什么是 VBA 的参数

时光日复一日，不经意又过去了几天，无言也安安静静地享福了几天——不错啊，清静挺好！

但是说曹操，曹操到，皮蛋出现。

皮蛋： 言子，参数你在前面有提及但是没过多讲解，你说说。

无言： 被逮住了，还能跑吗？

皮蛋： 有这个必要吗，我就不待见啊！

无言： 说正题吧——参数在VBA的使用中重要性很大，和Excel函数的参数一样重要。

不管是 Sub 过程或 Function 自定义函数过程等，它们都可以拥有参数或者不带参数，那么 VBA 的参数是什么呢？

> 参数就是传递给一个过程的常数、变量或表达式。

上面是 MSDN 中的参数定义，用于传递一个过程的常数、变量或表达式。

函数的参数更类似一个数据包或者零部件，VBA 中的参数则是类似于完整流水线上的其中一个环节，每个环节上传递过来一个部件或半成品（数据），再经过该环节上的步骤进行处理组合（整合）过程。

这些零部件就成了这个环节线（过程）上的参数了，线上通过操作流程（执行步骤）对这些整合成完整的产品或下一环节上需要的数据（半成品）。

过程中的参数如上所说，用于传递数据（部件）的，那么这些部件在过程中就变成了参数这个名称；这些参数的数据类型可以是 Range、Worksheet、Workbook 或者 Shape 等；过程再通过参数传递的数据，根据计算规则进行运算处理得到需要的结果。

皮蛋： 确实函数中的参数都是传递上一个内嵌函数的结果——挺像的，但是功能貌似没有VBA这么强大吧。

无言： 说了参数后，再来说说参数的语法。

皮蛋： 参数也有语法啊？

97

参数 arglist 的语法

2.7.2

在使用参数前，需要先了解过程参数的语法，语法如表 2-15 所示。

表 2-15　Sub 过程参数 arglist 的语法

语句名称：
Sub的arglist的用法

作用：
说明参数arglist中各子参数的语法及用途

语法：

[Optional] [ByVal | ByRef] [ParamArray] varname[( )] [As type] [= defaultvalue]

参　数　名　称	必需/可选	数　据　类　型	说　　　明
Optional	可选	/	表示参数不是必需的关键字。如果使用了该选项，则 arglist 中的后续参数都必须是可选的，而且必须都使用 Optional 关键字声明。如果使用了 ParamArray，则任何参数都不能使用 Optional
ByVal	可选	/	表示该参数按值传递
ByRef	可选	/	表示该参数按地址传递。ByRef 是 Visual Basic 的缺省选项
ParamArray	可选	/	只用于 arglist 的最后一个参数，指明最后这个参数是一个 Variant 元素的 Optional 数组。使用 ParamArray 关键字可以提供任意数目的参数。ParamArray 关键字不能与 ByVal，ByRef，或 Optional 一起使用
varname	必需	/	代表参数的变量的名称；遵循标准的变量命名约定
type	可选	/	传递给该过程的参数的数据类型，可以是 Byte、Boolean、Integer、Long、Currency、Single、Double、Decimal（目前尚不支持）、Date、String（只支持变长）、Object 或 Variant。如果没有选择参数 Optional，则可以指定用户定义类型，或对象类型
defaultvalue	可选	/	任何常数或常数表达式，只对 Optional 参数合法。如果类型为 Object，则显式的缺省值只能是 Nothing

? 皮蛋：不是吧，一个参数出来这么多个子参数？

💬 无言：不要惊诧，这个挺正常，有些参数也是前面说过的了。

参数中的子参数语法有些在前面已经讲解过了，例如：varname 参数名称，只需要符合变量命名约定即可，而 type 数据类型前面也讲过了，只需要写入支持的数据类型即可。

❓ 皮蛋：你给我说说最简单的参数语法写法吧。

💬 无言：也行。

代码 2-23 所示即为一个简单过程参数写法。

代码 2-23　简单的过程参数写法

```
1| Sub 带参数的过程(参数01 As Long)
2|     MsgBox 参数01 & "的开方是" & vbdr & 参数01 ^ 0.5
3| End Sub
4|
5| Rem 引用带参数过程的方法
6| Sub 引用带参数的过程()
7|     Dim Cs01 As Long
8|     Call 带参数的过程(121)
9|     Cs01 = 100
10|    Call 带参数的过程(Cs01)
11| End Sub
```

代码 2-23 中【带参数的过程】过程中的参数 01 就是最简单的参数例子，不需要太多的其他子参数，该过程中的参数 01 和前面讲到的声明【变量名称 +As+ 数据类型】的做法一模一样，这里不多说了，但是如何给这个参数进行赋值就需要讲解下。

1.　过程中参数的赋值

❓ 皮蛋：难道不是和上面说的赋值一样吗？

💬 无言：稍许不同而已，不能直接在子过程的过程中给参数赋值，只能通过其他过程的变量传递赋值。

❓ 皮蛋：继续吧。

在代码 2-23 中还有另外一个过程【引用带参数的过程】，该过程作用就给前面带参数的过程的参数进行赋值。对【带参数的过程】子过程的参数 01 的赋值，是通过 Call 语句调用需要的其他子过程名称或自定义函数等，并依需对各参数赋值。【引用带参数的过程】直接转移到【带参数的过程】子过程并通过 Cs01 变量值将该参数的值赋值为 100。

Call 语句语法如下：

将控制权转移到一个 Sub 过程，Function 过程，或动态链接库 (DLL) 过程
[Call] name [argumentlist]

其参数说明如表 2-16 所示。

表 2-16　Call 语句的参数

参 数 名 称	必需/可选	数 据 类 型	说　　明
Call	可选	/	关键字。如果指定了该关键字，则 argumentlist 必须加上括号，例如： Call MyProc(0)
name	必需	/	要调用的过程名称
argumentlist	可选	/	调用一个过程时，并不一定要使用 Call 关键字。如果使用 Call 关键字来调用一个需要参数的过程，argumentlist 就必须要加上括号。如果省略了 Call 关键字，那么也必须要省略 argumentlis 外面的括号。如果使用 Call 语法来调用内建函数或用户定义函数，则函数的返回值将被丢弃。若要将整个数组传给一个过程，使用数组名，然后在数组名后加上空括号

当引用的过程中存在多个参数时，可以使用如下语法进行引用：

Call 过程名称 (参数 01 赋值 ,[参数 02 赋值],[参数 N 赋值])

带有参数的子过程，其子参数可以通过直接赋值参与执行，也可以通过其他相同数据类型的变量赋值，或者通过其他计算表达式或过程的执行结果，对子参数进行赋值。

在代码 2-23 中，【引用带参数的过程】中第 1 个 Call，是直接将子参数赋值为 121；第 2 个 Call 时，则是通过一个相同类型的 Cs01 变量，并对该变量先赋值为 100，然后再将 Cs01 变量代入【带参数的过程】的参数 01，即将参数 01 赋值为 Cs01 的数值。

💬 无言：来运行代码看下开方的结果，如图2-62、图2-63所示。

 图 2-62　过程参数直接赋值　　　　　 图 2-63　过程参数由变量赋值

❓ 皮蛋：不错，都挺方便，用变量赋值给参数更加方便些，那我想是不是任何变量都行？

💬 无言：不对哦。

❓ 皮蛋：为啥？

变量的声明的数据类型必须和对应过程的参数类型一致。

❓ 皮蛋：原来这样啊，好的，这个记住了。对了，Call的用法具体说说吧！

> 无言：Call的作用是转移当前过程到另外一个过程——控制权的转移。

不是所有过程控制转移都需要用到 Call，只有带参数的过程转移才需要用 Call 语句，不带参数的只需直接引用过程名称即可，跨模块时则必须包含模块名称——这个也就是 Call 语法中 argumentlist 的作用。

> 皮蛋：言子，过程中拥有多个参数时，而且不想按次序输入参数可以吗？

> 无言：可以，只需要输入对应参数的名称并用冒号和=进行说明赋值后再用逗号隔开，如下所示。

Call 过程名（参数 2:= 具体赋值 , 参数 4:= 具体赋值 , 参数 1:= 具体赋值 , [参数 N:= 具体赋值]）

当一个过程存在多个参数且不按次序赋值的时候，必须采用【参数名称 + : + =】的方式进行赋值，不同参数间用逗号分隔开来，所有符号都采用英文半角的输入。

> 皮蛋：举个例子吧。

> 无言：那就来一个简单的新建工作表——Sheets.Add的方法举例。

Sheets.Add(Before, After, Count, Type) 　'新建工作表、图表或宏表，新建的工作表将成为活动工作表

Sheets.Add 方法的参数如表 2-17 所示。

表 2-17　Sheets.Add 方法的参数

参 数 名 称	必需/可选	数 据 类 型	说　　明
Before	可选	Variant	指定工作表的对象，新建的工作表将置于此工作表之前
After	可选	Variant	指定工作表的对象，新建的工作表将置于此工作表之后
Count	可选	Variant	要添加的工作表数，默认值为 1
Type	可选	Variant	指定工作表类型。可以为下列 XlSheetType 常量之一：xlWorksheet、xlChart、xlExcel4MacroSheet 或 xlExcel4IntlMacroSheet。如果基于现有模板插入工作表，则指定该模板的路径。默认值为 xlWorksheet

表 2-17 中 Sheets.Add 方法共有 4 个子参数且都可选，但是其中的 Before 和 After 两个参数不能同时使用，所以一般情况参数最多 3 个。现在要在 Sheet1 工作表后面增加 3 个工作表，这里就涉及了 3 个子参数，放置在某工作表后的可以使用 After 参数；新建个数的可以使用 Count 参数，默认新建工作表为 1；最后一个新建的表类型使用 Type 参数，一般的工作表类型为 xlWorksheet，默认可以省略。此时已经知道要使用的 3 个参数，那个依据上面说到的参数赋值方式，将参数名即赋值以如下方式书写，也是可行的：

Sheets.Add Type:=xlWorksheet, After:=Sheet1, Count:=3

无言：这样就会在Sheet1后面新建2个工作表，且自动命名，如图2-64所示。

图2-64　Shees.Add 新建表

皮蛋：过程参数也是如此操作是吧？

2. VBA 的参数按值和按地址的区别

无言：是的，下面讲讲参数的传递方式——按值传递和按地址传递的作用和区别吧。

皮蛋：值传递和地址传递，又是什么新概念啊？

VBA 中参数会因变量数值的改变而变化，参数需要用什么方式来传递这个变量——参数的传递方式：按值或按地址。

（1）按值传递：在过程被调用时，传递给形参的是调用过程中的相应实参的值，形参与实参各占有不同位置的储存空间，被调用过程在执行过程中，改变了形参变量的值，但不会调用过程的实参值。

（2）按地址传递：就是当调用一个过程时，是把实参变量的内存地址传递给被调用过程的形参，也就是说形参与实参使用相同地址的内存单元。因此当在被调用过程中改变形参的值，就等于改变了实参的值。

无言：先来个Call子过程转移示例，如代码2-24所示。

代码 2-24　按值传递参数，按地址传递参数私有过程

```
1| Private Sub ByValToRef(ByVal Val_Str As String, ByRef Ref_Str As String)
2|     Val_Str = Val_Str & "我是按值传递的参数"
3|     Ref_Str = Ref_Str & "我是按地址传递的参数"
4|     MsgBox Val_Str
5|     MsgBox Ref_Str
6| End Sub
```

代码 2-24 的过程中在设置了 2 个参数：第 1 个 Val_Str 设为按值传递类型的参数，第 2 个 Ref_Str 设置为按地址传递类型的参数，并在过程将两个参数与另外的字符串组合成新的变量，这样就改变了原来输入参数的数据，最后用 Msgbox 函数获取相关的信息提示。变化结果如图 2-65 和图 2-66 所示。

 图 2-65　Call 过程中按值传递的结果

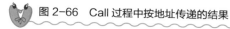图 2-66　Call 过程中按地址传递的结果

代码 2-25 过程中声明两个对应代码 2-24 的变量并将它们赋值，再通过 Call 语句调用代码 2-24 过程，最后通过 Msgbox 函数获取代码 2-25 中已赋值的两个变量的变化，变化结果如图 2-67 和图 2-68 所示。

代码 2-25　赋值 Call 私有过程

```
1| Sub ByValRerLet()
2|     Dim Val_S As String, Ref_S As String
3|     Val_S = "Val 参数测试"
4|     Ref_S = "Ref 参数测试"
5|     Call ByValTo(Val_Str:=Val_S, Ref_Str:=Ref_S)
6|     MsgBox Val_S    '提示的还是初始赋值数据
7|     MsgBox Ref_S    '初始赋值数据已因过程变化而改变
8| End Sub
```

 图 2-67　Call 过程后按值传递的结果

 图 2-68　Call 过程后按地址传递的结果

从 Call 过程中——按值传递的参数，没有将原先赋值的参数内容加载到过程赋值的内容；而按地址传递的参数则将原先赋值的参数内容及过程参数的赋值内容进行了组合获得了一个新的字符串。

? 皮蛋：哇喔，好高深的总结啊，言子来点通俗点的吧。

无言：哎，做人真难，我想想。

不同传递方式如同两个小孩，都有自己的家，按值传递的就像是一个小孩去另一个小孩家玩，玩一段时间还是要回自己各自的家，而他们俩的家却没啥联系，一点没变，还在那呢。而按地址传递呢，就像是假如其中一个小孩的家发大水啦，然后这个小孩无家可归了，于是被另外一个小孩家收留了，这个小孩带着自己东西去那个小孩家，这时两个小孩拥有的是相同的一个家，他们俩就有联系了，因为那个小孩的家换成另外一个了。（该段例子截取 CSND 的网络文章）

无言：听明白了吗？

? 皮蛋：按值传递时变量会改写原来值，但是不能加载原来的值，而按地址传递则在传递变量时，变量可以同时获取参数原来的数据。

无言：对，就是这个意思啦。

? 皮蛋：好吧，还要继续理解才行。

3. 将参数设置为可选 Optional

无言：刚才接触到了Sheets.Add方法中有多个可选参数，这个可选要如何设置呢？

? 皮蛋：不懂。

无言：干脆面啊！

可选即是说该参数可以省略，过程会根据内置机制自动判断该如何执行参数及过程（预设以默认参数值）。

在表 2-15 中有一个参数 Optional 其用于设置某个参数是否必需，若非必需就采用 Optional 进行声明并预设一个指定的值。如果在参数中使用 Optional，其后续参数都必须是可选参数——即是说后面的参数一定不能省略 Optional 声明。

如果在参数中使用了 ParamArray 声明为多参数结构，Optional 参数都只能放置在 ParamArray 参数之前使用。

? 皮蛋：言子，这里能举个例子吗？

无言：举例前还要先说下另外一个与Optional配合的参数——defaultvalue。

4. Optional 和 defaultvalue 的搭配

Optional 存在参数中时，一般都与 defaultvalue 子参数配合，给予参数默认的赋值，如若不进行赋值则会采用参数所声明的数据类型的默认值。defaultvalue 子参数是在参数声明类型后用等号赋值，赋值可以是常数或者常数表达式，即是说 defaultvalue 的赋值只能常数或者常数的运算式子。

? 皮蛋：好了，可以举例了吧。

无言：好，先说没有参数的Optional语法设置。

如表 2-17 中 Sheets.Add 方法的语法中多个参数中都采用 [] 标识，即标识为该参数为可选的，那么自己编写过程参数时如若要声明该参数为可选时则需要用到 Optional 子参数进行标识，语法如下，具体示例代码如代码 2-26 所示。

声明参数为可选参数

Optional 参数名 1 As 数据类型 , Optional 参数名 2 As 数据类型 ,[Optional 参数名 N As 数据类型 ,]

代码 2-26　含有可选参数的过程及参数未赋值

```
1| Private Sub Optional_Arglist(必要参数 As Integer, Optional 可选参数01 As Integer, Optional 可选参数02 As Integer, _
2|     Optional 可选参数03 As Integer)
3|   MsgBox 必要参数 + 可选参数01 + 可选参数02 + 可选参数03
4| End Sub
5| Rem Arglist_Let过程内对应Optional_Arglist设置4个参数
6| Sub Arglist_Let()
7|   Dim Cs01 As Integer, Cs02 As Integer
8|   Dim Cs03 As Integer, Cs04 As Integer
9|   Cs01 = 1: Cs02 = 2: Cs03 = 3: Cs04 = 4
10|   Call Optional_Arglist(Cs01, Cs02, Cs03, Cs04)
11|   Call Optional_Arglist(Cs01, , , Cs04)
12| End Sub
```

该代码中含有两个子过程，Optional_Arglist 过程中设置了 4 个参数，其中第 1 个为必需的参数，其他后面 3 个均可选参数，并用 Optional 标识并声明了具体的数据类型，最后进行求和并显示结果。

代码 2-26 中 的 Arglist_Let 过程中根据 Optional_Arglist 中已设置的 4 个参数对应的过程中也相应声明了 4 个对应数据类型的变量，且进行赋值。接着第 1 次 Call Optional_Arglist 时对其中的 4 个参数都使用了 Arglist_Let 过程中的 4 个对应变量来进行赋值，其运行结果如图 2-69 所示。第 2 次 Call Optional_Arglist 时只对必要参数 1 和可选参数 03 进行了赋值，那么此时可选参数 01 和 02 将默认

图 2-69　同时赋值 4 个参数的结果

为 0，其计算结果如图 2-70 所示。

从图 2-69 可以看出，如果对可选参数变量进行赋值，可选参数的值将依据具体赋值传递。

如果调用过程不对可选参数进行具体赋值，系统将根据该可选参数的数据类型进行默认赋值。Long 和 Integer 等数值类型的将默认赋值为 0，Boolean 逻辑值的则默认为 False，Object 对象类型的默认为 Nothing，String 文本类型的则为空，而 Variant 变体类型则根据具体变化默认值。

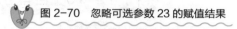

图 2-70　忽略可选参数 23 的赋值结果

- 无言：Optional可选参数的设置明白了吗？
- 皮蛋：嗯，明白就是在参数名称前加上一个Optional后，其他的和声明变量等没差别。
- 无言：不全对，声明了可选参数后，其后面的参数都只能是可选的，不能是必要参数了。
- 皮蛋：嗯嗯。

设置了可选参数后，后面的参数也必须是可选的参数类型

- 无言：说完了这个没有默认赋值的可选参数，现在说下配合defaultvalue的Optional赋值模式。
- 皮蛋：快午饭了，先休息下。
- 无言：很快就讲完的。

defaultvalue 的赋值必须为常数或常数表达式，常数已经在前面说过了，可以是普通的常数也可以是系统的内置常数，但是常数表达式只能是类似 1+3、3+7 这种，并且必须对应该参数已声明的对应的数据类型，否者将提示错误。

对于可选参数的赋值只需在声明的参数名称或者数据类型后面直接采用 = 进行赋值即可。

Optional 参数名 1 As 数据类型 = 具体赋值　或 Optional 参数名 1 = 具体赋值

- 皮蛋：还是继续举例吧，这样好懂些。
- 无言：来个和刚才差不多的过程作为例子吧，具体如代码2-27所示。

代码 2-27　含有可选参数的过程及参数进行默认赋值

```
1| Private Sub Optional_Arglist01(必要参数 As Integer, Optional 可选参数01 As Integer = 90,_
2|              Optional 可选参数02 As Integer = 60, Optional 可选参数03 As Integer = 20 + 5)
3|     Rem 将3个参数相加
4|     MsgBox 必要参数的值为 & 必要参数 & vbCr & 可选参数01的值为 & 可选参数01 & vbCr & _
```

```
5|                可选参数02的值为 & 可选参数02 & vbCr & 可选参数03的值为 & 可选参数03 _
6|                & vbCr & 4个参数的和为 & 必要参数 + 可选参数01 + 可选参数02 + 可选参数03
7| End Sub
8|
9| Sub Arglist_Let01()
10|      Dim Cs01 As Integer, Cs02 As Integer
11|      Dim Cs03 As Integer, Cs04 As Integer
12|      Cs01 = 100: Cs02 = 200: Cs03 = 400: Cs04 = 1000
13|      Call Optional_Arglist01(Cs01, Cs02, Cs03, Cs04)
14|      Call Optional_Arglist01(Cs01, , , Cs04)
15| End Sub
```

（1）代码 2-27 和代码 2-26 很相似，代码 2-26 的 Optional_Arglist 过程可选参数并未进行默认值的设置，而代码 2-27 的 Optional_Arglist01 对 3 个可选参数都进行了参数的默认值设置，其中可选参数 01 和 02 设置为整型常数，而可选参数 03 设置为常数表达式。

（2）再通过 Arglist_Let01 代码 Call Optional_Arglist01 过程，并对过程中 4 个变量进行了赋值，之后再将 4 个参数带入 Optional_Arglist01 中，其返回结果类似于代码 2-26 中 Optional_Arglist 过程，运行结果是 Arglist_Let01 中 4 个变量的和；而第 2 次 Call 只对第 1 个和第 4 个参数进行了赋值，而第 2 和第 3 个参数则以默认预设值参与计算，其运行结果和第 1 次不同。两次 Call 过程的结果如图 2-71 和图 2-72 所示。

图 2-71 　4 个参数同时赋值的结果

图 2-72 　赋值 1 个可选参数的结果

? 皮蛋：可选参数在过程中若未被重新赋值时，将返回其默认预设值，这个也就是配合 defaultvalue的作用吧。

... 无言：对，配合了defaultvalue才是使用Optional作用意义所在。

实际使用时可能在某些情况下，Optional 的默认值可以省略，但是作为一个完整的思路的话，在编写的时候最好设置默认值，并做好注释以便后期知道为什么赋值，其意义作用是什么。

 皮蛋：好的，明白了。

5. 末位参数——ParamArray（数组参数）

 无言：说完了 Optional 和 defaultvalue 的搭配使用，再说下最后的参数——ParamArray

 皮蛋：你上面说过——ParamArray 出现时，后面的参数就不能使用可选参数了，是吧？

 无言：是的，先来看下帮助对它是如何定义说明的。

ParamArray 是可选的。只用于 arglist 的最后参数，指明最后参数是一个 Variant 元素的 Optional 数组。使用 ParamArray 关键字可以提供任意数目的参数；ParamArray 关键字不能与 ByVal，ByRef 或 Optional 一起使用。

这段话用《三国演义》里的话解释，就是——既生瑜何生亮；或者借用《倚天屠龙记》里的一句话——武林至尊，宝刀屠龙；号令天下，莫敢不从；倚天不出，谁与争锋。

只要 ParamArray 出现了，ByVal，ByRef 或 Optional 都不能出现在 ParamArray 声明的参数后面了。

 皮蛋：这解释有料啊，但是我是绣花枕头——继续我的拨浪鼓。

 无言：好好，我知道——举例，就弄个简单的例子先吧，后面实际使用了再解释。

假设现在有个求和过程，先设定要输入 3 个整型参数，名称为 Cs1 ～ Cs3；然后其中还需要激活工作表中的 H2:H7 区域加入计算，再含有 Excel 常量数组 {1,2,3}，这样这个求和过程就含有 5 个参数（3 个固定参数变量，一个单元格区域，一个常量数组），如果一个个参数写的话，需要根据 5 个参数写 5 个计算条件。但是如果使用 ParamArray 数组时，只需要提供一个参数就可以将刚才所需要的参数都写入到这个数组变量中，如代码 2-28 中的过程 SumsArray 所示。

代码 2-28　采用 ParamArray 数组参数

```
1| Private Sub Sum_ParamArray(ParamArray 变量数组() As Variant)
2|     Dim Sums As Long, Cous As Long, Rng As Range, TemArr, Types As String
3|     On Error Resume Next
4|     For Cous = 0 To UBound(变量数组)
5|         Types = TypeName(变量数组(Cous))
6|         If Types = "Range" Then            '如参数类型为单元格区域
7|             For Each Rng In 变量数组(Cous)
8|                 Sums = Sums + Rng.Value
9|             Next Rng
10|        ElseIf Types = "Variant()" Then     '参数类型为数组时
11|            For Each TemArr In 变量数组(Cous)
12|                Sums = Sums + TemArr
```

```
13|          Next TemArr
14|        Else  '不是上述类型则
15|            Sums = Sums + 变量数组(Cous)        '将数组内参数的数值累加
16|        End If
17|     Next Cous
18|     Rem 显示总计和
19|     MsgBox "数组的求和为" & Sums
20| End Sub
21|
22| Rem 调用Sum_ParamArray子过程求和
23| Sub SumsArray()
24|     Dim Cs1 As Integer, Cs2 As Integer, Cs3 As Integer
25|     Cs1 = Application.Max(ActiveSheet.Range("H2:H7"))
26|     Cs2 = Application.Max(ActiveSheet.Range("K2:K7"))
27|     Cs3 = Application.Max(ActiveSheet.Range("N2:N7"))
28|     Call Sum_ParamArray(Cs1, Cs2, Cs3, ActiveSheet.Range("H2:H7"), Application.Evaluate("{1,2,3}"))
29| End Sub
```

将 5 个参数通过调用代码 2-28 的 Sum_ParamArray 私有子过程并写入其过程参数中。Sum_ParamArray 计算时会根据过程参数中子参数个数进行统计,类似于 Excel 函数的 Sum 函数。

? 皮蛋:第2个过程大概能看的明白,但是第1个就不明白了,能大致说明下吗?

... 无言:嗯。

私有过程 Sum_ParamArray,通过 UBound 函数统计数组中存在多少个元素,接着开始循环获取每个参数的对应数据类型,通过 IF 语句获取对应数据类型后类型字循环进行数据读取统计,并将所有累加数据写入 Sums 这个变量中,最后提示累计值。

... 无言:这里涉及了几个常用语法将在第3章说明。

关于 ParamArray 参数,大家只需记住其用法类似于 Excel 的 Sum 函数,参数个数不能超过 255 个;声明 ParamArray 参数时其后都将不能出现可选参数 Optional、ByVal、ByRef 的参数类型——"既生瑜何生亮"。

? 皮蛋:嗯,使用ParamArray参数时参数数目不能超过255个参数即可,并不可出现其他参数类型。

... 无言:是的,关于参数的作用先到这里了。

Sub 过程和 Function 过程的用法有差别,Sub 一般用于传递操作过程,Function 一般用于返回结果值。它们的参数用法、声明都一样。如将代码 2-28 的 Sum_ParamArray 修改为类似 Excel 的 Sum 函数的话,代码如代码 2-29 所示,操作结果如图 2-73 所示。

代码 2-29　自定义多参数求和函数

```
1| Function Sum_PArr (ParamArray 变量数组() As Variant)
6|     Dim Sums As Long, Cous As Long, Rng As Range, TemArr, Types As String
7|     For Cous = 0 To UBound(变量数组)
8|         Types = TypeName(变量数组(Cous))
9|         If Types = Range Then              '如参数类型为单元格区域
10|            For Each Rng In 变量数组(Cous)   '将单元格内的数值累加
11|                Sums = Sums + Rng.Value
12|            Next Rng
13|         ElseIf Types = Variant() Then      '参数类型为数组时
14|            For Each TemArr In 变量数组(Cous) '将数组内的数值累加
15|                Sums = Sums + TemArr
16|            Next TemArr
17|         Else   '不是上述类型则
18|                Sums = Sums + 变量数组(Cous)  '将数组内参数的数值累加
19|         End If
20|     Next Cous
21|     Sum_PArr = Sums
22| End Function
```

	G	H	I	J	K	L	M	N
	G10			fx	=Sum_PArr(MAX($H$2:$H$7),MAX($K$2:$K$7),MAX($N$2:$N$7),$H$2:$H$7,{10,50,100},100)			
1	产品	数量		产品	数量		产品	数量
2	A	103		A	49		A	65
3	B	99		B	165		B	140
4	D	215		D	238		D	177
5	T	170		T	230		T	128
6	W	109		W	208		W	133
7	Q	61		Q	179		Q	143
8								
9								
10	1647							
11								

图 2-73　自定义函数 Sum_PArr 的使用效果

? 皮蛋：原来是这样的啊，比刚才的文字好懂点。

无言：那今天就先到这里，我要吃饭去喽。

? 皮蛋：走！食堂我请你。

无言：我请我自己就可以了。

2.8　其他说明

　　VBE 是进入 VBA 世界的窗口，也是完成 VBA 这把利器的武器库，只有认识了解这座武器库中各个位置能存放什么武器（工具），如何存放（编排 / 编写），怎么管理（公有私有），那么才能用好把利器并发挥其利。

　　若编写的位置不对，那调用不了；或者对某个对象的属性或方法理解不透，运行时就可能会出现错误。

　　所以学习掌握 VBA 的功能不止前面讲到的内容，还有关于对象及对象集合、运算符号的作用、VBA 中的内置函数以及数组等其他内容。

　　还有更重要的是对常用语句、方法、函数的讲解，只有在对对象理解的基础上，才能继而学习它们的属性、方法、事件，再结合选择语句、循环语句的组合来完成对过程的定义，这些都将在后面的章节为大家讲解。

第 3 章
常用语句／函数方法

　　在学习 VBA 的过程中经常会听到 If 假设条件语句、Select 选择条件语句、循环语句，及精简重复对象引用、对话框等语句和方法。这些语句也是编写 Sub 和 Function 函数过程经常会用到的语句，本章将讲解这些常用的语句、方法、函数。

3.1　假设条件语句和函数

实际应用中，除了录入具体数据之外，很多时候都需要对数据进行判断、选择和核对，现在就先讲解数据的判断和选择。

💬 无言：皮蛋，前面章节中的很多过程中都出现过If语句。

❓ 皮蛋：是啊，好多次了，你说是条件语句，我都还不大清楚，这次给好好说下。

💬 无言：嗯。

3.1.1　If…Then…Else 语句

If…Then…Else 语句经常出现在过程中，它的作用就根据表达式的值有条件地执行一组语句，当满足条件时就执行指定的语句，它和 Excel 函数中的 If 函数很接近。

❓ 皮蛋：If函数我知道，3个参数，第1个参数为返回表达式计算值True或False，然后根据第1个参数的返回，返回第2个或第3个参数的表达式结果。

💬 无言：是的，If 函数是这样，If…Then…Else语句也是类似的情况。

If…Then…Else 语句比 If 函数的使用更加灵活，范围更广。If…Then…Else 语句有 3 种语法。

计算表达式　　当 Condition 表达式结果为 False 时，返回该处表达式

If condition Then [statements][Else elsestatements]

当 Condition 表达式结果为 True 时，返回该表达语句

1.　If 单条件语句——单行形式

语法结构如图 3-1 所示。

图 3-1　If…Then…Else 单条件第 1 种语法单行写法

💬 无言：If…Then…Else的第1种用法与Excel的If函数很相似。

语句中的 condition 为必要参数，表达式计算结果通过该参数的判断传递给后面两个参数。

condition 参数可以由一个或多个表达式获得结果，最终返回一个布尔值，若为 True 则执行 satements 参数的语句，若为 False 则执行 elsestatements 参数部分的语句。

satements 和 elsestaements 两个参数部分的执行语句都是可选的。

下面通过简单示例说明该语句的用法，如代码 3-1 所示。

❓ 皮蛋：拭目以待。

代码 3-1 判断激活的单元中是否存在某个关键字 01

```
1| Sub CellKey()
2|     If ActiveCell Like "*州*" Then MsgBox "激活的单元格中包含有关键字：【州】"
3| End Sub
```

代码 3-1 示例过程中通过 Like 运算符判断激活单元格存在指定关键字。Like 运算符条件作为 Condition 参数的条件判断依据，当其判断为 True 时，就返回 satements 参数的语句。

本示例中 Like 满足要求时运用 Msgbox 函数返回提示窗口，通知用户激活的单元格（ActiveCell）中存在【州】字。

示例中未设置不含【州】字时的其他语句，刚好也符合 If…Then…Else 语法中的 elsestaements 参数为可选的性质。如果表达式为 False 时需要返回 elsestaements 参数时，可以修改为如代码 3-2 所示。

代码 3-2 判断激活的单元中是否存在某个关键字 02

```
1| Sub CellKey()
2|     If ActiveCell Like "*州*" Then MsgBox "激活的单元格中包含有关键字：【州】" Else MsgBox ActiveCell
3| End Sub
```

修改时在 satements 参数后面添加一个空格后，写上 Else 空格和需要的语句即可。代码 3-2 示例过程的条件语句判断当激活单元格中不存在含有【州】字时，返回 Else 语句后面的 Msgbox 函数的提示内容。

❓ 皮蛋：好像第2个参数也可以省略的，和If函数真的挺一样的。

💬 无言：是的，上面的示例过程简单，所以将If…Then…Else语句写在同一行上，不过我们经常看到是块形式1的写法。

2. If 单条件语句——块形式 1

语法结构如图 3-2 所示。

图 3-2 If...Then...Else…End If 单条件第 2 种块形式 1 写法

图 3-2 所示语句和图 3-1 所示语句属于同一个语句，但是写法上出现了些许不同，当采用该方式书写时，If…Then…Else…End If 语句的结构层次更加明显，但是运算次序相同。

第2种写法与第1种的最大不同在于分层写的If语句必须以End If结束该语句，否则将提示错误，如图3-3所示。因此，正确的写法应该修正为代码3-3所示。

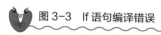

图3-3 If语句编译错误

代码 3-3　If…Then…Else 块形式 1

```
1| Sub CellKey02()
2|     If ActiveCell Like "*州*" Then
3|         MsgBox "激活的单元格中包含有关键字：【州】"
4|     Else
5|         MsgBox ActiveCell
6|     End If
7| End Sub
```

? 皮蛋：块写法1最后都要以End If结尾，对了，If语句中的Like运算符有什么用呢？

3. Like 运算符

无言：Like运算符为比较某个字符串是否存在于被比较的字符串中，如果存在则返回布尔值True，不存在则返回False，语法如下。Like运算符的参数如表3-1所示。

用来比较 2 个字符串
result = string Like pattern

result 参数在实际运用为必需参数，因为 Like 运算符总是被直接用于 If 语句的 Condition 参数的返回结果，而不通过变量传递其比较结果，如代码 3-3 所示。

无言：Like类似于Excel函数中FIND、REPLACE、SEARCH这个3个文本查找类函数，但比它们更好用，因为它支持通配符及匹配方式更灵活。

表 3-1　Like 运算符的参数

参 数 名 称	必需/可选	说　　　明
result	必需	声明的任意变量
string	必需	被比较字符串或表达式
pattern	必需	任何要匹配的string参数的字符

代码 3-1 示例过程中的 ActiveCell Like "* 州 *" 语句就用于匹配激活单元格中是否存在指定关键字，并且使用 * 通配符，其代表了指定字符前后任意多个字符中存在【州】字及满足条

件要求，与 Excel 函数中 Sumif 的通配符使用原则一样，但是 Like 可以使用的通配符更多，如表 3-2 所示。

表 3-2 Like 的可用通配符

pattern 中的字符	符合 string 中的
?	任何单个字符
*	零个或多个字符
#	任意一个数字
[charlist]	charlist中的任何单一字符
[!charlist]	不存在charlist中的任何单一字符

```
"x" Like "?x"    '该语句匹配 x 关键字前面的是否存在一个字符，若有则返回 True，该结果返回 False
"Excel 不加班系列" Like "* 加班 *"   '匹配比较字符是否存在加班两个字，如果是则返回 True，该结果
返回 True
"4" Like"#"    '匹配比较的字符是否是数字，是返回 True，该结果返回 True
```

Like 的 ?、*、# 都比较好理解，匹配满足一个或任意多个字符；而 charlist 则是比较被比较的字符串中是否存在 charlist 范围中的任意一个字符。

使用 charlist 通配符是必须使用 [ ] 将需要比较的字符包括在其中；范围可由多个字符（charlist）组成的组与 string 中的任一字符进行匹配，这个组几乎包括任何一个字符代码以及数字。

💬 无言：下面的示例为Like运算符的简例。

```
比较字符中是否存在一组字符范围中
"A" Like "[A-Z]"          '被比较的字符中是否存在 26 个大写字母 A-Z 中，该示例结果返回 True
"a" Like "[A-Z]"          '被比较的字符中是否存在 26 个大写字母 A-Z 中，该示例结果返回 True
"醉" Like"[ 一 - 顯 ]"     '匹配被比较的字符是否为汉字，该示例结果返回 True，（顯 yu）
```

在未强制声明字符的比较模式时，会出现上述示例中 [a=A] 的结果，VBA 中未声明时，字符是以模糊（Option Compare Text）比较模式进行比较的。此时是 (A=a) < (B=b) < (E=e) < (?=?) < (Z=z)。

如果需要区分字母的大小写方式则需要在模块顶部强制声明比较模式为二进制——Option Compare Binary。此时的结果是 A < B < E < Z < a < b < e < z。

💬 无言：中括号中的的-连字符代表了一个范围，例如A-Z指的是大写A~Z这个范围的所有字母，以下是说明简例。

```
"[A-Z]"            表示被匹配的字符范围在 A ~ Z 这 26 个大写字母间
"[a-z]"            表示被匹配的字符范围在 a ~ z 这 26 个小写字母间
"[0-1]"            表示被匹配的字符范围在 0 ~ 9 这 10 个阿拉伯数字间
"[a-zA-Z0-1]"      表示被匹配的字符范围在 0 ~ 9 以及 26 个大小字母间
```

注：在未声明字符的比较模式前，大小写的字母等同，当声明了二进制比较模式时它们将是不同的值。

当需要取反向比较时可以在 charlist 的中括号内加上一个！，它代表了取非这个范围内的字符。

反向比较不存在的字符
A Like "[!A-Z]"   '被比较的字符中是否不存在 26 个大字母 A ~ Z 中，该示例结果返回 False
a Like "[A-Z]"   '被比较的字符中是否存在 26 个大字母 A ~ Z 中，该示例结果返回 True
醉 Like "[! 一 - 顈]"   '匹配被比较的字符是否不为汉字，该示例结果返回 Fasle

? 皮蛋：Like 运算符挺好用的，继续 If 语句吧。

在使用 Like 运算符时，比较和被比较的字符串，若非通过变量的传递，都必须在字符串前后用一对英文半角双引号包围起来，否者将造成错误。

4. If 语句——块模式 2

无言：嗯，Like 用处不少，还有刚才说的属于单条件返回 If 语句，现在来说说多条件选择的用法。

在平时，我们会遇到如果第 1 个选择条件不适用时，假若还有第 2 个、第 3 个条件可以选择的时候，就还要加以判断选择，才能获得需要的结果。

? 皮蛋：那要怎么做呢，If…Then…Else…End If 只有两个返回结果啊。

无言：这就要用到 If…Then…Elseif…Else…End If 语句。

If…Then…Else…End If 语法中 If 条件选择只适用两个选择结果情况下，当存在多于两个选择条件时该语句就不大适用，此时该选择 If 块语句的另外一种写法——If…Then…Elseif…Else…End If 多条件块语句 2 了。

该语句为 If 语句第 3 种书写方式，该语句适用于当第 1 个条件不满足，而还有第 2、3…n 个条件时，逐一判断，若到最后均没满足的条件时就使用 Else 语句返回最终判断结果语句（非必需）。

无言：其实该语句也只是在 If…Then…Else…End If 的基础上加多几个不同条件设置的 Elseif 判断，如果满足了就返回该条件下的语句并退出 IF 语句。

这个与函数中的多个 IF 嵌套相似，先来看下多条件语句的语法，语法结构如图 3-4 所示。

图 3-4　If…Then…Elseif…Else…End If 多条件选择块模式 2

所谓块模式，即是将指定判断规则并依据设置的不同条件进行选择，If…Then….Else 的块模式就是这样，就如同 If 函数的多个嵌套一样，当第 1 个 If 条件不能满足时，将计算第 2 个条件（ElseIf）是否满足，如果满足就执行该条件语句内的中间语句后退出 If 语句；若第 2 个条件还是不能满足时，继续执行第 3 个、第 4 个条件（ElseIf），直到其中某一个条件满足，就返回当前这个条件层中间语句；若全部都不满足时就只能返回 Else 的最后语句。

💬 无言：若没有设置Else语句，过程内若存在其他语句则继续执行If语句后的语句，否则退出过程。

例如，依据现在时间判断是属于深夜凌晨、清晨、早上、上午、中午、下午、傍晚或晚上中的某时间段，代码 3-4 根据当前时间判断其所属时间名称，运行结果如图 3-5 所示。

代码 3-4　返回当前时间的名称

```
 1| Sub TimeNams()
 2|     If Hour(Now) < 6 Then        '清晨：05：01-06：59
 3|         MsgBox "现在时间是清晨 " & Now
 4|     ElseIf Hour(Now) < 9 Then   '早上：07：01-08：59
 5|         MsgBox "现在时间是早上 " & Now
 6|     ElseIf Hour(Now) < 12 Then  '上午：09：00-12：00
 7|         MsgBox "现在时间是上午 " & Now
 8|     ElseIf Hour(Now) < 13 Then  '中午：12：01-13：59
 9|         MsgBox "现在时间是中午 " & Now
10|     ElseIf Hour(Now) < 18 Then  '下午：14：00-17：59
11|         MsgBox "现在时间是下午 " & Now
12|     ElseIf Hour(Now) < 19 Then  '傍晚：18：00-18：59
13|         MsgBox "现在时间是傍晚 " & Now
14|     ElseIf Hour(Now) < 12 Then  '晚上：19：00-23：59
15|         MsgBox "现在时间是晚上 " & Now
16|     Else    '凌晨：24：00-05：00
17|         MsgBox "现在时间是深夜凌晨 " & Now
18|     End If
19| End Sub
```

💬 无言：If语句的判断特性就从上往下逐层判断当前的表达式结果是否满足了条件，如果第1个不满足，则继续向下一层条件执行，直到满足条件，就执行该条件语句下中间语句，如果全部不满足且设置了Else语句，则会执行Else语句下的中间语句。If的爬楼梯效果如图3-6所示。

图 3-5　返回当前时间名称

图 3-6　If 的爬楼梯效果

　　If 语句不管是单行模式或块模式都是一种爬楼梯的模式，只有一阶一阶地走过去，才可知哪一阶满足，并返回这个梯阶的语句。所以当使用的条件越多的话，使用 ElseIf 语块也就越多。

　　无言：最重要的一点，当使用块模式的时候，也必须有 End If 作为结束。

3.1.2　IIf 函数的语法及用法

　　无言：讲完了 If 语句后，说说和它类似的 2 个函数，分别是 IIf 和 Choose 函数。

　　皮蛋：Choose 函数在工作表中也有，IIF 函数貌似没有吧，它们有什么不同呢？

　　IIf 主要根据表达式返回布尔值，返回后面两个参数的表达语句，它的语法和用法与 Excel 的 IF 函数一样的，但是最大的不同是 IIf 函数不可省略后面的两个参数，即使该参数的第 2 参数无意义也需要设定一个返回值或表达式，不能直接省略。IIf 函数的参数如表 3-3 所示。

　　根据表达式的值，来返回两部分中的其中一个

　　IIf(expr, truepart, falsepart)

表 3-3　IIF 函数的参数

参 数 名 称	必需/可选	数 据 类 型	说　　　明
expr	必需		用来返回布尔值的表达式
truepart	必需	String	expr 返回为 True 时要返回表达式或具体值
falsepatr	必需	String	expr 返回为 False 时要返回表达式或具体值

　　皮蛋：3 个参数，都是必需的，看来确实和 Excel 的 IF 函数不同。

　　在下面的示例（见代码 3-5）中，使用 IIf 判断表达式是否满足条件要求，如果满足则返回 truepart 参数的设置，不满足时返回 falsepart 参数的设置结果。

代码 3-5　获取激活单元格是否小于 B 列最大值

```
1| Sub MaxVsCellValue_IIF()
2|     Dim Bol As Boolean
3|     Bol = ActiveCell < Application.Max(Sheet3.Range("B:B"))
4|     MsgBox IIf(Bol, "激活单元格值小于B列最大值", "激活单元格值等于B列最大值")
5| End Sub
```

代码 3-5 示例过程中，Bol 值为通过 Application.Max 函数获取指定工作表中 B 列最大值后，与选中的单元格值进行比较，如果小于最大值则返回 True，否则返回 False 并赋值给 Bol 变量。然后将 Bol 变量代入 IIf 函数的第 1 个参数，并预设了 IIf 函数的后面两个参数返回值（文本内容）。

在 IIf 函数最外层使用 Msgbox 函数来返回 IIF 函数返回的对应预设值。

以下示例，使用 IIf 函数比较现在时间是否比预定的时间小，如果是，则 IIf 函数的第 2 个参数设置为当前时间，如果不是则返回第 2 个参数的预设时间文本内容。

```
IIf(TimeValue(Now) < CDate("17:00:20"), TimeValue(Now), CDate("17:00:20")) '现在时间与预设时间的比较
IIf(Range("A1")<20,20, Range("A1")) '当 A1 小于 20 时，返回 20，大于 20 时返回 A1 的值
```

💬 无言：运用时可以将IIf函数的返回结果赋值给另外的变量，这样可以缩短长语句代码，并使得阅读效果更佳，如下示例。

```
Dim JIeg        '声明一个结果变量
MsgBox IIf(TimeValue(Now) < CDate("17:00:20"), TimeValue(Now), CDate("17:00:20"))  '未将 IIf 赋值给变量
JIeg = IIf(TimeValue(Now) < CDate("17:00:20"), TimeValue(Now), CDate("17:00:20"))           '将 IIf 赋值给 Jieg 变量
MsgBox JIeg  '将 IIF 结果赋值给变 量后，套入 Msgbox 函数，代码缩短了
```

❓ 皮蛋：IIf函数的使用懂了，换另一个。

3.1.3　Choose 函数的语法及用法

💬 无言：嗯，IIf函数也和If语句一样是爬楼梯式的比较返回条件结果。接着讲下Choose函数，先看下它的语法。

从参数列表中选择并返回一个值
Choose(index, choice-1[, choice-2, ... [, choice-n]])

Choose 函数的参数如表 3-4 所示。

表 3-4　Choose 函数的参数

参 数 名 称	必需/可选	说　　明
Index	必需	数值表达式或者字段序列，必需为一个数值并≥1且在可选数目之间的数。
choice	必需	一个表达式，返回index返回的对应序列的内容

　　Choose 函数的第 1 个参数和 Excel 中的 Choose 中的第 1 个参数一样，都必须是一个数字，并且最小为 1 且最大不能超过后面的 choice 参数的数目——有多少个 choice 参数，最大值就只能是这些参数的总个数。而不能超过这个总数或者小于 1，大于或小于这两个范围的数字都将产生错误。

```
Choose(1, "A", "B", "C", "D", "E", "F", " 一 ", " 二 ", " 三 ", " 四 ")    ' 当 index 参数为 1 时，返回第 1
个 choice 的 A
Choose(6, "A", "B", "C", "D", "E", "F", " 一 ", " 二 ", " 三 ", " 四 ")    ' 当 index 参数为 6 时，返回第
6 个 choice 的 F
Choose(0, "A", "B", "C", "D", "E", "F", " 一 ", " 二 ", " 三 ", " 四 ")    ' 当 index 参数为 0 时，小于 1
时返回 Null，即为空值
Choose(11,"A","B","C","D","E","F"," 一 "," 二 "," 三 "," 四 ")    ' 当 index 参数为 11 时，大于已
有总个数返回 Null，即空值
```

无言：如果 index_num 为小数，则在使用前将被截尾取整。这个性质和Excel的Choose函数是一样的，只不过小于1和大于choice总个数的话，Excel函数是返回#VALUED！的错误值，而VBA中的Choose则返回Null（空值）。

```
Choose(0.9, "A", "B", "C", "D", "E", "F", " 一 ", " 二 ", " 三 ", " 四 ")   'index 返回值为 0，返回结果为 Null
Choose(10.9,"A","B","C","D","E","F"," 一 "," 二 "," 三 "," 四 ")   'index 返回值为 10，返回结果为四
```

皮蛋：原来如此。

无言：再来一个返回指定店铺名称的示例过程，如代码3-6所示。

注：代码 3-6 中 Choose 函数中第 1 参数以后的 A* 单元对应了 A 列中 A1:A10 的不同店铺名称，请打开 Excel 工作簿运行代码。

代码 3-6　运用 Choose 函数的店铺名称

```
1| Sub ChooseIndex()
2|     Dim Xulie As Byte '输入一个数字
3|     Xulie = Application.InputBox("请输入一个大于0且不大于10的数字",,1,,,,,1)
```

```
4|    If Xulie < 1 Or Xulie > 10 Then MsgBox "您输入的数字不符合要求，请重新输入": End
5|    With Sheet3
6|        MsgBox Choose(Xulie, Range("A1"), Range("A2"), Range("A3"), Range("A4"), Range("A4"), _
7|            Range("A6"), Range("A7"), Range("A8"), Range("A9"), Range("A10"))
8|    End With
9| End Sub
```

无言：Choose函数以index参数的序列值，返回对应序列位置的choice参数，如果choice参数太多，会造成语句冗长的效果。

皮蛋：如果Choose的返回值是Null要怎么规避呢？

无言：这个可以结合上面的IIf函数或者If…Then….Else语句来规避，如下示例。

```
Dim Bol As Boolean, Chse As String          ' 声明 2 个变量
Chse = Choose(7, "A", "B", "C", "D")         'Chse 为 Choose 函数的返回值
Bol = IsNull(Chse)       ' 判断 Chse 的返回值是否为 Null，是则返回 True，否则返回 False
Chse = IIf(Bol, 0, Chse)   'IIF 函数的判断方式，Bol 为 True 则返回 0 的赋值给 Chse，否就返回 Chse 的值
If Bol Then Chse = 0 Else Chse = Chse        ' 采用 If…Then….Else 语句，返回上面的同样结果
```

无言：在VBA中也有与Excel中IS家族一样的函数，其中ISNull函数即为判断返回值是否Null。

皮蛋：明白了。

3.2 对号入座的Select Case语句

无言：讲完了爬楼梯式的条件选择语句，接下来学习另外一种选择语句。

Select Case 语句同样是一种块模式的语句，其将根据表达式的值，来选择执行某组条件的语句。

Select Case 语句和 If 语句虽然同为条件选择，但是 Select Case 语句功能上比 If 语句更具优势，区别如表 3-5 所示。

表 3-5　Select Case Vs If…Then….Else

Select Case语句	Vs	If…Then….Else语句
表达式可以多种数据类型		只能是逻辑值
条件语句设置更灵活，可指定区间范围		如果多范围是需要配合其他运算符

无言：进入语句语法解说。

语法结构如图 3-7 所示。

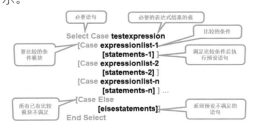

图 3-7　Select Case 语句语法

优点 1：testexpression 参数传递的值多样性

Select Case 语句开头的 Select Case testexpression 参数是必要的语法结构，testexpression 用于传递表达式的结果或者字符串，testexpression 参数的写法如下：

```
Select Case 1              ' 数字——1
Select Case "A"            ' 单个字符——A
Select Case [A1]>10        'A1 单元格是否 >10
Select Case 销售额          ' 销售额为一个变量
```

Case expressionlist 根据 testexpression 参数传递过来的值，与该语句块预设条件比较，expressionlist 为比较的具体条件，该语句块是 Select Case 语句的核心部分，通过对条件的比较，如果满足条件要求的就执行该条件层内的中间语句。

Case expressionlist 语句块可以有多个，即可以设置 n 个装入条件语句，如下示例：

```
表达式结果 =" 卢子 "
Select Case 表达式结果
    Case " 超喜欢小 S"
        Msgbox " 小丫头。"
    Case " 卢子 "
        Msgbox "Excel 不加班丛书作者。"
    Case " 醉酒飘仙 "
        Msgbox " 一个浪里个浪的人儿。"
    Case " 碧玺心 "
        Msgbox " 一个被坑的人。"
End Select
```

上面的示例，当表达式的返回结果为【卢子】时，Select Case 语句将根据该返回传递的结果值，在从已有的 4 个 Case 条件语句块进行比较，并返回的对应条件块内的中间语句。

由于表达式传递的结果为【卢子】，Select Case 语句先从上到下比较条件是否满足了含有【卢子】的条件，第 1 个条件语句为【超喜欢小 S】，该条件标明若传递的值与此条件是相同的，就返回当下条件语句块下的中间语句【小丫头】；若传递值不对应，则继续下一个 Case 条件语句块，经过比较后第 2 个条件语句块与传递值是相同的，即返回该条件语句块下的中间语句，如图 3-8 所示。此后 Select Case 语句将结束该语句过程直接跳到【End Select】结束该语句，再继续执行后面的语句。

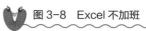

图 3-8　Excel 不加班

当所有 Case expressionlist 条件语句块都与传递值不同，此时可以使用 Case Else 语句块，该语句是可选的——当所有条件语句块都不符合时，将直接执行该语句块下的中间语句。

现在执行代码 3-7 示例过程，该过程将随机生成一个小于 4 的数字，并获取 Choose 函数中对应的名字，当名字在 Case expressionlist 条件语句块内不存在时，将返回 Case Else 语句块中的名字，其结果如图 3-9 所示。

图 3-9　Case Else 的返回结果

代码 3-7　认识下 Excel 不加班的作者及读者们

```
1|  Sub Excelbjb_Books()
2|      表达式结果 = Choose(Rnd * 4 + 1, "卢子", "醉酒飘仙", "超喜欢小S", "鳄鱼")
3|      Select Case 表达式结果
4|          Case "超喜欢小S"
5|          MsgBox "小丫头。"
6|          Case "卢子"
7|          MsgBox "Excel不加班丛书作者。"
8|          Case "醉酒飘仙"
9|          MsgBox "一个浪里个浪的人儿。"
10|         Case Else
11|         MsgBox "大家一起来认识认识他（她）" & "_" & 表达式结果
12|     End Select
13| End Sub
```

💬 无言：　Rnd * 4 + 1随机数当为1时，Choose函数将返回卢子的相关信息，如果为2则是小丫头，为4时则返回鳄鱼这位读者。

❓ 皮蛋：　第1项优势体现出来了，Select Case语句的testexpression参数传递值，确实比If语句的好用多了，不止用逻辑值判断。那第2项优势呢，我都没看到。

💬 无言：　准备上菜了，不要急。

优点 2：比较条件的丰富性

Select Case 语句优势在于比 If 语句的条件语句块的条件比较样式多样化：If 只能返回一个表达式的逻辑比较结果（布尔值），而 Select Case 语句则可以通过传递值的类型设置不同的条件语句块。

Select Case 语句在比较结果的时候，可以在每个 Case 子句中使用多重表达式或使用范围：范围比较用 To，运算比较用 Is 及运算符号，多重运算比较时可用逗号隔开。

❓ 皮蛋：　它们有什么不同呢？

💬 无言：　先说下范围比较——To的作用。

当需要指定一个数据是否在一个范围之内时就可以使用 To 这个关键字，例如以下示例：

```
Case 1 To 10          '输入值是否在 1 ～ 10 区间内
Case "A" To "G"       '输入值是否在大写字母 A ～ G 的 ASCII 值的区域间范围内
Case"nuts" To"soup"   '输入值的每个字符的 ASCII 值是否在 nuts To soup 的字母 ASCII 值区间内
```

❓ 皮蛋：　ASCII值是个啥？

💬 无言：　美国信息交换用标准码（ASCII）7位字符集，用来表示标准美制键盘上的字母及符号。与ANSI字符集的前128字符（0～127）相同——即比较每一字符时候对应了标准码中的编码号。

❓ 皮蛋：　也就是说nuts To soup这个比较范围是逐个字符比较输入的单词的每个组合是否在这个范围之内啦。

💬 无言：　是的。

当需要比较某个数据是否大于、小于或者大于等于、等于小于某个比较值时，就要用 Is 运算符了，该运算使用时必须配逻辑运算符进行比较，如下示例：

```
Case Is >0           '输入值是否大于 0
Case Is <=10         '输入值是否大于 0
Case Is >"A"         '输入值是否大于字母 A 的 ASCII 值
Case Is >0 , Is <=9  '输入值是否在 0 和 9 这个区间，类似于 0 To 9 的范围写法 , 等同 Case 0 To 9
```

> Case Is >="A", Is <="Z"　'输入值是否在字母 A 到 Z 这个区间，类似于 A To Z 的范围写法，等同 Case"A" To"Z"

💬 无言：为什么上面不讲用逻辑运算符=呢？因为没有意义，如果直接等于某个比较值的话，如下示例，而没有必要书写出来，它们的效果是一样的。

> Case "A"　　'两个写法是相同
> Case Is ="A"　'该处写法与上面作用是相同

💬 无言：如果使用了Is运算符，而不是配合使用逻辑运算符，将弹出如图3-10所示的错误提示。

❓ 皮蛋：这样啊，Is 运算符必须配逻辑运算符，就像广告说的下雨天就是要配巧克力啦。

💬 无言：赤裸裸的广告啊，那我也来一个插入广告，学习Excel就要配《Excel不加班系列丛书》。

Select Case 条件语句块的最后一个特点：多个条件，可以放在同一个条件语句块内，

图 3-10　Is 不配合逻辑符的使用错误

传递值只要满足条件语句块中的任意一个条件，则返回该条件语句块的中间语句。该语法类似Excel 中的 Or 函数或者多条件中 + 连接。存在多个条件时需用用逗号隔开，如下示例：

> Case 65 To 90, "A" To "Z", "@"　　　　'输入的值如果在数字区间、字母区间或 @，则满足
> Case" 一 "," 颛 "," 卢子 "," 醉酒飘仙 "　'输入的汉字为指定的几个汉字的一个，则满足

❓ 皮蛋：那下面这个过程（见代码3-8）是不是对的呢？

代码 3-8　多条件放置在一个条件语句块内

```
1| Sub ExpInOne()
2|     Dim Str As Variant
3|     Str = Application.InputBox("请输入任意字符或数字", , "Z", , , , , 3)
4|     Select Case Str
5|         Case 65 To 90, "A" To "Z", "@"
6|         MsgBox "输入的字符是属于26个字母（AscII值）或者 @ 符号。"
7|         Case "一", "颛", "卢子", "醉酒飘仙"
8|         MsgBox "输入的汉字为指定的汉字中的一个。"
9|         Case Else
10|        MsgBox "输入的字符不属于前面4项范围内。"
11|    End Select
12| End Sub
```

💬 无言：现学现用不错，这个是对的，再接再厉。

If 语句和 Select Case 语句的的主要差别在于表达式传递值类型的不同：

（1）If 语句通过条件语句逐层返回最后的布尔值，再根据当前的布尔值是否满足当前语句再执行该语句下的中间语句。

（2）Select Case 语句则是先通过传递值（可以是文本、数字、布尔值）逐层比较对应的条件语句块进行比较，且条件语句块可以是单个条件或一个范围的，相对于 If 语句，该处的条件更为灵活。当需要多个类型的条件判断而无需直接用布尔值判断时选择 Select Case 语句更加简短。

（3）当使用 If 语句和 Select Case 语句的块模式时，语句的结尾都必须有 End If 或 End Select 作为结束当前块模式的标志。

3.3 循环语句

在 Excel 的运用中重复操作很常见，这样的工作量可能不算很大，但是我们经常遇到人事同事在制作工资条、发送工资邮件等这些操作可能就是以十计、以百计的数量级了。这么多次的重复循环操作，在 Excel 中一般只能通过嵌套组合函数或者技巧进行操作，才能做到解放劳动力、减轻劳动强度。但是今天要讲的语句却能在眨眼间完成这些反反复复的事情——循环语句。

❓ 皮蛋：循环总是听些高手说——录制一个宏后修改为循环就可以了。这个我每次都看不懂，循环是什么？

💬 无言：重复单一的一个操作并反复地来回执行这一操作的过程就是循环，类似数学上说的循环小数：0.33333、1.234234。

❓ 皮蛋：这个也是循环啊。

💬 无言：打比方而已啦，先来看看官方其他的说明吧。

> 循环——按定义好的次序在一组对象上移动。

在编程中对于重复的操作可以使用循环语句来完成重复类型的操作，循环类型分类为两类，一种是以计数器的方式执行一定次数的指数循环，另外一种以对象为类型来完成直到不存在指定对象循环。

在现在编程中的主要常用的循环语句中有 3 种常用的类型：按指（次）数循环——For…

Next 语句，按对象循环——For Each…Next 语句，还有按条件循环——Do…Loop 语句。

指（次）数循环：For…Next 语句

3.3.1

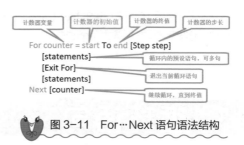

💬 无言：刚才说了有3种循环模式语句，是不是很厉害呢？

❓ 皮蛋：厉害，不过我是一窍不停，快给我说说。

💬 无言：好吧，咱们先来说说第1种指数循环——For…Next 语句。

For…Next 语句按照微软的说法就是给定一个区域范围然后进行逐次循环的语句。该语句的重点就是循环的次数，先来看下语法。

语法结构如图 3-11 所示。

图 3-11 For…Next 语句语法结构

1. 按指数范围循环

For…Next 语句中 counter 参数为循环计数器的数值变量名称——该变量不能是 Boolean 或数组元素，也就是说不能采用 True 或 False 作为 counter 参数传递值，也不能使用数组元素作为 counter 参数，只能使用数字的方式。

指数循环语句中指定循环指数器变量名称后，必须紧跟一个空格和等号 =，接着输入 start To end 的指数范围。

Start 参数为指数开始的数字，也就是循环中的最小（先）开始值，而 end 参数则是循环指数中最大（末）的结束值。这个相当于上面将 Select Case 语句中区间范围，开始值 To 结束值，For…Next 语句的 start To end 参数也就起到一个指定循环区间范围的作用，如以下示例：

```
For 计数器名称 = 1 To 10 ' 循环区域间范围从 1 到 10 这个范围内执行，总共执行 10 次中间语句
中间语句
Next 计数器名称
或
For 计数器名称 = -9 To 1 ' 循环区域间范围从 -9 到 1 这个范围内执行，总共执行 10 次中间语句
中间语句
Next 计数器名称
```

用一个有趣的比方说，指定要说 N 次"我喜欢某人"，那么就可以使用 For 的指数循环来

重复说这句话——假设说 5 次,那么:

```
For 次数 = 1 to 5
    Msgbox " 我喜欢某人 "
Next 次数
```

无言:再找个例子看看———一份月工资表,现在要统计指定性别的人员的人数,不仅可用 Excel函数统计,也可以用For语句来进行统计,先看下面的示例过程,如代码3-9所示。

代码 3-9 统计指定性别的人数

```
1| Sub PeopleCount()
2|     Dim Xbie As String, Cous As Integer, RenCou As Integer
3|     Xbie = Worksheets("Sheet1").Range("J2")
4|     For Cous = 1 To 18
5|         If Range("C" & 1 + Cous) = Xbie Then RenCou = RenCou + 1
6|     Next Cous
7|     Range("J3") = RenCou
8| End Sub
```

代码 3-9 示例过程中:

(1)首先声明了 3 个变量:Xbie(性别)、Cous(循环计数器)、RenCou(人员累计器)。

(2)接着将 Sheet1 工作表的 J2 单元格的值赋值给 Xbie 变量,接着写明指数循环的开始和结束的范围, Cous 变量代入 counter 参数作为循环指针,并将循环范围确认为从 1 ~ 18(总共 18 个人员),并用以 Next 结束 For 语句。

(3)在循环中间加入一个 If 语句的判断,该 If 语句为判断从 C 列对应单元格内的性别是否与 Xbie 变量的传递值一致,若一致则将 RenCou 计数器累计 +1,以达到累加人数的作用,并在循环完成将 RenCou 累加值写入到J3 单元格内,结果如图 3-12 所示。

序号	姓 名	性 别	年 龄	月工资
1	陈一	女	52	2000
2	段明	女	51	3000
3	涂中	女	23	2800
4	张小	女	25	3250
5	南风	男	30	2600
6	皮特	男	45	2700
7	王五	男	25	2000
8	李六	男	53	1890
9	刘明	男	54	1675
10	五王在	男	21	1876
11	他也王	男	55	2680
12	王	男	50	2350
13	王大明	男	49	1490
14	刘明福	女	48	1900
15	雄人	女	49	3000
16	雄兰	女	22	2500
17	肖肖	女	21	1850
18	林令	女	30	2100

	性别	男	Excel函数
01.统计指定性别人数	总人数	8	8
02.统计指定性别工资	总工资	16581	16581

皮蛋:为什么是C2单元格呢?

图 3-12 统计循环与函数的结果

💬 **无言**：因为C1是标题，而且Range("C" & 1 + Cous)这条语句是将计数器值和1相加获得了2，然后将累加的2和C字母组合了C2的字符，然后通过Range对象语法将其转换为C2单元格对象。如性别是从第1个行开始对话就可以直接更改为Range("C" & Cous)即可。

❓ **皮蛋**：还有RenCou这个累加是怎么回事？

💬 **无言**：这个开始接触是有点不好理解，其实它挺简单的。

因为 RenCou 的初始值为 0，在代码 3-9 示例过程当 If 条件满足后，RenCou=RenCou+1，代表了将原来的 RenCou=0，变为 RenCou=0+1，结果 RenCou=1 了；接着再循环又满足了 If 条件，此时 RenCou=1，那么又给 RenCou 变量 +1 即等于 RenCou=1+1，RenCou 变量的值就变为 2 了，依次类推下来就是 RenCou 变量的累计值为什么会变化的原因。

❓ **皮蛋**：原来如此啊！

💬 **无言**：呵呵，人数这样统计，那么如果要统计指定性别工资呢，这个也容易，将原来要统计人数的+1修改为需要统计的E列的 Gz = Gz + Range（"E" & 1 + Cous），代码如3-10所示。

代码 3-10　统计指定性别的工资情况

```
1| Sub PeopleGzSum()
2|     Dim Xbie As String, Cous As Integer, Gz As Long
3|     Xbie = Worksheets("Sheet1").Range("J2")
4|     For Cous = 1 To 18
5|         If Range("C" & 1 + Cous) = Xbie Then Gz = Gz + Range("E" & 1 + Cous)
6|     Next Cous
7|     Range("J4") = Gz
8| End Sub
```

2. 循环指数的步长

上面每次循环次数都由计数名称 +1 进行循环，当需要指定每次循环跳跃的步长时，就要用到 Step 参数，其为指定每次循环要执行的步长。

❓ **皮蛋**：言子等下，步长是什么？

💬 **无言**：步长就是跳跃的步数。

所谓步长就是每次移动或偏移的步数，例如中国象棋中的卒子，每次只能跳一个格子，这一个格子就是它的步长，而马呢，每次可以跳跃 2 个格子，这也是一个步长。所以步长就是规定每次循环时要跳跃的步数是多少，如图 3-13 所示。

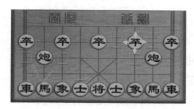

图 3-13　中国象棋中的步长

step 参数可以是正数或负数，step 参数值决定循环的执行情况，如表 3-6 所示。

表 3-6　step 参数的使用

值	循环执行，如果
正数或 0	counter <= end
负数	counter >= end

```
For 计数器名称 = 1 To 10        ' 循环步长为 1
    中间语句
Next 计数器名称
或
For 计数器名称 = 1 To 10 step 1    ' 循环步长也为 1
    中间语句
Next 计数器名称
```

step 参数的默认步长为 1，当执行的步长为 1 时，写 For 语句时可以省略该参数，但是当需指定步长时则需注明要跳跃的步长。

当声明了跳跃的步长，For 语句的每次循环都将改变 counter 参数的值，直到循环到终值或者超过终值时自动跳出该段循环语句。

上述示例中第 2 个例子虽然设置了 step 参数的步长，但是默认设置为 1 和默认值是一样的所以可以省略。

皮蛋：言子，你说的改变counter参数的值是什么意思呢？

无言：看表 3-7 将比较清楚。

表 3-7　Step 参数步长对比

循 环 次 数	step 1	step 2
1	1	1
2	2	3
3	3	5
4	4	7
5	5	9
6	6	11
7	7	
8	8	
9	9	
10	10	

表 3-7 中假设指数的初始值均为 1，指数范围都为 10。step 1 和 step 2 的第 1 次循环的值都是 1，但从第 2 次开始后 step 1 步长的值为初始值 1+1=2，此时 counter 参数根据这个初始值和步长数的累计变为了 2，这样相当于这是第 2 次循环同时也是循环中第 2 个数。

而 step 2 的步长从第 2 次开始与 step 1 就不同了，它初始值变为初始值 1+2=3，此时 counter 参数的值变化为 3，与步长 1 的明显不同了，虽然这样也是第 2 次循环，但是此时获得的数字却是循环位置中第 3 个数。

这样递增下来，step 1 需要循环 10 次才能到指定的指数范围，而 step 2 的只需要 5 次后即可达到接近 10 的数字 9，因为第 6 次循环时实际指数（11）已经超过了 end 参数（10），此

时循环语句将自动结束该层循环语句。

💬 无言：其实这更像我们平时说的隔行涂色，代码3-11示例过程即为运用step 步长为2的性质实现了平时手工选中需要的偶数行或者奇数行的涂色操作，效果如图3-14所示。

 图 3-14　利用步长隔行涂色

代码 3-11　隔行涂色效果

```
1| Sub Step2Tuse()
2|     Dim Rcou As Byte, Rng As Range
3|     Set Rng = Cells(6, I)
4|     Rng.Resize(12, 4).Clear
5|     For Rcou = 0 To 11 Step 2
6|         Rng.Offset(Rcou).Resize(1, 4).Interior.ColorIndex = 3
7|     Next Rcou
8| End Sub
```

❓ 皮蛋：言子，那按照你说的就是当步长为1时，循环将执行指数范围的每个指数，而不跳过其中任意一个；当步长为其他时，它们都按照初始值+步长累计数进行指数范围的循环，循环的次数将根据步长有所改变，步长越大循环次数越少，是不是这样呢？

💬 无言：是的，循环指数范围固定，步长越大循环次数越少，当counter参数和循环步长的累计值超过了指数范围将自动退出循环过程，还有循环步长也可以用小数执行，但是此时必须设置步长。

❓ 皮蛋：不是只能整数吧，还可以是浮点吗？举个例子。

3. 步长为浮点（小数）

当步长不为整数时，必须写明浮点步长，而不能省略，因为 step 的默认步长是1，如果你不写明小数步长将直接以 1 默认执行循环，如代码 3-12 所示。

代码 3-12　步长为浮点的循环

```
1| Sub StepFudian()
2|     Dim i As Single, Cou As Single
3|     For i = 0.1 To 1 Step 0.1
4|         Cou = Cou + i
5|     Next
6| End Sub
```

代码 3-12 示例过程中，如不设置步长为 Step 0.1 时过程将只执行一次，且 Cou 的值为初始值 0.1；当设置步长为 0.1 时，循环的次数将依据后面的步长设置和 end 参数的倍数换算为循环次数，即该过程中 end 参数为 1，step 为 0.1，那么就用 1/0.1=10，此时就明确了该段循环语句需要循环 10 次；若将 step 修改为 0.01，则相应的就要需要循环 100 次。

无言：这个浮点循环使用Msgbox函数来观察其循环指数参数和累计值的变化更加明显，可以在代码中加入如下语句，效果如图3-15所示。

MsgBox 指数参数 i 现在的循环值是 & i & vbCr & Cou 的累计值为 & Cou

皮蛋：原来如此，那就是使用时需要计算循环次数的倍数啦。

无言：所以一般还是用整数，浮点慎用，不到万不得已不用。关于步长的设置，这里还是沿用刚才的月工资问题来说明，具体如代码3-13所示。

图 3-15　步长浮点的特点

代码 3-13　隔行计算女性的工资总和

```
1| Sub GongziSum()
2|     Dim Cous As Integer, Gz As Long
3|     For Cous = 1 To 18 Step 2
4|         Gz = Gz + Cells(Cous + 2, "E")
5|     Next Cous
6|     Range(I1) = Gz
7| End Sub
```

指数循环的步长不仅可以是正数也可以负数，当使用负数时，start 参数值必须大于 end 参数的值，且必须使用 Step 参数规定每次循环的步长，步长也必须为负数。

无言：关于指数循环语句就告一段落，继续讲对象循环语句。

3.3.2　指定对象循环：For Each…Next 语句

上面讲过循环分为 3 种类型：指数、对象、条件循环的类型。指数循环语句（For…Next 语句），该语句适用于有一定范围的循环操作——即能通过其他方法判断确定循环次数的就采用 For…Next 语句，如果是对象的则需运用 For Each…Next 语句。

皮蛋：貌似只有一个单词的差别吧，有很大不同吗？

无言：区别很大，看语法结构先。

语法结构如图 3-16 所示。

For Each…Next 语句的主要针对对象是集合或数组中的每个元素，并在其中重复执行语句——即该语句作用于对象集合、数组中的每一个元素。

对象的集合，常见的有工作簿集合、工作表集合、单元格集合、图形集合、图表集合、批注集合等，For Each 语句就是作用于这些对象的元素。

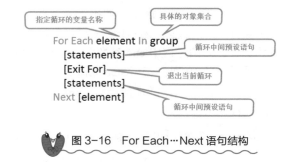

图 3-16　For Each…Next 语句结构

For Each 语句为循环语句的必要语句外壳，而且必须和 Next 循环变量名匹配，否则会出错，For…Next 语句也是。

For Each 语句的 element 参数为循环对象变量名称，该名称代表了后面的 group 参数中的对象集合中的每一个子对象。group 参数的对象类型必须与 element 参数保持一致，否则导致循环出错。

? 皮蛋：即是说For Each…Next语句的element参数若指定了是工作表对象，后面的group参数的对象集合也必须是工作表对象啦。

… 无言：是的，相辅相成，只有匹配了才能有作用。

> For Each 语句的重点就在于选择对象，先来简单例子。
> Dim Rng as Range,SelRng as Range ' 声明 2 个相同的对象变量'
> Set SelRng= Range（"A1:A12"）　'SelRng 赋值为一个固定区域，可以一维（多行一列）或者二维（多行多列）的单元格区域
> For Each Rng In SelRng　　　　　' 将 SelRng 变量加入 Rng 对象循环
> Msgbox Rng.Address　　　　　　' 获取单元格的具体对应文本位置，也可以使用 .Value（单元格的值）或者 .Text（单元格自定义格式的值）
> Next
> Dim Sht as Worksheet　　　　　' 声明 1 个表对象变量
> For Each Sht In Worksheet　　　' 将代码所在工作簿的所有表加入 Sht 对象循环
> Msgbox Sht.Name　　　　　　　' 获取 Sht 循环对象中的每个表的名称
> Next

以上两段循环示例代码，分别对应了 Excel 的内置对象：Range（单元格对象）和 Sheet（表对象）对象。

示例中第 1 段循环语句中的 Rng 和 SelRng 均声明为相同的 Range 单元格对象，过程中先给 SelRng 对象赋值指定单元格区域，并将 Rng 变量加入 For Each 的 SelRng 循环对象集合中，运行结果如图 3-17 所示，每次循环都将获取选中的 A1:A12 的单元格内的值，直至所有单元格

循环完毕。

图 3-17　For Each 获取循环单元格的值

示例中第 2 段循环语句中的 Sht 代表了工作簿中所有 Worksheet 表类型，For Each Sht In WorkSheet 语句声明了在工作簿中的所有 WorkSheet 表对象集合循环，与 Sht 所声明的对象类型刚好对应。

示例中第 2 段循环语句中的 Sht.Name 为循环获取 WorkSheet 表集合的每个表的对应标签名称，如图 3-18 所示，该语句同时也可获得已被隐藏的工作表的标签名称。

图 3-18　For Each 获取循环工作表名称

? 皮蛋：是不是就是说可以通过工作表批量循环显示或隐藏工作表或获取表对象的相关信息呢？

无言：这个当然可以啦，示例如代码3-14、代码3-15所示。

代码 3-14　显示所有工作表

```
1| Sub VisYesSheet()
2|     Dim Sht As Worksheet
3|     For Each Sht In Worksheets
4|         Sht.Visible = xlSheetVisible
5|     Next Sht
6| End Sub
```

代码 3-15　隐藏 Sheet1 以外的所有工作表

```
1| Sub VisNOSheet()
2|     Dim Sht As Worksheet
3|     For Each Sht In Worksheets
4|         If Sht.CodeName <> "Sheet1" Then Sht.Visible = xlSheetVeryHidden
5|     Next Sht
6| End Sub
```

以上两段示例代码，分别为显示和深度隐藏工作簿中的工作表：

代码 3-14 示例过程通过在所有工作表中的表进行循环修改 Worksheet 的 Visible 属性赋值为 xlSheetVisible（值为 1）——该常数值为显示工作表。

代码 3-15 示例过程同样在工作簿的 Worksheet 集合中循环，并将除了 Sheet1 之外的表全部深度隐藏。If Sht.CodeName <> "Sheet1" 该语句用 If 条件语句进行判断，如果工作表的代码名称（Worksheet.CodeName）不为 Sheet1 是即进行深度隐藏。

? 皮蛋：深度隐藏是什么意思呢？

无言：平时在工作表标签上的右键隐藏只是普通隐藏，该隐藏可以直接通过鼠标右键选中相应的工作表名称取消该表的隐藏属性；而深度不能通过鼠标右键隐藏/取消隐藏，而只能使用VBA的Worksheet. Visible属性赋值修改。

? 皮蛋：原来这样，学到一招，那不深度隐藏要用哪个常数值呢？

无言：不深度就设置为0或者xlSheetHidden。

For Each 语句在指定的对象内循环，当循环对象完了，循环自动退出并执行过程中的后续其他语句。

For Each 语句既然是对象集合，当然不止上面的的单元格和工作表了，也可以用来获取单元格中的批注，如代码 3-16 所示。

代码 3-16 获取激活工作表的批注

```
1| Sub RngComm()
2|     Dim Comm As Comment
3|     For Each Comm In ActiveSheet.Comments
4|         Comm.Parent.Offset(0, 1) = Comm.Text
5|     Next Comm
6| End Sub
```

代码 3-16 示例过程中声明了一个 Comm 批注对象，Comm In ActiveSheet.Comments 语句标明了在激活的工作表循环获取表上的所有批注；Comm.Parent 该语句为获取批注的父对象（Range）的对象位置，Comm.Parent 返回的是批注的单元格位置，例如表中第 1 个批注的单元格是 C2，即 Comm.Parent 返回的对象为 Range("C2")；接着利用 Range.Offset 属性在当前行偏移 1 列的单元格写入该批注的内容；Comm.Text 为获取批注对象的文本内容。

💬 无言：关于For Each循环语句的用法就这样了，只要记住element（循环变量对象名）和 group（循环对象集合）两个参数的对象类型必须一致，或者element参数声明为一个变体变量，而group则必须明确为何种对象，才能有效地、正确的执行循环过程。

3.3.3 条件循环：Do…Loop 语句

❓ 皮蛋：对象循环我算有些许明白了，待我慢慢消化它。来吧，我等着另外一个类型的循环。

💬 无言：这个循环会比较"烦"，你要好好接招了。

认识了 For…Next 和 For Each…Next 循环语句之后，来认识一下最后的循环语句了。

💬 无言：为什么把它放到最后讲呢，因为它的多变性。

条件循环语句，该语句相比前两种语句较难理解，因为虽然只是 Do…Loop 这个语句，但是它可分为 2 大类型 4 种用法，只有理解了这 4 种用法的区别才能更好地运用它。

💬 无言：咱们先来看下2种类型的语法结构。

语法结构如图 3-19 所示。

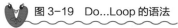
图 3-19　Do...Loop 的语法

? 皮蛋：呃呵，居然一来就 2 种语法结构，是什么节奏？

💬 无言：Do⋯Loop 循环语句分为 2 种，先来看下参数的作用，再来说下语法作用差异。

1.　While 和 Until 的作用

Do⋯Loop 语句和 IF⋯Then⋯Else、For⋯Next，For Each⋯Next 语句一样都是必要的外壳，书写时都必须保有这个外壳。在图 3-19 中有两个相同的黑色字，黑色字中的 While 和 Until 这两个参数为 Do⋯Loop 语句的特色，While 和 Until 参数分别用于指定条件的执行方式。

? 皮蛋：条件的执行方式？

当在 Do 后面紧接着 While 时，说明 condition 参数的表达式，必须要满足才能执行 Do 循环语句——即表达式的结果为 True，则执行 Do 的中间语句。如下示例：

Num=10	'用户输入的随机数
Do While Num<20	'当 Num 变量的数值小于 20，结果返回 True，就执行 Do 中间语句
Cells(1,"A")=Num	'上述表达式为 True 时，将 Num 的值输入到 A1 单元格，否则将不执行该操作
Loop	

上面示例中 Num 变量的值如果小于 20，则满足 While Num<20 的判断，则执行 Do 循环中的中间语句，将 Num 值写入 A1 单元格。

当 Do 后面紧接着 Until 时，则表明了 condition 参数的表达式结果为 False 才可执行 Do 的中间语句，如下示例：

Num=10	'用户输入的随机数
Do Until Num<20	'当 Num 变量的数值小于 20，结果返回 True，不执行 Do 内部语句，若为 False
就执行内部语句	
Cells(1,"A")=Num	'上述表达式为 True 时，将 Num 的值输入到 A1 单元格，否则将不执行该操作
Loop	

上面示例由于使用 Until 语法，当 Num 为 10，比预定的 20 小，表达式结果范围了 True，

由于 Until 的只能结果为 False 结果时，才会在 A1 单元格输入 Num 的值。

无言：While和Until就像我们说的反义词，当使用While语法时，只有表达式结果为True的时候才能执行内部语句，Until则刚好相反，只有当表达式结果为False时，才能执行内部语句。

皮蛋：有些风中凌乱的感觉。

无言：咱们还是结合语法例题来做吧。

2.　Do …Loop 的第 1 种分类

前面说了 Do…Loop 分为 2 大类，4 种用法，现在说下 4 种用法的关键点是什么。

Do…Loop 分为 2 大类主要是因为如图 3-19 所示的 2 个语法结构的差别：While 和 Until，2 个执行条件方式的语句放置的位置不同。

第 1 类将 While 和 Until 放置在 Do 关键字之后，接着是中间语句，最后才是 Loop；第 2 类则是把 While 和 Until 放置到 Loop 关键词之后，而在 Do 和 Loop 外壳之间书写中间语句。

皮蛋：那它们最大的区别是什么呢，不会就这个吧？

无言：肯定不是啦。

第 1 种分类是先判断表达式的结果，如果返回的布尔值满足 While 或 Until 语句的判断方式则执行 Do 的中间语句：例如上面的示例中先比较 Num 是否小于 20，如果满足了 Do 语句判断方式就执行将 Num 的值直接写入 A1 单元格内。

第 2 种分类则是先将 Num 变量写入单元格中，再判断这个 Num 的值是否满足 While 或 Until 语句的判断方式，满足后再继续执行 Do 循环，不满足时就退出循环。此时单元格中将出现 Num 的值，而第 1 种则不会，只有当条件判断满足后才将 Num 写入 A1 单元格。

3.　1 类顺风求积分场次（Do While）

皮蛋：我晕，举个例子吧。

无言：那就以简单的比赛场上的积分累计对应的场次求解吧。

我们知道不管乒乓球、羽毛球、篮球、足球等比赛都会有一个积分和场次记录，现在来模拟这样的场次积分表，如图 3-20 所示。现在假设要指定某个分数，然后根据每场的积分累计得到满足该指定数的场次，将分别使用 Do While…Loop 语句和 Do Until…Loop 语句来实现统计满足积分的最低场次，如代码 3-17 所示。

场数	积分
第1场	1
第2场	1
第3场	2
第4场	2
第5场	3
第6场	1
第7场	1
第8场	1
第9场	2
第10场	1

图 3-20　比赛场次积分表

代码 3-17　Do While…Loop 判断积分场次

```
1| Sub JIfen_Do_While_Loop()
2|     Dim Jifen As Integer, Cou As Integer, Tem_Sum As Integer
3|     Jifen = Application.InputBox("请输入需要累计的积分，不得小于1！", "总积分", 100, Type:=1)
4|     If Jifen <= 0 Or Jifen > [sum(B:B)] Then MsgBox "所选积分超过允许范围，过程将退出。": End
5|     Cou = 2
6|     Do While Tem_Sum < Jifen
7|         Tem_Sum = Tem_Sum + Cells(Cou, "B").Value
8|         Cou = Cou + 1
9|     Loop
10|    MsgBox Cells(Cou - 1, "A").Text & "达到积分" & Jifen & vbCr & "场次累计积分为" & Tem_Sum
11| End Sub
```

（1）代码 3-17 示例过程中使用 Application.InputBox 方法让用户输入需要累计的积分总数，默认为 100 分；接着用 If 条件语句判断输入积分是否小于等于 0 或者输入的积分大于 B 列的总积分数，满足时则退出过程。

?　皮蛋：Cou变量是干什么的，为什么是2呢？

（2）Cou 变量为指定需要开始统计积分的行号，因为第 1 行是标题所以直接跳跃到 2，接着使用 Do 循环语句判断表达式。Do 语句采用 While 的先判断后执行的方式——当表达式返回结果为 True 时则执行 Do 的中间语句。代码 3-17 示例过程中用 Tem_Sum 变量来累计每个单元格的积分，Tem_Sum 的初始值为 0。

（3）当 Cou 为 2 时，引用 Cells(2, B) 单元格的积分 1，通过 Tem_Sum=Tem_Sum+ Cells(2, B) 的累计数为 1，Tem_Sum 变量 <Jifen 变量，满足表达式的结果，所以执行中间语句对 Tem_Sum 变量进行累计，同时每次条件满足是 Cou 变量的值增加 1，由 2 变 3，依次循环读取 B 列单元格的值。

（4）第 1 次循环后 Tem_Sum 的值变为 B2 单元格的值，再次与 Jifen 变量比较如果还小于输入值，则继续将 B3 单元格的值累计到 Tem_Sum 变量，如此循环直至 Tem_Sum 的累计值大于等于 Jifen 变量时，Do 循环将自动结束，并执行 Msgbox 函数语句的提示信息。

?　皮蛋：也就是说只有当循环的累计值大于等于指定的积分值时，Do循环才退出执行后面的语句。

无言：是的，如图3-21所示，预定的积分值为105，但是Do循环后Tem_Sum的累计值为106，满足了105的积分要求，此时自动退出Do循环并执行Msgbox提示。

4. 1类逆风求积分场次（Do Until）

第1类第1种用法Do While是先判断后执行，接下来将运用的还是先判断后执行的语句，但是这次采用条件不满足则执行的语句。还是继续用场次积分举例，先来看代码3-18。

图 3-21　While 顺风的积分提示

代码 3-18　Do Until…Loop 判断积分场次

```
1| Sub JIfen_Do_Until_Loop()
2|     Dim Jifen As Integer, Cou As Integer, Tem_Sum As Integer
3|     Jifen = Application.InputBox("请输入需要累计的积分，不得小于1！", "总积分", 100, Type:=1)
4|     If Jifen <= 0 Or Jifen > [sum(B:B)] Then MsgBox "所选积分超过允许范围，过程将退出。": End
5|     Cou = 2
6|     Do Until Tem_Sum >= Jifen
7|         Tem_Sum = Tem_Sum + Cells(Cou, "B").Value
8|         Cou = Cou + 1
9|     Loop
10|    MsgBox Cells(Cou - 1, "A").Text & "达到积分" & Jifen & vbCr & "场次累计积分为" & Tem_Sum
11| End Sub
```

代码 3-18 示例过程与代码 3-17 示例过程基本一样，主要变化点在于表达式的处理方向。

代码 3-18 示例中由 While Tem_Sum < Jifen 变更为 Until Tem_Sum >= Jifen，Until Tem_Sum >= Jifen 的作用是当 Tem_Sum 的累计值单元格 >= JIfen 变量时，Do 循环才会退出，只有 condition 的表达式结果为 False 时（积分不满足指定分值），Do 循环将继续循环并持续改变 Tem_Sum 和 Cou 变量的值，直到 condition 的表达式结果为 True，退出 Do 循环语句，接续执行后面的语句。

? 皮蛋：原来逆风是——逆向判断结果并执行不同操作，不满足就继续扛着，满足了拔腿就跑，和用Excel的Not函数类似。

无言：你这理解思维逗啊，也没错，这个就是顺风和逆风的意思。

? 皮蛋：还有一个问题，为什么在Msgbox函数中Cou变量要-1呢？

无言：这个是因为在每次循环内都会改变Cou变量的值，当退出Do循环前Cou的值已经被多加了一次1，按照有借有还的财务原则，此时为了还上原来借的1，就需要把Cou-1，才能

获得原来达到条件前的上一次循环Cou的值，否则获取的数据将是错误的。

❓ 皮蛋：原来是这个道理啊，就是减去多加一次的1。

💬 无言：是的，这个需要根据实际情况修改的，不是固定模式，逆风积分场次效果如图3-22所示。

图 3-22　Until 逆风的积分提示

5.　2 类顺逆风求积分场次（Loop While|Until）

Do…Loop 循环语句的第 2 类方式和第 1 类方式其实是很相似的，只是将 While|Until condition 表达式语句由上面 Do 后面移动到 Loop 后面，此为第 2 类的语法结构，如图 3-19 所示。

💬 无言：因为将While|Until condition移到了Loop后面，但是其他均没有太多的变化，还以场次积分这个例子继续，具体过程如代码3-19和代码3-20所示。

代码 3-19　Do…While Loop 判断积分场次

```
1| Sub JIfen_Do_Loop_While()
2|     Dim Jifen As Integer, Cou As Integer, Tem_Sum As Integer
3|     Jifen = Application.InputBox("请输入需要累计的积分，不得小于1！", "总积分", 100, Type:=1)
4|     If Jifen <= 0 Or Jifen > [sum(B:B)] Then MsgBox "所选积分超过允许范围，过程将退出。": End
5|     Cou = 2
6|     Do
7|         Tem_Sum = Tem_Sum + Cells(Cou, "B").Value
8|         Cou = Cou + 1
9|     Loop While Tem_Sum < Jifen
10|     MsgBox Cells(Cou - 1, "A").Text & "达到积分" & Jifen & vbCr & "场次累计积分为" & Tem_Sum
11| End Sub
```

代码 3-20　Do Until…Loop 判断积分场次

```
1| Sub JIfen_Do_Loop_Until()
2|     Dim Jifen As Integer, Cou As Integer, Tem_Sum As Integer
3|     Jifen = Application.InputBox("请输入需要累计的积分，不得小于1！", "总积分", 100, Type:=1)
4|     If Jifen < 0 Or Jifen > [sum(B:B)] Then MsgBox "所选积分超过允许范围，过程将退出。": End
5|     Cou = 2
```

```
6|      Do
7|          Tem_Sum = Tem_Sum + Cells(Cou, "B").Value
8|          Cou = Cou + 1
9|      Loop Until Tem_Sum >= Jifen
10|     MsgBox Cells(Cou - 1, "A").Text & "达到积分" & Jifen & vbCr & "场次累计积分为" & Tem_Sum
11| End Sub
```

从代码 3-19 和代码 3-20 示例过程中可以看到中间语句与代码 3-17 和代码 3-18 示例过程基本没有差别，只是将原来的 While|Until condition 表达式移动到了下面 Loop 的后面。

第 2 类 Do 循环语句的执行顺序是先计算 Tem_Sum 变量的累计值，并将 Cou 变量累加 1，接着执行 Loop 语句的表达式判断结果。

若为 While 方式时，只有表达式结果满足积分结果小于要预设积分值，才继续执行 Do 循环；若为 False 则退出 Do 循环并执行之后的语句。

若为 Until 方式时，只有表达式的积分累计分数达到了预设积分值，才退出 Do 循环并只需后面的语句，否则继续执行 Do 循环。

6.　2 大类 4 种用法的区别

❓ 皮蛋：确实和原来的 Do While|Until condition…Loop 语句代码结构没有太大的差别，挺好懂，就是把位置调位了。

无言：嗯，就是这个理儿。接下来说下 2 大类 4 种用法的区别。

Do…Loop 循环语句的分类和用法都源于对指定条件判断结果执行方式和放置位置的差别，下面通过表 3-8 对它们进行比较。

表 3-8　Do…Loop 循环语句 4 种方式的对比

语　句　方　式	相　　同	不　　同
Do While 表达式 语句 中间语句 Loop	先判断表达式是否满足，再通过返回的 True 或 False 布尔值，执行中间语句或退出循环	如果表达式返回结果为 True 则继续执行 Do 循环，False 则退出执行后续语句
Do Until 表达式 语句 中间语句 Loop		如果表达式返回结果为 False 则继续执行 Do 循环，True 则退出执行后续语句
Do 中间语句 Loop While 表达式 语句	先执行中间语句，再由关键变量表达式结果返回值，True 或 False 的布尔值来判断是否继续执行 Do 循环语句	先执行中间语句，如果关键变量的表达式返回 True 时则继续执行 Do 循环，False 立即退出 Do 并执行后续语句
Do 中间语句 Loop Until 表达式 语句		先执行中间语句，如果关键变量的表达式返回 False 时则继续执行 Do 循环，True 立即退出 Do 并执行后续语句

? 皮蛋：有表还是比较直观点，也好明白。

7. 不使用 While|Until 表达式的 Do 循环

无言：从图3-19中有没有看出来什么呢？

? 皮蛋：没有啊。

无言：那我再告诉你Do…Loop的另外一个用法了。

图3-19中Do…Loop的两种类型的循环语法中While|Until condition这一部分语法是可选的，也就意味还存在着不需要While|Until condition这段判断语句，而直接使用Do…（中间语句）…Loop这样的语句执行循环。

? 皮蛋：言子确实如此，是可选的参数语句呢，那要如何使用呢？

••• 无言：当不用表达式的Do循环时，需结合If语句根据条件满足与否，来判断是退出循环或继续执行循环，先来看代码3-21。

代码 3-21　不使用表达式判断的 Do 循环

```
1| Sub JiFen_NoCondition_Do()
2|     Dim Cou As Integer, NumCou As Integer
3|     Do
4|         NumCou = NumCou + 1
5|         Cou = Cou + Rnd * 100 + 1
6|         If Cou >= 1000 Then MsgBox "Do...Loop语句总共循环运行" & NumCou _
7|         & "次后的值是" & Cou: Exit Do
8|     Loop
9| End Sub
```

（1）代码3-21示例过程中定义了Cou和NumCou两个变量，数据类型为整型，然后直接进入Do…Loop循环语句。示例过程将原来的顺风逆风的While|Until condition这部分语句完全抛弃了，而直接使用了中间语句配合If条件语句。

（2）中间语句中使用Rnd函数获取1～100间的随机数，并将随机值累计到Cou变量中，接着使用If条件语句判断Cou变量累计值是否大于等于1000，NumCou变量作为计数器，其作用是累计满足预设值的次数。

（3）由于通过If语句对Cou变量的值进行了比较，当满足大于等于1000，Do循环语句继续执行，直到Cou变量的表达式结果为True时，显示Msgbox的提示内容，并使用Exit Do退出当前的循环并结束当前过程。

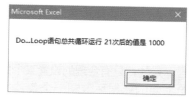

😮 无言：示例过程运行后的提示如图3-23所示。

❓ 皮蛋：不需要条件选择执行的Do循环看起来比较简洁呢！

😮 无言：是的，但是它必须有一个开关（控制条件）来控制循环的退出或执行，如若没有这个开关，那么将进入永恒的循环。

图 3-23　未使用表达式的循环

8. Do…Loop 的死循环

❓ 皮蛋：永恒的循环，那不就是死循环了吗？我听过。进入死循环能中断吗？

😮 无言：必须可以，你先试着执行下面的循环语句，然后在循环过程中按【Ctrl+PauseBreak】组合键中断循环（见图3-24）。

当按下【Ctrl+PauseBreak】组合键，执行中的过程将进入中断调试模式。此时将弹出图 3-25所示提示对话框，单击【继续】【结束】【调试】和【帮助】4 个按钮进行相应操作。

图 3-24　中断代码运行快捷键

图 3-25　进入代码中断模式

其中【继续】按钮为再次执行中断位置的语句及其后续语句；【结束】按钮为断开，结束已运行的及其后续的过程；【调试】按钮则是用于观察当前中断位置的语句及通过按 F8 键运行调试后续语句；【帮助】按钮则是提供当前语句的错误或者指定的语法。

Do…Loop 死循环举例如代码 3-22 所示。

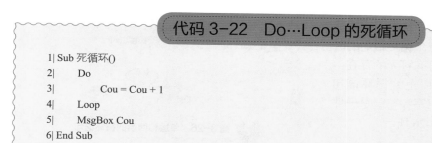

代码 3-22　Do…Loop 的死循环

```
1| Sub 死循环()
2|     Do
3|         Cou = Cou + 1
4|     Loop
5|     MsgBox Cou
6| End Sub
```

代码 3-22 示例过程由于只有 Cou 变量，而且在 Do…Loop 的每次循环 Cou 都累加 1，由于无限循环没有设置退出的条件，MsgBox 提示框将永远无法出现，直到出错或者人为干涉中断。

皮蛋：那加入一个 If 语句来控制其循环退出条件就可以了。

无言：是的，只有合理的设置某个关键变量的表达式，才能做到合理且满足数据处理的需求。

若给上面的死循环限制一个条件的话，例如当 Cou 累计值等于 100 时，Do…Loop 循环立即退出，那么只需要在 Cou=Cou+1 下一行加入以下语句即可

```
If Cou=100 Then Exit Do  '退出当前循环语句
```

3.3.4 循环的层次、退出 / 过程退出、结束

无言：把 3 种主要循环类别的语句都讲完了，接着讲讲关于语句嵌套以及退出吧。

皮蛋：语句也可以嵌套吗？

无言：当然可以，这次还专门给你讲下循环语句嵌套要注意的地方。

Excel 中的函数可以通过多个函数嵌套来完成复杂的计算过程，但这并非 Excel 函数独有的技能，将其放到 VBA 中同样适用——语句的嵌套。

1. 好习惯——标明循环的变量名

无言：在介绍嵌套循环语句前先说下关于循环变量名称。

循环变量名称在 For…Next 和 For Each…Next 循环语句中开始时是必要，但是语句末端的变量名称是可以省略的。

皮蛋：这个重要吗？

无言：这个很重要，也是个习惯问题。

平时在书写 For 循环语句的时候，将外壳结束部分的变量名称书写完整非常必要，因为当只有一个循环语句的时候，该变量名称就是可有可无的存在；但是当出现多于 2 个以上的循环语句时，循环变量名称的书写完整就是一件必要的事情了，如图 3-26 所示。

```
Sub 单层循环语句()
    Dim F1 As Byte
    For F1 = 1 To 20
        '任意语句
    Next
End Sub
```

①

```
Sub 两层循环语句()
    Dim F1 As Byte, F2 As Byte
    For F1 = 1 To 20  '第1层循环
        '任意语句
        For F2 = 1 To 20  '第2次循环
            '任意语句
        Next
    Next
End Sub
```

②

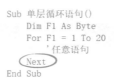

图 3-26　单层和两层的循环语句

图3-26 中①的示例过程中只有一个循环语句,那么对于循环变量名这个要素的末尾的注明,其紧要性和重要性就比较次要;但是当出现②的示例过程也只是出现了 2 个循环嵌套而已,并且代码的书写层次结构也比较明晰,所以在 2 个循环的时嵌套的语句的层次结构明显的情况对于末尾的变量名称也可忽略。

图 3-27 中出现了两种超过 2 层的循环语句的嵌套,万幸的是书写的层次结构和 2 层循环语句的一样,有层有序。

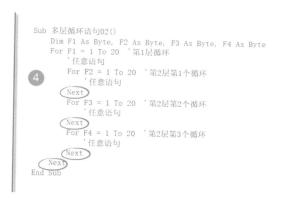

图 3-27   多层循环语句嵌套

但是如③示例过程中出现了 4 层循环语句,而且该循环是从最外层的 F1 循环到最内层的 F4 循环都是一层紧扣一层的,但是每层都是清一色的 Next 语句,这样让人不知道这 Next 是哪一层循环的结束外壳。

③示例过程的循环由于是一层嵌套在另外一层的里面,该循环语句是作为处理同一个操作,而内层的处理为更为细微的操作或者上一层的判断等,F1 层以后的所有层级都是属于上一层的下属层级,每层都是下一层的上层,类似埃及金字塔。

图 3-27 中的④示例过程中,循环语句的从第 1 层后其他 3 个循环语句采用了内部同层的方式书写,这样的循环语句说明这几个循环语句是同一个层次的循环,为了处理不同的执行任务,但是它们同时还是在 F1 这一层循环语句内,只是它们的执行层级别是相等的处于一个并列关系,和物理电的并联一样。

💬 无言:皮蛋,看明白了图3-27中它们的关系或层次关系了吗?

❓ 皮蛋:图3-26看明白了,图3-27看不明白——绕。

💬 无言:这话说的,那将图3-27所示执行方式改为如图3-28所示。

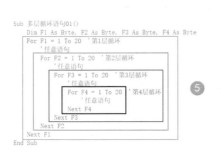

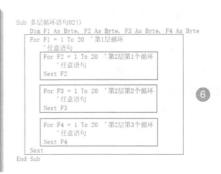

图3-28　标明循环名的循环层

? 皮蛋：　图3-28的层次效果和标识，比起图3-27清晰多了。

2. 多层循环的书写

💬 无言：说完了多层循环必须注明该层循环的循环变量名后，再说说如何正确书写多层循环。

? 皮蛋：为什么这个也需要教呢，不是刚才说的就可以了吗？

💬 无言：刚才说的重点的在于注明循环变量名的作用，现在讲解的关于多层结构书写的好处。

对于多层结果的代码语句的书写方式有一定讲究，虽然它不一定是必须的，但是这对于防止缺胳膊少腿，再补救会更好，更节省时间。

在第 2 章的时候曾经讲过对于代码的缩进，可以使得在阅读代码的时候具有层次感——在书写代码是可以通过 Tab 和 Shift + Tab 功能缩进代码的位置。

对于特定语句或循环语句的正确写法方式——以 For…Next 循环语句为例解说：每写一个循环语句时，先将该层循环语句外壳书写完整（包括该层的循环变量名称），接着换行后按 Tab 键缩进字符位置，凸出层次再写中间语句；如果内层还有其他循环语句或者条件选择语句等，在原来缩进的层次先书写完外壳再书写中间语句，如图 3-29 所示。

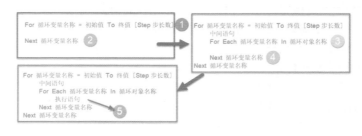

图 3-29　多层循环代码的书写

当代码太多，而忘记了书写 Next 、 End If 、 End Select 、 End With 这些结束语句时，会出现如图 3-30 ～图 3-33 所示的几类错误提示。

图 3-30　缺少 Next 的错误提示

图 3-31　缺少 End If 的错误提示

图 3-32　缺少 End Select 的错误提示

图 3-33　缺少 End With 的错误提示

皮蛋：就是说要按照图3-29的方式先将一个层的外壳书写完整，再书写内层的其他结构语句，这样就可以防止或减少上述类错误，是吧？

3. 双层循环，实战九九

无言：是的，应尽量养成先将一个固定语句的外壳书写完整，再书写内部需要的代码语句的好习惯。下面通过一个双层循环的示例来结束这个话题。

和学习 Excel 工作表中的单元格引用方式一样，关于如何使用单元格的相对引用、绝对引用、混合引用 3 种引用方式，最常用的示例就是九九乘法口诀了。现在通过九九口算表来完成这个循环（见图 3-34），具体如代码 3-23 所示。

代码 3-23 示例过程中定义了 2 个循环变量名称 Rf 和 Cf，它们对应了行和列变量，然后通过书写 2 个循环语句进行嵌套使用，每层的结尾都标明了对应的循环名称。

（1）第 1 层循环为 Rf 循环，该层定义了一个 1 ～ 9 的区间指数范围，步长为 1；第 2 层循环为 Cf 循环，该层也定义了和 Rf 相同的区间指数，接着在 Cf 循环中使用 2 个 If 条件语句。

代码 3-23 九九乘法口诀代码版

```
1| Sub Chengfa99()
2|  Dim Rf As Byte, Cf As Byte
3|  For Rf = 1 To 9
4|      For Cf = 1 To 9
5|          If Cf = Rf Then
6|              Cells(1, Cf + 1) = Rf
7|              Cells(Rf + 1, 1) = Cf
8|          End If
9|          If Cf <= Rf Then
10|             Cells(Rf + 1, Cf + 1) = Rf & "*" & Cf & "=" & Rf * Cf10
11|         End If
12|     Next Cf
13| Next Rf
14| End Sub
```

▲	A	B	C	D	E	F	G	H	I	J
1		1	2	3	4	5	6	7	8	9
2	1	1*1=1								
3	2	2*1=2	2*2=4							
4	3	3*1=3	3*2=6	3*3=9						
5	4	4*1=4	4*2=8	4*3=12	4*4=16					
6	5	5*1=5	5*2=10	5*3=15	5*4=20	5*5=25				
7	6	6*1=6	6*2=12	6*3=18	6*4=24	6*5=30	6*6=36			
8	7	7*1=7	7*2=14	7*3=21	7*4=28	7*5=35	7*6=42	7*7=49		
9	8	8*1=8	8*2=16	8*3=24	8*4=32	8*5=40	8*6=48	8*7=56	8*8=64	
10	9	9*1=9	9*2=18	9*3=27	9*4=36	9*5=45	9*6=54	9*7=63	9*8=72	9*9=81
11										

图 3-34 九九乘法口诀 VBA 版

（2）If Cf = Rf 为判断当前行列循环数值是否相同，如果相同则以 A1 单元格为起点各向下或向右偏移 1 个单元格并写入当前的 Rf 或 Cf 的循环值。

（3）Cells(1, Cf + 1) 和 Cells(Rf + 1, 1) 的作用是以 A1 单元格的行列各自偏移一行或一列的位置：当 Cf 为 1 时，就在 Cf 的原值上 +1 获得 2，代入 Cells 对象时，Cells(1,2) 变为了 A2 单元格，Cells(Rf + 1, 1) 的作用也类似的，+1 后单元格位置变为了 B2 单元格。

（4）If Cf <= Rf 则是通过判断当前的 Cf 的值是否小于等于 Rf 的值，如果 Cf ≤ Rf 则从 B2 单元格开始写入有当前循环的 Rf 数值和 Cf 数值的组合计算字符组成一个九九乘法口诀式子。

❓ 皮蛋：函数的九九乘法我用了一段时间才消化，这个也需要消化下。

💬 无言：消化没有问题，代码3-23的示例过程可以修改为如代码3-24所示。

代码 3-24　简单的双层循环相加

```
1| Sub JiaFaRC()
2| Dim Rf As Byte, Cf As Byte
3| For Rf = 1 To 9
4|     For Cf = 1 To 9
5|         Cells(Rf, Cf) = Rf + Cf
6|     Next Cf
7| Next Rf
8| End Sub
```

❓ 皮蛋：这个简单易懂，就是直接按照循环的Rf和Cf的数字作为单元格位置参数，并将这两个循环值相加。

4. 退出循环或过程的关键字

💬 无言：在讲解Do…Loop循环语句，讲到了如果不设置控件条件时循环都将无限地循环计算，其中用到了Exit Do这个语句。

❓ 皮蛋：对啊，不止一次了，你说了几次，退出当前循环用的语句。

在运行代码的过程中，有无数个节点可以让运行中的过程退出其中的循环或者过程或者函数过程，这些退出的语句中都用到了 Exit，Exit 关键字在循环语句中就用于退出当前语句层，如下示例：

```
For Rf = 1 To 9
For Cf = 1 To 9
If Cf > Rf Then Exit For  '该语句为当 Cf 变量＞ Rf 变量时，退出 Cf 循环过程，直接回到 Rf 循环过程
Next Cf
Next Rf
```

以上的示例通过 If Cf > Rf Then Exit For 语句来控制，如果当前 Cf 循环内的 Cf 变量＞ Rf 循环的值时，使用 Exit For 退出 Cf 循环该层的这个循环。

假设当前 Cf 循环值为 6，而 Rf 当前值为 5，那么退出 Cf 的当前循环的语句，返回到 Rf 循环语句；此时 Rf 语句继续执行 Rf 的值变为了 6，再次进入 Cf 的循环语句，Cf 的值重新由 1 开始，当再次循环到 Cf>Rf 时又退出当前循环。

💬 无言：根据这个思路，可以将乘法口诀的双层循环的值适当增大后的过程代码修改为如代码3-25所示。

代码 3-25 　采用 Exit 退出循环的与否的差别

```
1| Sub NoExitFor()
2| Dim Rf As Long, Cf As Long, Ts As Long
3| Ts = Time
4| For Rf = 1 To 100
5|     For Cf = 1 To 100
6|         If Cf <= Rf Then
7|             Cells(Rf + 1, Cf + 1) = Rf & "*" & Cf & "=" & Rf * Cf
8|         End If
9|     Next Cf
10| Next Rf
11| MsgBox Format(Now - Ts, "s秒")
12| End Sub
13|
14| Sub YesExitFor()
15| Dim Rf As Long, Cf As Long, Ts As Long
16| Ts = Timer
17| For Rf = 1 To 100
18|     For Cf = 1 To 100
19|         If Cf <= Rf Then
20|             Cells(Rf + 1, Cf + 1) = Rf & "*" & Cf & "=" & Rf * Cf
21|         Else
22|             Exit For
23|         End If
24|     Next Cf
25| Next Rf
26| MsgBox Format(Timer - Ts, "s秒")
27| End Sub
```

代码 3-25 中的 2 个示例的执行过程是一样，而且变量也是相同的，Rf 和 Cf 的循环指数区间都是 1 ～ 100，和刚才的九九乘法口诀类似。但是 NoExitFor 示例过程中的 Cf 循环语句中未使用 Exit For 语句来退出当 Cf > Rf 的值时的循环过程；而 YesExitFor 示例过程中在 Cf 循环语句中的 If 条件选择语句中增加一句 Else Exit For 语句，该语句当 Cf > Rf 时退出 Cf 循环语句从而终止了后续那些没有必要的循环，从而减少了必要的时间消耗。而 NoExitFor 和 YesExitFor 两个过程的时间消耗成本如图 3-35 和图 3-36 所示，NoExitFor 的耗时为 18 秒，而 YesExitFor 的耗时为 5 秒，相差有 3 倍还多点。

注：此处两个截图事件可能因为不同配置或系统占用情况，在使用时间上大相径庭。

💬 无言：Exit For语句其实就为终止退出当前层循环，就像生产工作中，某一道工序的生产任务数量已经达到下一道工序的数量，那么就可以停止这道工序的生产任务，从而继续另外一道工序的生产任务，循环退出机制也是同理。

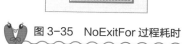

图 3-35　NoExitFor 过程耗时

图 3-36　YesExitFor 过程耗时

❓ 皮蛋：那就是按需退出来，和按需生产一个理。

💬 无言：当有多层循环语句时，Exit语句放置在哪层循环就退出其当前层的循环，转入上一层循环。

在 VBA 的编程中不止有 Exit For 一种退出语句，还有如下几类语句，其作用如表 3-9 所示。

表 3-9　Exit 和 End 语句

语　句	作　用
Exit For	提供一种退出For循环的方法，并且只能在For…Next或For Each…Next循环中使用。Exit For 会将控制权转移到Next之后的语句。当Exit For用在嵌套的 For 循环中时，Exit For 将控制权转移到Exit For所在位置的外层循环
Exit Do	提供一种退出Do…Loop循环的方法，并且只能在Do…Loop循环中使用。Exit Do会将控制权转移到 Loop 语句之后的语句。当 Exit Do 用在嵌套的Do…Loop循环中时，Exit Do会将控制权转移到 Exit Do 所在位置的外层循环
Exit Function	立即从包含该语句的Function过程中退出，程序会从调用Function的语句之后的语句继续执行
Exit Sub	立即从包含该语句的Sub过程中退出，程序会从调用Sub过程的语句之后的语句继续执行
Exit Property	立即从包含该语句的Property过程中退出，程序会从调用Property过程的语句之后的语句继续执行
End	End 语句提供了一种强迫中止程序的方法；在执行时，End语句会重置所有模块级别变量和所有模块的静态局部变量。若要保留这些变量的值，改为使用Stop语句，则可以在保留这些变量值的基础上恢复执行

❓ 皮蛋：Exit关键字都是退出当前循环语句，但是不明白End语句，能举例吗？

💬 无言：可以，示例如代码3-26所示。

代码 3-26 Exit 和 End Sub 的区别

```
1| Sub EndSub()
2|      TwoEnd
3|      TemSub
4| End Sub
5|
6| Sub EixtSub()
7|      OneExit
8|      TemSub
9| End Sub
10|
11| Private Sub OneExit()
12|      MsgBox "该过程存在一个Exit Sub 语句，" & _
13|           "该语句只结束当前的所属过程——OneExit。" _
14|           & "该过程后面还有一个语句，因为Exit Sub 后面的语句将不再执行。"
15|      Exit Sub
16|      MsgBox Now
17| End Sub
18|
19| Private Sub TwoEnd()
20|      MsgBox "该过程存在一个End 语句，该语句只结束当前整个过程。" _
21|           & "此时本过程及其他引用了该过程的主过程都将结束运行退出过程。"
22|      End
23|      MsgBox Now
24| End Sub
25|
26| Private Sub TemSub()
27|      MsgBox Format(Now, "今天的日期是：yyyy年mm月dd日aaa" & vbCr & "现在时刻是：hh:mm:ss")
28| End Sub
```

代码 3-26 中存在 5 个过程，其中 3 个为私有过程。OneExit 示例过程存在 Exit Sub 语句，TwoEnd 示例过程中存在 End 语句，最后的 TemSub 过程为显示现在日期和时间。当其他过程调用 TemSub 过程时，检验过程中 Exit Sub 和 End 语句的对过程的影响。

（1）首先看下 ExitSub 示例过程，过程中首先引用了 OneExit 过程，该过程只有 2 句语句：分别调用了 OneExit 和 TemSub 子过程——当 OneExit 过程运行到第 1 句语句时显示提示窗口后继续运行 OneExit 过程的 Exit Sub 语句，因为 Exit Sub 是在 OneExit 子过程中，所以 Exit Sub 将跳过 OneExit 子过程内的第 2 个 Msgbox 提示内容而直接结束该子过程，并继而调用 TemSub 过程，如图 3-37 所示。

图 3-37　ExitSub 过程运行过程效果

（2）EndSub 示例过程，该过程调用了 TwoEnd 和 TemSub 过程；其中 TwoEnd 过程将 OneExit 子过程中的 Exit Sub 语句更换为了 End 语句，然而就因为这句话的差别造成了过程执行步骤完成颠覆。Exit Sub 语句是退出当前过程，而 End 则是硬生生地将整个工程过程完全结束而不执行 End 语句后面的其他所有语句，有一刀切的感觉，如图 3-38 所示。

图 3-38　EndSub 过程运行过程效果

（3）图 3-38 中当 TwoEnd 过程运行到了 End 语句后④和⑤编号的过程都将不再执行而是直接结束了整个的 EndSub 示例过程。

💬　无言：对于Exit For、Exit Do、Exit Function、Exit Sub和End这个语句的作用点，最好通过在VBE窗口中使用F8功能键逐句执行的方式进行了解。

❓　皮蛋：嗯，反正我现在大概知道Exit的都是退出所在过程或所在循环层的意思，而End就是结束一切的意思。

💬　无言：对于循环语句就此完结吧，能熟练运用循环语句将能解决大部分重复的工作。

3.4 重复对象的精简引用

在录制的宏过程后经常可以看到代码中对同一对象执行操作时，总会在这一对象前加上With…End With 语句，如代码 3-27 所示。在初涉及 VBA 时会比较懵懂——不知道该语句的用途，现在就讲解该语句用法。

代码 3-27　录制宏的 With…End With 语句

```
1| Sub 宏1()
2| ' 宏1 宏
3|     Range("A1:A10").Select
4|     With Selection.Font
5|         .Color = -16776961
6|         .Name = "黑体"
7|         .Size = 12
8|     End With
9|     Selection.ColumnWidth = 20
10| End Sub
```

录制的宏会对录制过程中同一个对象操作或属性设置，用 With…End With 语句将其作为一个系列，先来看下其语法。

语法结构如图 3-39 所示。

With…End With 语 句 的 参 数 如 表 3-10 所示。

图 3-39　With...End With 语法

表 3-10　With…End With 语句的参数

参 数 名 称	必需/可选	数 据 类 型	说　　明
object	必需	Variant	一个对象或用户自定义类型的名称。
statements	必需	String	要执行在 object 上的一条或多条语句。

💬 无言：With…End With语句的关键字是With，其作用如代码3-27所示，用于对选中的A1:A10单元格区域进行操作，Selection代表了Range("A1:A10")这个对象，然后Selection后面跟上Font（字体）对象，它们组合起来就是Selection.Font（选择区域中的字符设置），也就是语句中的Object参数，而在With和End With中间的所有语句都对这个区域字体对象进行操作或设

置，例如：.Name ="黑体"语句设置区域中字体名称为黑体，其他还有设置字体颜色等。

? 皮蛋：没有比对看不出来差别呢？

•••无言：要对比吗，还是用录制宏来修改下，我们将Selection.Font替换为 Range("A1:A10").Font，然后将Font对象前的.全部替换为Range("A1:A10").，如图3-40所示效果。

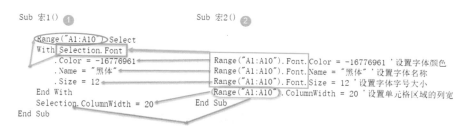

图 3-40　拆解 With 语句后的原语句

图 3-40 左侧为录制宏时自动产生的 With 语句，右侧是将原来使用 With 简化重复引用前的原对象（Selection），还原成从 Range 对象到 Range.Font 对象完整代码语句形式。

从右侧看出因重复引用同一对象，使得代码显得冗长，而左侧采用 With…End With 语句，使得代码简短明了。

? 皮蛋：确实这样，右侧比左侧多了好几次重复对象。

•••无言：再来一个例子——以示例对A1单元格格式的字体颜色、底色、对齐、框线等进行设置并采用With语句对设置，如代码3-28所示。

代码 3-28　设置 A1 单元格的属性

```
1| Sub BriefCode()
2|  With Range ("A1")
3|      .Font.ColorIndex = 3              '字体颜色
4|      .Interior.ColorIndex = 20         '单元格底色
5|      .VerticalAlignment = True         '垂直居中
6|      .HorizontalAlignment = True       '水平居中
7|      .Borders.LineStyle = 1            '设置框线为实线
8|      .Borders.ColorIndex = 3           '设置框线为红色
9|  End With
10| End Sub
```

Excel VBA
跟卢子一起学（基础入门版）

 **3.4.1** 统一购票进门：With…End With

💬 无言：看完了With语句，它其实就是将原来多次对同一对象引用的简化。

相当于公司中的每个人各自去售票处买票，这样每次售票员就需要撕一张票并记录公司名称，但是现在变成公司统一为大家去买票，售票员现在只需要记录一下公司名称和所需票数即可，而无需每人每次都记录。

💬 无言：代码3-28过程简单易懂，现在这段貌似厉害的代码（见代码3-29），给你的感觉是什么？

代码 3-29 繁琐冗长的语句

```
1| Sub LongCode ()
2|   Range ("A1").CurrentRegion.SpecialCells(xlCellTypeConstants, 23).Font.ColorIndex = 3
3|   Range ("A1").CurrentRegion.SpecialCells(xlCellTypeConstants, 23).Interior.ColorIndex = 20
4|   Rows(1).SpecialCells(xlCellTypeConstants, 23).VerticalAlignment = True
5|   Rows(1).SpecialCells(xlCellTypeConstants, 23).HorizontalAlignment = True
6|   Columns(1).SpecialCells(xlCellTypeConstants, 23).VerticalAlignment = True
7|   Columns(1).SpecialCells(xlCellTypeConstants, 23).HorizontalAlignment = True
8|   Range ("A1").CurrentRegion.Borders.LineStyle = 1
9|   Range ("A1").CurrentRegion.Borders.ColorIndex = 3
10| End Sub
```

❓ 皮蛋：这个代码是干什么用的呢？看的我眼花缭乱！

💬 无言：这个代码是用于设置单元格的字体颜色、单元格底色、单元格水平和垂直的居中，还有单元格的边框线及其颜色。

❓ 皮蛋：这里面我就认得Range、Columns、Rows等几个词。

代码3-29示例过程中可以将过程拆分为4小段分解：

（1）第2句以A1单元格的连续区域中使用Excel的定位功能（SpecialCells）定位区域中的常量数据，并设置定位选中单元格的字体颜色主题（Font.ColorIndex）为红色（3）；第3句是重复上一句的定位方法后设置定位选中单元格的底色颜色主题（Interior.ColorIndex）为浅蓝色（20）。

（2）第4句和第5句在第1行（Rows(1)）中的常量单元格，并设置其水平和垂直（HorizontalAlignment 和 VerticalAlignment）对齐方式为居中（xlCenter）。

（3）第6句和第7句则是在第1列（Columns(1)）定位并选中含有常量的单元格，并设置其水平和垂直（HorizontalAlignment 和 VerticalAlignment）对齐方式为居中（xlCenter）。

（4）第 8 句和第 9 句则是运用获取 A1 连续单元格区域（CurrentRegion）并将设置该区域的边框（Borders）的框线（LineStyle）为实线和颜色主题（ColorIndex）为红色。

无言：这段代码虽然看起来很乱很长，但其只作用于3个对象——Range、Rows和Columns，并设置对象的相关属性。因为多次设置相同的对象，但因通过定义同类型的变量而没有使用With语句，使得语句看起来十分杂乱，如图3-41重复使用同一对象方法的位置所示。

图 3-41　重复使用同一对象方法的位置

皮蛋：你这么一讲，确实同样的语句重复了多次。

无言：不仅是重复，还会有多余的操作，就像第1段Range定位常量，第1句执行了定位后设置了属性，第2句接着又再次定位常量，再进行了设置，这样定位操作就执行了2次，造成了重复操作。现在要将对象缩减的话就必须用到With语句了。

皮蛋：这个语句的重点是什么？

无言：With语句的重点就是减少对同一对象的重复引用，从而缩减了代码的长度也减少了某些重复的操作。

皮蛋：重复对象引用，我没有看到啊，哪里来的？

无言：类似Range ("A1").CurrentRegion.SpecialCells(xlCellTypeConstants, 23)这段即重复了，如图3-41中的第1段。单元格定位的重复引用对象效果如图3-42所示。

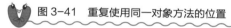

图 3-42　单元格定位的重复引用对象

图 3-42 的区域就是 Range ("A1").CurrentRegion.SpecialCells(xlCellTypeConstants, 23).Select 执行后选中的区域,而代码 3-29 示例过程中的第 1 段中就 2 次重复对此选中区域重复操作和引用的,其重复对象区域如下所列:

> 定位的重复区域对象:B1:J1,A2:B2,A3:C3,A4:D4,A5:E5,A6:F6,A7:G7,A8:H8,A9:I9,A10:J10

按照 With 语句的作用由于定位后的区域是重复使用的对象,此时就改用 With 语句将定位后的区域作为对象来操作,那么代码 3-29 中几段类似的语句可精简如代码 3-30 所示。

代码 3-30 精简冗长代码 1

```
1| Sub LongCode02()
2|     With Range ("A1").CurrentRegion.SpecialCells(xlCellTypeConstants, 23)
3|         .Font.ColorIndex = 3              '字体颜色
4|         .Interior.ColorIndex = 20         '单元格底色
5|     End With
6|
7|     With Rows(1).SpecialCells(xlCellTypeConstants, 23)
8|         .VerticalAlignment = xlCenter     '垂直居中
9|         .HorizontalAlignment = xlCenter   '水平居中
10|    End With
11|
12|    With Columns(1).SpecialCells(xlCellTypeConstants, 23)
13|        .VerticalAlignment = xlCenter     '垂直居中
14|        .HorizontalAlignment = xlCenter   '水平居中
15|    End With
16|
17|    With Range ("A1").CurrentRegion.Borders
18|        .LineStyle = 1                    '设置为实线
19|        .ColorIndex = 3                   '设置框线为红色
20|    End With
21| End Sub
```

? 皮蛋:这次比上一段精短不少且对象清晰,每一段的对象都清楚了,看起来也不吃力了。

··· 无言:是的,这样只需要知道该层引用的对象是谁,再看对象后续具体属性或方法即可,明白这句语句的作用。

> With…End With 语句在确定引用对象后,在运行过程中都不能改变 object 参数。

3.4.2　With 语句的嵌套：With 语句的子对象

💬 无言：代码3-30虽然看起来短了不少，但其实还是有点长了。我们现在是统一购票进门，但是人还是有点多，还是需要排好队，大人牵着自己小孩的手进门更好。

代码 3-30 虽然比代码 3-29 中精短了不少，但其实代码 3-29 中还有 2 层对象——一个是 Range ("A1").CurrentRegion 连续区域对象，另一个是定位后获取单元格对象，这里就拆分了 2 层对象，对于同一对象下的下层对象也可使用 With 语句进行嵌套，就像大人牵着小孩的手进场一样。

With…End With 语句的嵌套方式如图 3-43 所示。

```
With 第1层对象
    With .第2层对象 （该层对象必须包含在上一对象之下，即子对象）
        中间语句
        With .第3-n层对象 （该层对象必须包含在上一对象之下，即子对象）
            中间语句                      衔接上一层的对象时with的当
        End With  '第n层结束语句          前对象前都必须有一个.，作
    End With                              为引用上一层层对象那标示
    With .第2-n层对象 （该层对象必须包含在上一对象之下，即子对象）
        中间语句
    End With  '第n层结束语句
    第1层中间语句
End With  '第1层结束语句
```

图 3-43　With…End With 语句多层嵌套

💬 无言：图3-43中列明了With语句的嵌套方式，在嵌套引用上一层对象时，在当层对象和 With 之间必须要用。把上层的对象关联起来，否则也将出现处理对象不当的错误，即上下对象无关联，如下所示。

```
With Range ("A1")
        .VerticalAlignment = True          ' 垂直居中
        .HorizontalAlignment = True        ' 水平居中
        .Interior.ColorIndex = 20          ' 单元格底色
    With Font
        .ColorIndex = 3                    ' 字体颜色
    End With
```

```
        With .Borders
                .LineStyle = 1                    ' 设置框线为实线
                .ColorIndex = 3                   ' 设置框线为红色
        End With
End With
```

上面示例红色部分由于没有指明上一层的对象为 A1 单元格，而只是指明了当前层要使用的对象为字体，此时 Font 的父对象为空，而无法对 A1 单元格的字体颜色设置，此语句变为无效语句。

💬 无言：在使用多层嵌套With对象时，内层对象前都必须要有圆点（.）来标示它们的层级关联。更多层的With嵌套时，建议先把当前层的语句外壳书写完整后，再缩进书写内层嵌套语句，防止由于层次过多造成纰漏。

❓ 皮蛋：明白了，那继续单元格定位设置的代码吧。

💬 无言：将刚才的示例修改为如下：

```
With Range ("A1")
…
        With .Font
        .ColorIndex = 3  ' 字体颜色
        End With
…
End With
```

并根据上面对象层次关系将With引用分为两部分，修改后的如代码3-31所示。

代码 3-31　精简冗长代码 2

```
1| Sub LongToBriefCode02()
2|      With Rows(1) '第1行的范围
3|          With .SpecialCells(xlCellTypeConstants, 23) '定位常量的区域
4|              .VerticalAlignment = xlCenter           '垂直居中
5|              .HorizontalAlignment = xlCenter         '水平居中
6|          End With
7|      End With
8|      With Columns(1) '第1列范围
9|          With .SpecialCells(xlCellTypeConstants, 23) '定位常量的区域
10|             .VerticalAlignment = xlCenter           '垂直居中
11|             .HorizontalAlignment = xlCenter         '水平居中
```

```
12|        End With
13|      End With
14|      With Range ("A1").CurrentRegion              'A1连续区域
15|        With .SpecialCells(xlCellTypeConstants, 23) '定位常量区域
16|          .Font.ColorIndex = 3                      '字体颜色
17|          .Interior.ColorIndex = 20                 '单元格底色
18|        End With
19|        With .Borders                               '单元格边框对象
20|          .LineStyle = 1                            '设置为实线
21|          .ColorIndex = 3                           '设置框线为红色
22|        End With
23|      End With
24| End Sub
```

代码 3-31 是将原来第 1 层的引用对象 A1、Rows(1)、Columns(1) 的对象分别作为 With 语句的第 1 层对象，接着将第一层对象的定位方法（SpecialCells）后获得的单元格区域作为 With 语句的第 2 层对象，并在定位方法前使用圆点（.）与上一层对象关联，最后设置第 2 层关对象的属性——对齐方式、边框线、底色等。

将代码 3-31 和代码 3-29、代码 3-30 比较，发现代码 3-31 更加简洁易读，层序清晰——With 语句引用的各层对象的清晰可辨。

皮蛋：嗯嗯。

无言：关于With语句的讲解和运用就结束了。

3.5 提示信息函数：MsgBox函数

无言：使用VBA编程时，总需时不时给用户一些必要信息提示，如Excel定位时，若没找到需要的定位信息时弹出信息对话窗口。

皮蛋：那个窗口是怎么来的呢？

无言：MsgBox函数可以提供类似信息窗口，接下来将学习该函数。

3.5.1 Msgbox 的 Prompt 和 Title 参数

Msgbox 函数经常用于提示数据结果或者让用户选择处理方式，它在 VBA 编程中重要性不可忽视。

先来看下 Msgbox 函数的语法。

> 在对话框中显示消息，等待用户单击按钮，并返回一个 Integer 告诉用户单击哪一个按钮
> MsgBox(prompt[, buttons] [, title] [, helpfile, context])

Msgbox 函数有 5 个参数，如表 3-11 所示。其中参数 Helpfile 和 Context 比较少用，所以重点讲解下参数 1 ～ 3 的用法，并着重介绍第 2 个参数。图 3-44 所示为 Msgbox 函数的参数提示说明。

表 3-11　Msgbox 的参数说明

参 数 名 称	必需/可选	数 据 类 型	说　明
Prompt	必需	Variant	必需的。字符串表达式，作为显示在对话框中的消息
Buttons	可选	Integer	数值表达式是值的总和，指定显示按钮的数目及形式，使用的图标样式，默认按钮是什么以及消息框的强制回应等。如果省略，则Buttons的默认值为0
Title	可选	String	如果省略 Title，则将应用程序名放在标题栏中
Helpfile	可选	String	如果提供了 Helpfile，则必须提供 Context
Context	可选	String	如果提供了 Context，则必须提供 Helpfile

按照 Msgbox 函数作用说明，该函数用于提示用户并给出相关按钮给用户选择，并按照选择的按钮返回其内置值（常数）。

现在先来说下第 1 个参数 Prompt：该参数主要用于表达或表述给用户的文本内容或返回表达式或变量值（文本、数字、逻辑值）。

💬 无言：每一个文本串都需要用英文半角

图 3-44　Msgbox 函数使用结果

双引号包围起来，具体用法例子如下：

Msgbox　Prompt:= " 您好，数据已整理完成，请核对！ " 　'返回文本串内容

Msgbox　Prompt:= 1+3*5 　'返回计算表达式结果

Msgbox　Prompt:= 1>3 　'返回逻辑表达式逻辑结果

Dim Tis As String

Let Tis = " 这是一个提示文本变量。"

Msgbox　Prompt:= Tis 　'返回变量赋值结果

若需要多个字符串组合，那么可以用【空格 +&】组合进行字符串组合；如果字符串长度太长可在 & 符号后添加【空格 +_（半角下划线）】换行；如若需要在文本中换行则可以使用内置常数 VbCr、VbCrLf 进行换行，对齐的话可以使用 VbTab 常数控制。

💬 无言：Prompt参数为第1个参数，必需的参数，不可省略，后面的其他参数均可省略；省略其他参数时，Prompt的参数名可不写；若都使用时可以按顺序写或者用半角逗号占位。省略Prompt参数的使用示例如下：

Msgbox " 您好，数据已整理完成，请核对！ " 　省略 Prompt 参数名的写法

代码 3-32 为该参数的示例代码。

代码 3-32　Msgbox 函数 Prompt 参数的用法示例代码

```
1| Sub MsgboxPrompt()
2|     MsgBox Prompt:="您好，数据已整理完成，请核对！ "
3|     MsgBox Prompt:=1 + 3 * 5
4|     MsgBox Prompt:=1 > 3
5|     Dim Tis As String
6|     Let Tis = "这是一个提示文本变量"。
7|     MsgBox Prompt:=Tis
8|     MsgBox "您好，数据已整理完成，请核对！ "        '省略Prompt参数名的写法
9| End Sub
```

接下来讲解参数 Title 的用法：Title 为 Msgbox 的第 3 个参数，其作用是修改提示窗口的标题内容，若省略该参数则将默认显示为 Microsoft Excel，要显示为其他内容只需要将 Title 参数写入需要提示的内容即可，用法如下所示，效果如图 3-45 所示。

Msgbox Prompt:= " 您好，数据已整理完成，请核对！ ",Title:= " 提示信息 " 　' Title 参数名的用法，如图 3-45 所示

Msgbox "您好,数据已整理完成,请核对!"," "提示信息"   '省略多个参数名时的错误提示,如图 3-46 所示

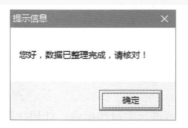

图 3-45 Msgbox 函数 Title 参数提示效果

图 3-46 Msgbox 多参数省略参数名的错误提示

当 Msgbox 函数多于两个参数时,默认选择第 1 个参数可以省略参数名,但是其他参数未按次序代入时,就必须注明参数名称,否则将造成错误,如图 3-46 所示。

写明参数名称必须紧跟其后用【:=】再写入赋值内容,这样参数位置不用固定不变,而且也能明晰各变量/数值的作用,代码 3-33 为 Title 参数的用法示例代码。

代码 3-33 Msgbox 函数 Title 参数的用法示例代码

```
1| Sub MsgboxTitle()
2|    MsgBox Prompt:="您好,数据已整理完成,请核对!", "Title:=提示信息01"
3|    MsgBox Title:="提示信息02", Prompt:="您好,数据已整理完成,请核对!"
4|    MsgBox "您好,数据已整理完成,请核对!", Title:=提示信息03"
5|    MsgBox "您好,数据已整理完成,请核对!", "提示信息04"
6| End Sub
```

3.5.2 Msgbox 的 Buttons 参数

💬 无言:接下来说下第2个参数——Buttons参数。相对Prompt和Title参数来说,Buttons参数比较复杂,也是重点参数。

❓ 皮蛋:为什么说复杂呢?

Msgbox 的第 2 个参数 Buttons:该参数的主要作用是显示一个或数个可供选择的按钮和提示图标样式。Buttons 参数选中不同值将代表不同的按钮和图标样式。按钮和图标对应的内置常数值如表 3-12 所示。

表 3-12　Msgbox 函数 Buttons 参数常用的参数值的作用

参 数 常 数	参 数 值	作 用 描 述	参数显示的图标
显示按钮图标参数值			
vbOKOnly	0	只显示【确定】按钮	确定
vbOKCancel	1	显示【确定】及【取消】按钮	确定　取消
vbAbortRetryIgnore	2	显示【终止】、【重试】及【忽略】按钮	中止(A)　重试(R)　忽略(I)
vbYesNoCancel	3	显示【是、】【否】及【取消】按钮	是(Y)　否(N)　取消
vbYesNo	4	显示【是】及【否】按钮	是(Y)　否(N)
vbRetryCancel	5	显示【重试】及【取消】按钮	重试(R)　取消
vbMsgBoxHelpButton	16384	显示【帮助】按钮	帮助
显示提示图标参数值			
vbCritical	16	显示【临界信息】图标	
vbQuestion	32	显示【报警查询】图标	
vbExclamation	48	显示【警告消息】图标	
vbInformation	64	显示【信息消息】图标	
选择默认按钮参数值			
vbDefaultButton1	0	第1个按钮是默认值	具有多个按钮时，按Enter键时默认选中的按钮
vbDefaultButton2	256	第2个按钮是默认值	
vbDefaultButton3	512	第3个按钮是默认值	
vbDefaultButton4	768	第4个按钮是默认值	添加【帮助按钮】方有效

? 皮蛋：有这么多啊！

💬 无言：不要慌，其实挺好理解，等下拆讲。

　　Buttons 参数的常数值虽然多，但可将其分为 3 部分：显示按钮图标参数值、显示提示图标参数值、选择默认按钮参数值。

　　显示图档按钮参数值——主要用于选择要显示哪些按钮组，不同的常数对应不同的按钮显示，默认忽略时常数值为 0，只显示 OK 按钮；不同值对应了表 3-12 中所列的按钮图标，如代码 3-34 所示为分别使用常数和值来显示同一个按钮的代码过程。

💬 无言：按钮值由数字 0～5 分别对应表 3-12 中的第 4 列的按钮图标，其中最后一个帮助按钮一般不需要，只有在制作了相对应的帮助外联文件时才用到。

代码 3-34　Msgbox 函数 Buttons 参数的显示按钮用法示例代码

```
1| Sub MsgboxButtons01()
2|    Dim 按钮名称 As String
3|    按钮名称 = "只显示Ok按钮！"
4|    MsgBox Prompt:=按钮名称, Buttons:=vbOKOnly, Title:="按钮信息"
5|    MsgBox Prompt:=按钮名称, Buttons:=0, Title:="按钮信息"
6|
7|    按钮名称 = "显示 OK 及 Cancel 按钮！"
8|    MsgBox Prompt:=按钮名称, Buttons:=vbOKCancel, Title:="按钮信息"
9|    MsgBox Prompt:=按钮名称, Buttons:=1, Title:="按钮信息"
10|
11|    按钮名称 = "显示 Abort、Retry 及 Ignore 按钮！"
12|    MsgBox Prompt:=按钮名称, Buttons:=vbAbortRetryIgnore, Title:="按钮信息"
13|    MsgBox Prompt:=按钮名称, Buttons:=2, Title:="按钮信息"
14|
15|    按钮名称 = "显示 Yes、No 及 Cancel 按钮！"
16|    MsgBox Prompt:=按钮名称, Buttons:=vbYesNoCancel, Title:="按钮信息"
17|    MsgBox Prompt:=按钮名称, Buttons:=3, Title:="按钮信息"
18|
19|    按钮名称 = "显示 Yes 及 No 按钮！"
20|    MsgBox Prompt:=按钮名称, Buttons:=vbYesNo, Title:="按钮信息"
21|    MsgBox Prompt:=按钮名称, Buttons:=4, Title:="按钮信息"
22|
23|    按钮名称 = "显示 Retry 及 Cancel 按钮！"
24|    MsgBox Prompt:=按钮名称, Buttons:=vbRetryCancel, Title:="按钮信息"
25|    MsgBox Prompt:=按钮名称, Buttons:=5, Title:="按钮信息"
26| End Sub
```

显示提示图标参数值——主要用于显示不同信息类型的提示图标，总共有 4 种图标，分别对应：临界信息、报警查询、警告消息、信息消息，其常数值及图标样式如表 3-12 中所列的信息图标。

信息图标的常数如表 3-12 中所列，值则由 16 开始，以 2 的倍数叠加，即 16、32、48、64。如代码 3-35 所示为分别使用常数和值来显示同一个按钮的代码过程。

代码 3-35　Msgbox 函数 Buttons 参数的显示信息图标用法示例代码

```
 1| Sub MsgboxButtons02()
 2|     Dim 图标名称 As String
 3|     图标名称 = "显示 Critical Message 图标！"
 4|     MsgBox Prompt:=图标名称, Buttons:=vbCritical, Title:="提示图标信息"
 5|     MsgBox Prompt:=图标名称, Buttons:=16, Title:="按钮信息"
 6|     图标名称 = "显示 Warning Query 图标！"
 7|     MsgBox Prompt:=图标名称, Buttons:=vbQuestion, Title:="提示图标信息"
 8|     MsgBox Prompt:=图标名称, Buttons:=32, Title:="按钮信息"
 9|     图标名称 = "显示 Warning Message 图标！"
10|     MsgBox Prompt:=图标名称, Buttons:=vbExclamation, Title:="提示图标信息"
11|     MsgBox Prompt:=图标名称, Buttons:=48, Title:="按钮信息"
12|     图标名称 = "显示 Information Message 图标！"
13|     MsgBox Prompt:=图标名称, Buttons:=vbInformation, Title:="提示图标信息"
14|     MsgBox Prompt:=图标名称, Buttons:=64, Title:="按钮信息"
15| End Sub
```

选择默认按钮参数值——用于提示窗口存在多个按钮时，默认按 Enter 键时选中哪个按钮。表 3-12 中所列的常数和值对应了不同按钮个数默认选择项。

Buttons 参数的每种类型常数间可以用 + 连接——即将每种类型的常数值可以进行相加，所以也可以直接用几个不同类别的常数值和代替多个常数。Buttons 参数的选择默认按钮用法如代码 3-36 所示。

代码 3-36 示例过程为将不同类型的常数进行不同组合的过程——其中第 13 句中默认按 Enter 键后选中第 4 个帮助按钮，但是实际中该提示按钮中只存在 2 个，所以若所设默认值超过了当前按钮个数，会默认选中第 1 个按钮，效果分别如图 3-47 和图 3-48 所示。

代码 3-36　Msgbox 函数 Buttons 参数的选择默认按钮用法示例代码

```
1| Sub MsgboxButtons03()
2|     Dim 默认按钮 As Long, 默认 As String
3|     默认按钮 = 0: 默认 = "默认选择第1个按钮"
4|     MsgBox Prompt:=默认, Buttons:=vbAbortRetryIgnore + vbMsgBoxHelpButton + 默认按钮, Title:="默
       认按钮信息"
5|     MsgBox Prompt:=默认, Buttons:=2 + 16384 + 默认按钮, Title:="默认按钮信息"
6|     默认按钮 = 256: 默认 = "默认选择第2个按钮"
7|     MsgBox Prompt:=默认, Buttons:=vbAbortRetryIgnore + vbMsgBoxHelpButton + 默认按钮, Title:="默
       认按钮信息"
8|     MsgBox Prompt:=默认, Buttons:=2 + 16384 + 默认按钮, Title:="默认按钮信息"
9|     默认按钮 = 512: 默认 = "默认选择第3个按钮"
10|    MsgBox Prompt:=默认, Buttons:=vbAbortRetryIgnore + vbMsgBoxHelpButton + 默认按钮, Title:="默
       认按钮信息"
11|    MsgBox Prompt:=默认, Buttons:=2 + 16384 + 默认按钮, Title:="默认按钮信息"
12|    默认按钮 = 768: 默认 = "默认选择第4个按钮" '存在第4个按钮才有效
13|    MsgBox Prompt:=默认, Buttons:=vbAbortRetryIgnore + vbMsgBoxHelpButton + 默认按钮, Title:="默
       认按钮信息"
14|    MsgBox Prompt:=默认, Buttons:=2 + 16384 + 默认按钮, Title:="默认按钮信息"
15| End Sub
```

 图 3-47　第 1 个按钮为默认按钮

 图 3-48　默认选择第 4 个时，超过只选第 1 个按钮

? 皮蛋： 看起来挺复杂，有更简单的吗？

… 无言： 有，假如现在要做如下的提示。

要求：提示信息为【是否关闭程序】并生成【是】和【否】两个按钮，并且显示【警告信息】图标，默认选择【否】按钮（即第 2 个按钮），标题提示为【退出】，那么这个代码要如何写呢？

首先提示信息用 Prompt 参数，按钮、信息图标和默认按钮则需用到 Buttons 参数的 3 个类型常数，标题信息则用 Title 参数。现在第 1 和第 3 参数都有明确的信息内容，现只需考虑如何组合 Buttons 参数的常数或值。前面提过 Buttons 常数组合可以用 + 连接，值也可以这样，现在来试试看这两种方式，如代码 3-37 所示，结果如图 3-49 所示。

代码 3-37　Msgbox 的实战基础用法

```
1| Sub MsgboxShizhan()
2|    Dim Tis As String, Bt As String, CanSum As Long
3|    Tis = "是否关闭程序"
4|    Bt = "退出"
5|    MsgBox Tis, vbYesNo + vbExclamation + vbDefaultButton2, Bt
6|    MsgBox Tis, 4 + 48 + 256, Bt
7|    CanSum = 4 + 48 + 256
8|    MsgBox Tis, CanSum, Bt
9| End Sub
```

❓ 皮蛋：言子，代码中的CanSum是什么用途呢？

💬 无言：CanSum就是用于将Buttons参数3类型常数值的合计值。

　　CanSum 可以直接写成 308 也相当于代码中的 4+48+256，也可以直接采用常数值的 vbYesNo + vbExclamation + vbDefaultButton2，它们之间的效果都是一样：显示【是】和【否】两个按钮和【警告信息】图标，并默认选择【否】按钮，也是这个变量的用途。

　　假设现在要显示【是】、【否】及【取消】3 个按钮和【警告信息】图标且选中【是】按钮，那么可以直接写 52 或 3+48+0 或者 VbYesNoCancel + vbExclamation +vbDefaultButton1，这样最终结果如图 3-50 所示。

Buttons 参数的值组合只要满足 Msgbox 函数中 Buttons 各常数值组合，即可达到效果。

 图 3-49　Msgbox 实战代码结构

图 3-50　Msgbox Buttons 参数的组合用法

3.5.3　Msgbox 按钮的返回值

💬 无言：说完了常数值的组合作用之后，接下来是Msgbox最后一个知识点了，按钮的返回

值键值。

? 皮蛋：这个返回值是什么意思，有什么用？

💬 无言：按钮的返回值对于后续的选择方向作用很大。

平时我们用 VLOOKUP 类的引用函数时都有一查找值，现在 Msgbox 函数的 Buttons 参数在我们确定选择了某个按钮后的返回值就类似这个查找值，通过该值，我们可以找到 VLOOKUP 函数第 2 区域中需要的具体数据，而在这里也是类似作用。

通过按钮的返回值，我们选择后再结合其他代码来获取需要的操作结果或属性赋值。先看下表 3-13 中各按钮的返回值，再通过代码 3-38 来说明返回值的作用。

表 3-13　Msgbox 函数各按钮的返回值

参 数 常 数	参 数 值	作 用 描 述	参 数 常 数	参 数 值	作 用 描 述
vbOK	1	返回OK按钮的值	vbIgnore	5	返回Ignore按钮的值
vbCancel	2	返回Cancel按钮的值	vbYes	6	返回Yes按钮的值
vbAbort	3	返回Abort按钮的值	vbNo	7	返回No按钮的值
vbRetry	4	返回Retry按钮的值			

代码 3-38　Msgbox 按钮返回键值的使用

```
 1| Sub MsgboxTiShi()
 2|     Dim Bt As String, JianZ As Byte
 3|     Tis = "请选择你想需的按钮且单击，默认选择【是】按钮。" & _
 4|         vbCr & "选择【是】按钮时，将在A1单元格输入当前日期" & _
 5|         vbCr & "选择【否】按钮时，将在A1单元格输入当前工作簿名称" & _
 6|         vbvr & "选择【取消】按钮时，将在清除A1单元格的内容"
 7|     Bt = "按键选择提示"
 8|     JianZ = MsgBox(Tis, vbYesNoCancel + vbExclamation + vbDefaultButton1, Bt)
 9|     If JianZ = 6 Then                           '键值为【是】按钮的返回值
10|         MsgBox "你选择了【是】按钮，键值为 " & JianZ
11|         Range("A1") = Date                      '当前日期
12|     ElseIf JianZ = 7 Then                       '键值为【否】按钮的返回值
13|         MsgBox "你选择了【否】按钮，键值为 " & JianZ
14|         Range("A1") = ActiveWorkbook.Name       '激活工作簿名称
15|     ElseIf JianZ = 2 Then                       '键值为【取消】按钮的返回值
16|         MsgBox "你选择了【取消】按钮，键值为 " & JianZ
17|         Range("A1") = ""                        '清空A1
18|     End If
19| End Sub
```

表 3-13 所示即为单击各按钮时的返回值，现在结合代码 3-38 的示例进行讲解。

（1）代码中设置的 3 个变量，Tis 为 Prompt 参数的提示，用于各按钮的选择说明；Bt 则是作为窗口标题内容；JianZ 则是作为 Msgbox 函数按钮键值的返回容器，即装入按钮的返回值，默认选择第 1 个按钮。

（2）用户根据需求选择按钮，那么键值将返回给 JianZ 变量，接着使用 If 语句根据键值返回对应条件内的语句——假设现在直接按 Enter 键就会是按钮【是】，返回值是 6，且按照提示是在 A1 单元格输入当天日期，如图 3-51 所示；如选择【取消】按钮则将清空 A1 单元格的内容。

❓ 皮蛋：哦，键值的作用我明白了，但是言子，为什么Msgbox函数赋值给变量JianZ时需要加一对括号呢？

💬 无言：因为在调用含有参数的函数、属性、方法并将其赋值给另外一变量时，必须在调用的函数、属性、方法用括号标明，否则将出现图3-52所示的错误提示。

```
错误的调用函数用法
JianZ = MsgBox Tis, vbYesNoCancel + vbExclamation + vbDefaultButton1, Bt          ' 图 3-52 的错误提示
```

图 3-51　选择【是】后 A1 单元的内容

图 3-52　将 Msgbox 函数的值传递时的错误

❓ 皮蛋：哦，这样啊，就是将结果作为参数传递时，都要加括号啦！

💬 无言：对，暂时这样理解吧，熟能生巧。

3.6　让用户选择/填写信息：Application.InputBox方法

💬 无言：Msgbox函数的作用是提示，那么在使用Excel过程经常会需要让用户输入某些数据或选择某区域，再执行其他操作，在VBA就有类似的方法和函数。

❓ 皮蛋：我记得你前面提到过Application.InputBox方法，是它吧？

💬 无言：没错，Application.InputBox方法——因为它的使用频率较高——从数据输入、单元格区域的选择、公式的输入等都可以使用这个方法操作。

❓ 皮蛋：这么广啊。

显示一个接收用户输入的对话框。返回此对话框中输入的信息
Application.InputBox(Prompt, Title, Default, Left, Top, HelpFile, HelpContextID, Type)

Application.InputBox方法的参数如表3-14所示。

表 3-14　Application.InputBox 方法的参数

参 数 名 称	必需/可选	数 据 类 型	说　明
Prompt	必需	String	要在对话框中显示的消息，可为字符串、数字、日期、或布尔值（在显示之前，Microsoft Excel 自动将其值强制转换为 String）
Title	可选	Variant	输入框的标题。如果省略该参数，默认标题将为Input
Default	可选	Variant	指定一个初始值，该值在对话框最初显示时出现在文本框中。如果省略该参数，文本框将为空。该值可以是 Range 对象
Left	可选	Variant	指定对话框相对于屏幕左上角的 X 坐标，以磅（磅：指打印的字符的高度的度量单位，1 磅等于 1/72 英寸，或大约等于 1 厘米的 1/28）为单位
Top	可选	Variant	指定对话框相对于屏幕左上角的 Y 坐标，以磅为单位
HelpFile	可选	Variant	此输入框使用的帮助文件名。如果存在 HelpFile 和 HelpContextID 参数，对话框中将出现一个帮助按钮
HelpContextID	可选	Variant	HelpFile 中帮助主题的上下文 ID 号
Type	可选	Variant	指定返回的数据类型。如果省略该参数，对话框将返回文本

💬 无言：Application.InputBox语法及参数，虽然看起来挺多的，但是实际上使用较多的是第1~3个参数以及第8个参数，下来将对这4个参数进行讲解。

3.6.1　Application.InputBox 的 Prompt 和 Title 参数

Application.InputBox 方法作为输入对话框，其强大的功能，对平时的操作有着重大关系，例如：通过对话框直接输入限定的数据类型，选择单元对象、输入公式等，若输入的 Type 类型不符合要求，则会给予对应的错误提示。

Prompt 参数和 Msgbox 函数的 Prompt 参数作用一致，而且也是必选不可省略的文本提示作用。该内容可以通过直接输入或者采用变量或者表达式等来完成，可采用以下两种方式。

Tis_Str=" 这个是一个提示，请注意！ "

Application.InputBox Prompt：=Tis_Str 或者

Application.InputBox Prompt：=" 这个是一个提示，请注意！ "

如果需要换行可以使用 Vbcr 或 VbLf
常量结合 & 和 - 中间阶段换行操作，如
图 3-53 所示红色框中的即为 Prompt 参数的
位置。

图 3-53　Application.InputBox 的 Prompt 参数

Title 参数也和 Msgbox 函数 Title 参数一样，作为对话框的提示标题，可以通过变量或直接输入作为 Title 的提示文字，如果省略该参数则显示默认值——【输入】，如下例子：

Application.InputBox Prompt：=" 这个是一个提示，请注意！ ", Title:=" 输入提示 "

 皮蛋：明白了。

Application.InputBox 的 Type 参数

无言：接下来先讲下第8个参数——Type（类型）。

按照 Application.InputBox 方法的 Type 参数的说明，该参数指定返回的数据类型。如果省略该参数，对话框将返回文本类型。即 Type 参数决定了在输入框中输入的数据类型，如果省略的话，默认输入的数据均以文本类型输出。

Type 参数是用好 Application.InputBox 方法的重点，因为该参数的可选择数据类型将影响到后面的数据处理，那么该参数能输入哪些类型的数据呢？来看表 3-15。

表 3-15　Application.InputBox 的 Type 参数的返回值

值	含　义	值	含　义
0	公式	8	单元格引用，作为一个 Range 对象
1	数字	16	错误值，如 #N/A
2	文本（字符串）	64	数值数组
4	逻辑值（True 或 False）		

无言：从表 3-15中可以看到Type参数有7种数据类型，接下来逐一讲解。

Type 为 0——将把对话框中输入的文本内容以公式的形式写入单元格，且单元格为常规时直接显示公式的结果值，使用示例如下所示。具体过程如代码 3-39 所示。

Cells(2) = Application.InputBox(" 请输入文本公式 ", , "=2*PI()/360", Type:=0) ' 在 B1 单元格中输入该公式计算结果。

代码 3-39　Type 为 0 时

```
1| Sub InputBox_0()
2|    Dim Gs_Str As String
3|    Gs_Str = Application.InputBox("请输入需要公式。", , , , , , , 0)
4|    MsgBox Gs_Str    '显示对话框输入的公式文本
5|    Cells(1) = Gs_Str '公式写入A1单元格，并返回计算结果
6| End Sub
```

? 皮蛋：为什么Application.InputBox（"请输入需要公式。"，，，，，，，0)中这么多逗号呢？

... 无言：因为没有注明参数名称，且这些参数是可选时，可以用逗号直接代替参数的位置，但是如果注明了参数名称时则可采用如下写法。

Gs_Str = Application.InputBox (Prompt :=" 请输入需要公式 ", Type:=0) ' 当为参数传递时，方法必须用一对括号包围起来

代码 3-39 示例过程在输入 Excel 函数公式时，与平时输入公式一样。选择需要的单元格区域；Application.InputBox 的返回值为文本，但是最后在输入单元格时 Application.InputBox 方法会将文本公式转换为 Excel 公式输入在单元格，并计算结果。

... 无言：若输入的文本公式的开端不是以=开始，输入后将会以文本的形式返回，也可以通过以下语句完善公式的输入。

Dim Gs_Str As String
Gs_Str = Application.InputBox (Prompt :=" 请输入需要公式 ", Type:=0)
Gs_Str =Iif(VBA.Left(Gs_Str)="","","=")& Gs_Str　' 判断开始字符是否为 =, 不是则补 =, 使得公式完整

Type 为 1——对话框中只能输入数字，不能是小数或者整数或 True 或 False 以外的字符。

代码 3-40 示例过程在输入非上述数据类型时，将出现图 3-54 所示的提示，所以 Application.InputBox 方法的 Type 参数起到了限制数据类型的作用。

Type 为 4——对话框中的输入的数据必须为 True 或 False 的布尔值。如果输入为数字类型时，0 将被识别为 False，而其他非 0 的数字都被识别为 True；输入其他非数字和布尔值的字符，将出现图 3-55 所示的提示。

图 3-54　无效的数字提示

图 3-55　无效的逻辑值提示

代码 3-40　Type 为 1 时

```
1| Sub InputBox_1()
2|     Dim Sz_Lg As Long
3|     Sz_Lg = Application.InputBox("请输入必要的数字。", , , , , , , 1)
4|     MsgBox Sz_Lg '显示对话框输入的数字
5|     Cells(1) = Sz_Lg '写入A1单元格
6| End Sub
```

无言：如果不输入数据，直接按 Enter 键，也将出现要求用户输入数据的提示；按关闭按钮则返回 False 值。

Type 为 2——对话框中可以输入任意字符或字符串。

无论输入任意字符、数字、计算式时都将以字符串的形式返回；若输入完整的计算公式或者函数公式时，将在单元格内显示公式的计算结果（单元格格式必须为常规）。

代码 3-41 示例过程 Type 为 2，此时可以输入任意字符，不论是 *、/、-、+ 等这些特殊符号，都不会弹出任何提示。

代码 3-41　Type 为 2 时

```
1| Sub InputBox_2()
2|     Dim Wb_Str As String
3|     Wb_Str = Application.InputBox("请输入任意字符。", , , , , , , 2)
4|     MsgBox Wb_Str '显示对话框输入的文本
5|     Cells(1) = Wb_Str '写入A1单元格
6| End Sub
```

Type 为 8——该类型要求用户必须选择单元格对象，此时将不能直接用"变量 = Application.InputBox"进行直接赋值，而必须采用 Set 对象赋值语句，所有对象类型的赋值都必须用 Set，如下所示。

```
Set myRange = Application.InputBox(prompt := "Sample", type := 8)      'Rang 对象选择赋值，正确写法
myRange = Application.InputBox(prompt := "Sample", type := 8)          'Rang 对象选择赋值，错误写法
Rng=Application.InputBox(" 请输入必要的逻辑值。", , , , , , , 8)         ' 在立即窗口输入
MsgBox Rng(1,1)
```

如果不使用 Set 语句，当选择的为单个单元格时，将返回该单元格的值；而当选择的为单元格区域时，则必须运用 Range.Item 属性来获取这个二维数组中指定位置的数据。

Type 为 8 也是使用 Application.InputBox 方法时经常会使用的类型，让用户选择指定单元格区域，从而读取或写入数据。代码 3-42 示例过程将 Type 值赋值为 8 后让用户选择需要读取的单元格区域，最后用 Msgbox 函数及 Range.Address 属性读取其具体文本地址。

代码 3-42　Type 为 8 时

```
1| Sub InputBox_8()
2|     Dim Rng As Range
3|     On Error Resume Next          '容错语句，防止用户没有选择区域，直接关闭
4|     Set Rng = Application.InputBox("请输入读取数据的单元格区域。", , , , , , , 8)
5|     If Rng Is Nothing Then End    '如果没有选择单元格对象则退出过程
6|     MsgBox "您选择了读取" & Rng.Address(0, 0)      '显示对话框款选的单元格位置
7| End Sub
```

当 Type 为 16 和 64——值为 16 时要求用户在对话框中输入 #N/A、#VALUE!、#REF!、#DIV/0!、#NUM!、#NAME? 或 #NULL!，这些错误类型将返回对应的错误类型值，该值主要用于查找错误值；值为 64 时，允许用户在对话框输入常量数组或者引用单元格，其将返回一个维数最多为二维的数组。

```
Application.InputBox " 请输入常量数组或引用单一方向的单元格区域。", , {1,2,3} , , , , , 64 ' 列常量数组
Application.InputBox " 请输入常量数组或引用单一方向的单元格区域。", , {1;2;3} , , , , , 64 ' 行常量数组
Application.InputBox " 请输入常量数组或引用单一方向的单元格区域。", , {1,2;3,4} , , , , , 64 ' 多维常量数组
Application.InputBox" 请输入常量数组或引用单一方向的单元格区域。", , Range("A1:A10").Address(0, 0) , , , , , 64 ' 多维常量数组
```

代码 3-43 示例过程将 Sz 变量声明为变体，并将 Type 设置为 64，要求用户输入常量数组或者一维方向的单元格区域，最后获取 Sz 变量中的第 1 个位置的数据。

🔊 无言：以上就是对Type参数值的使用，该参数的常数值和Msgbox的常数值一样，可以几个数值累计，如此就在对话框中输入多种数据类型，下面的过程（见代码3-44）将根据用户输入的数据，显示其对应的数据类型。

代码 3-43　Type 为 64 时

```
1| Sub InputBox_64()
2|     Dim Sz As Variant
3|     Sz = Application.InputBox("请输入常量数组或引用单一方向的单元格区域。",,,,,,,64)
4|     MsgBox Sz(1) '读取一维数组的第1个数值
5| End Sub
```

代码 3-44　Type 返回多种类型

```
1| Sub InputBox_Types()
2|     Dim Var As Variant, Types As Long
3|     Types = 1 + 2 + 4 '3种数据类型：数字、文本、逻辑值
4|     Var = Application.InputBox("请输入需要的数据。",,,,,,,Types)
5|     MsgBox TypeName(Var)     '判断输入的数据类型
6| End Sub
```

通过代码 3-44 示例过程的运行，可以知道 Application.InputBox 方法将根据用户输入的具体数据，自动确认该数据的对应的数据类型，但逻辑值则必须输入为 True 或 False 才可。

3.6.3　Application.InputBox 的 Default 参数

Default 参数是 Application.InputBox 方法第 3 个参数，该参数的作用是显示默认的显示数据（值），且该参数的类型由 Type 参数限制可输入数据类型。

下面的示例为提示用户输入的数据类型，并提供一默认值，用户直接按 Enter 键即可输入该值。在立即窗口输入示例语句后将弹出如图 3-56 所示对话框，如果选择默认值直接按 Enter 键即可。

Application.InputBox prompt:= " 请输入需要统计的人员姓名，默认姓名为【无言的人】。",Title:=" 统计员姓名 ", Default:=" 无言的人 ",Type:=2

Application.InputBox 方法使用时会显示一个对话框，该对话框中有【确定】和【取消】两个按钮。如果单击【确定】按钮，则会将对话框中的值赋值给变量；如果单击【取消】按钮，则会根据具体的数据类型将默认值返回给变量，如表 3-16 所示。

 图 3-56　Application.InputBox 默认值 Default 参数

表 3-16　Application.InputBox 的取消时返回值的类型

值	返 回 类 型	值	返 回 类 型
0	布尔值 False	8	对象 Nothing
1	布尔值 False	16	布尔值 False
2	文本 String，返回一个文本False字符串	64	布尔值 False
4	布尔值 False		

当按【取消】按钮后的返回值与返回的变量的数据类型有关，若没有定义变量的数据类型，那么该方法赋值给变量的类型均为布尔值 False.

💬 无言：在VBA中还存在与Application.InputBox方法相似的函数——InputBox函数。

Application.InputBox 方法与 InputBox 函数的区别在于：Application.InputBox 方法限制并对用户的输入进行有效性验证，也可用于 Microsoft Excel 对象、误差值和公式的输入；而 InputBox 函数只判断是否输入了数据。

💬 无言：Application.InputBox调用的是Application方法，不带对象识别符的是InputBox函数。

Application.InputBox方法有一个重要的弊端该方法不可跨工作簿选择单元格对象，所以平时运用时要注意。

3.7　小·结

本章主要讲解了条件选择语句及相似的函数、循环语句、With 语句这 3 大类型常用语句，并讲解了 Msgbox 函数和 Application.InputBox 方法的运用。

通过对 If 和 Select Case 语句的讲解和比较，了解到了 Select Case 语句可以使用逻辑值、数值、区间范围进行比较，而不单只能用表达式的逻辑值进行判断；而 If 语句只能通过表达式返回的布尔值进行判断。其中条件语句中的 If 和 Choose 的用法更接近于 Excel 函数的用法，但是 If 的 3 个参数都是必需的。

循环语句在工作中经常用到，根据需求来选择 3 大类循环模式：如果已有固定的指数区间范围选择 For…Next 指数循环语句；若为对象类型，则使用 For Each…Next 语句；若为只以条件判断且不知具体范围，则用 Do…Loop 循环语句更佳。但是在使用循环语句时，请根据需要在适当的时候设置 Exit For 语句退出循环，以节省系统资源消耗。

对于 With…End 语句的运用，单层引用比较简单，注意在引用当前对象的后续对象、属性、方法都必须有个。站岗待命，否则将造成错误；多层的 With…End 语句同样需要。站岗，其指明了当前层对象是上一层的子对象。

MsgBox 函数用于提示或返回指定的信息提示或操作；Application.InputBox 则是用于限制用户输入的数据，并可将该数据传递给变量；当需要把函数或方法等赋值给变量时，都必须将函数或方法等名称后面加上一对小括号 ()。

只有熟练掌握本章的这几种语句、函数、方法，将减少工作强度、提高工作效率，减少不必要的加班情况的发生。第 4 章将学习常用的 Range 对象及相关联的其他对象。

第 4 章
Range 对象的常用语法

所谓单元格对象即 VBA 中的 Range 对象，对单元格对象的操作主要有对 Range 对象进行写入和读取，同时也可对其格式、底色、字体等进行设置，本章将通过实例讲解 Range 的常用属性和方法。

经常需要在单元格中写入或读取不同类型的数据，现在要通过 VBA 读写单元格中的数据，那需通过哪些属性来获取呢？

4.1 单元格的书写方式和读取写入值

？ 皮蛋： 单元格的对象是Range吧？

无言： 没错，Range对象就是单元格对象，我们需要通过它的不同属性和方法来操作Range对象。

 ## 4.1.1 单元格位置的写法：Range 和 Cells 的用法

Range 对象的 Range 和 Cells 属性都是指返回对应 Excel 中的单元格位置——Range 属性的用于将引用方式的文本串返回一个 Range 对象，与 Excel 函数中 INDIRECT 类似。Range 属性可以返回单个单元格、或多行多列的单元格区域，甚至整个工作表。Cells 属性则是用数字指定要引用的单元格行列位置，从而返回的单个单元格的 Range 对象。

1. 使用文本引用单元格或区域

当使用文本串引用单元格区域，可以用字母 + 数字的方式获取，与 Excel 中单元格的引用方式相同，只是必须在文本串的前后端加上半角英文双引号。示例如下：

Range ("A1")	' 表示 A1 单元格
Range("D10")	' 表示 D10 单元格
Range("A1048576")	' 表示 A1048576 单元格，该单元为 07 版文件的 A 列最后一行的单元格
Range("XFD1")	' 表示 XFD1 单元格，该单元为 07 版文件的最末一列的最后一个单元格

以上示例的引用都返回单个单元格对象，且返回的都是 Range 对象的默认值 Value 属性，该属性返回在单元格内的值，因为是默认值，所以可以省略 Value 属性，其完整写法如下：

Range ("A1") .Value= "123"	' 在 A1 单元格内写入 123

无言： 为了证实Range对象的默认属性，通过Msgbox函数来获取指定单元格的值，如下所示，其效果如图4-1所示。

Msgbox Range("B4")	' 显示 B4 单元格内的值

▲	A	B	C	D	E
1	序号	成员	性别	Q龄	入群时间
2	1	在路上的懒羊羊	未知	11年	2014/4/24
3	2	无言的人	男	16年	2014/4/24
4	3	卢子-Excel不加班	男	9年	2014/4/24
5	4	雕刻时光		13年	2014/4/24
6	5	冰淇淋		9年	2014/4/24
7	6	Wait for		9年	2014/4/24
8	7	Mandel		12年	2014/4/24
9	8	555		12年	2014/4/24
10	9	一沙一世界		8年	2014/4/30
11	10	大元宝		10年	2014/5/15
12	11	︿龙︿		10年	2014/5/15
13	12	Z湘猫	女	8年	2014/6/23

Microsoft Excel ×

卢子-Excel不加班

确定

 图 4-1　返回 B4 单元格的值

? 皮蛋：无言，那文本串地址区分大小写吗？

无言：不区分，这个没有关系，在Excel函数中使用到的3种引用方式均可忽略。

　　Range 的文本引用方式不仅有上述的方式，还可以将字母和数字拆开并用 & 符号进行连接，其效果和 Range ("A1") 是一样，示例如下：

```
Range ("A" & 1)        '相当于 A1 单元格
Range ("A" & 1 + 1)    '相当于 A2 单元格
Range ("F" & 3 + 6)    '相当于 F9 单元格
```

💬 无言：Range不仅可以用数字连接还可以使用变量或者表达式结果进行组合。

```
Range ("A" & i)            'i 为一个变量，相当于字母 A 和变量组合成一个文本地址
Range ("A" & WorksheetFunction.Macht([A1],[D:D],0))    '引用工作表函数的计算结果与字母连接成一个文本地址
```

? 皮蛋：原来还有这种类型的引用方式。

💬 无言：所以说Range属性的引用方式比较灵活。

　　当需要引用的单元格区域时，可以使用字母 & 数字 &:& 字母 & 数字，并在左右同样用半角英文双引号，如下所示。

```
Range("A1:A10")    '表示 A1:A10 的单元格区域，该区域中包含 10 个单元格
Range("A1:D10")    '表示 A1:D10 的单元格区域，该区域中包含 40 个单元格
Range("D1:A10")    '表示 A1:D10 的单元格区域，该方法与上一条示例一样
```

? 皮蛋：为什么上面示例中的第 3 个示例 (Range("D1:A10")) 和第 2 个示例 (Range("A1:D10")) 返回的地址相同，看起来不同啊？

💬 无言：当后面的字母小于前面的字母时，VBA会自动将两个字母进行调位，即调成示例过

程2的样子。

？ 皮蛋：但是我想不出来，有哪个属性可以直接返回区域地址？

当需要返回 Range 对象的具体区域文本地址时，使用 Range.Address 属性来获取。只需要将 Address 属性放置在区域对象后面，即可返回其具体区域地址。示例如下：

```
Msgbox Range("D1:A10").Address        '返回 Range("D1:A10") 的文本地址。
```

效果如图 4-2 所示。

图 4-2　返回区域的文本地址

2.　获取被引用区域中的某个值——数组序列和 Item 属性

当引用单个单元格时，其返回值是其 Value 属性；但是当引用多单元格区域时，无法直接返回整个区域的值，而只能通过指定区域中序列的获取其对应的值。

无言：引用多单元格区域时Range会直接出错，配合Msgbox函数来测试，其结果如图4-3所示。

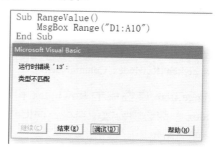

图 4-3　返回区域默认值时的错误

引用多单元格区域时，该区域是以数组的方式存在，此时是无法直接显示全部值，此时只能在区域后面使用一对括号并在其中输入数字序列号以返回该区域中具体位置的值，如下所示：

```
Range("D1:D10")(1)        '返回区域中的第 1 个单元格值，即 D1 单元格
Range("D1:D10")(5)        '返回区域中的第 5 个单元格值，即 D5 单元格
Range("D1:A10")(3)        '返回 A1:D10 区域中的第 3 个单元格的值，即 C1 单元格，从上往下且从左往右数
Range("D1:A10")(3,3)      '返回 A1:D10 区域中的第 3 行第 3 列的单元格的值，即 C3 单元格
```

无言：当只输入一个数字时，VBA将根据从左到右、从上到下的顺序读取区域数组中的值。

例如，当有 3 行 3 列的区域时，在后面的括号中输入 4，VBA 是先从数组左上角位置开始从左往右数，当该行不满足 4 时，自动返回到下一行的第 1 个位置；当满足数字 4 时，读取该单元格的值。如图 4-4 所示，返回 Q 龄工作表中的 B4 单元格的值。示例代码如代码 4-1 所示。

图 4-4　返回 Q 龄中的指定单元格

代码 4-1　返回区域中指定序列的值

```
1| Sub RangeValue()
2|      MsgBox Range("D1:A10")(14).Address & vbCr & Range("D1:A10")(14)
3| End Sub
```

💬 无言：其实Range.Item属性与上面的数组序列用法相同。

Range.Item 属性代表对指定区域某一偏移量处的对应位置数值，使用 Item 属性返回的是一个 Range 对象，其语法如下。

返回一个 Range 对象，它代表对指定区域某一偏移量处的区域
Range.Item(RowIndex, ColumnIndex)

Range.Item 属性中的 RowIndex 和 ColumnIndex 参数分别指选中区域中的行列坐标，RowIndex 参数必须为数值类型，而 ColumnIndex 参数则可以为数值或者以文本字母为标识的数据，如下所示。

```
Range("D1:D10").Item(1,1)      ' 返回区域中的第 1 个单元格值，即 D1 单元格
Range("D1:D10").Item( 5,"A")   ' 返回区域中的第 5 个单元格值，即 D5 单元格
Range("D1:D10")(1)             ' 返回区域中的第 1 个单元格值，即 D1 单元格
Range("D1:D10")( 5,"A")        ' 返回区域中的第 5 个单元格值，即 D5 单元格
```

💬 无言：Range.Item属性的写法和数组序列是一样，当使用数组方式表示，列向的数字也可用字母组合来表示第几列，而行向都只能用数字表示。

Range.Item 属性和数组序列都可用于单元格区域偏移，当将输入的数字超过了已有限定单元格区域时，VBA 将根据偏移的行、列序列，返回区域外的单元格值。

```
Range("A1:D10")(41)           ' 参数已超原区域的单元个数，返回区域外最左侧单元格的值，返回的单
                                元格位置 A11
```

Range("A1:D10")(11,4)   '参数为第 11 行第 4 列的单元格，已经超过原有的 10 行 4 列区域，此时将偏移到 D11 单元格

皮蛋：明白了，当引用多单元格区域中的某一单元格，需在区域后面注明行列序列，以指明返回区域中的某行某列的值；当超出区域范围，将参照已有区域的行列数，偏移到区域外对应的行列单元格。不过我有个问题，如果我输入的是小数，可以吗？

无言：这个能行，不过会被自动四舍五入的。

当输入的序列非整数而是浮点小数，VBA 中自动将输入的数值四舍五入，如下示例：

MsgBox Range("A1:D10")(0.6)   '返回区域中 A1 单元格，参数 0.6 作为 1 处理
MsgBox Range("A1:D10")(1.3)   '返回区域中 A1 单元格，参数 1.3 作为 1 处理
MsgBox Range("A1:D10")(1.5)   '返回区域中 B1 单元格，参数 1.5 作为 2 处理
MsgBox Range("A1:D10")(6.5)   '返回区域中 B2 单元格，参数 6.8 作为 7 处理
MsgBox Range("A1:D10")(0.5)   '该语句将出现错误提示，参数 0.5 作为 0 处理

无言：上述简例中第5个示例会出现【运行错误 '1004'】的错误，因为括号中的0.5被作为0处理，而示例中的第1个示例0.6被作为1处理，所以在输入浮点参数时，需要最小值不能小于0.6。

这里出错的主要原因是为 A1 单元格已经是最顶端的单元格位置，在其之外没有可获得的单元格，原因在 Cells 属性讲解时说明。

3. 引用整行或整列

在使用 Excel 函数时，经常会运用 Row 或 Column 函数来引用整行或整列的情况，在 VBA 的 Range 属性中同样也可以采用引用数字 +:+ 数字或者字母 +:+ 字母的方式引用整行或整列，当采用该方式时必须在引用的数字或字母左右用双引号包围起来，否则将出错,如下所示：

Range ("1:1")   '表示引用第 1 行
Range ("2:5")   '表示引用第 2 行到第 5 行
Range ("A:A")   '表示引用 A 列
Range ("D:G")   '表示引用 D 列到 G 列
Range ("A:g")   '表示引用 A 列到 G 列，字母不区分大小写

无言：当引用整行整列时候，也可以使用Rangd对象的Rows和Columns属性来达到同样的效果，如下所示。

Rows ("1:1")   '表示引用第 1 行
Rows (1)   '表示引用第 1 行
Rows ("2:5")   '表示引用第 2 行到第 5 行
Columns("A:A")   '表示引用 A 列

```
Columns (1)              ' 表示引用 A 列
Columns ("D:G")          ' 表示引用 D 列到 G 列
Columns ("A:g")          ' 表示引用 A 列到 G 列，字母不区分大小写
```

Rows 表示引用现有工作表中是所对应行的所有单元格，例如 Rows ("1:1") 表示引用 A1:XFD1 的单元范围，03 版本则是 A1:IV1。

Columns 同样也是引用，但是引用的是工作表的某列范围，例如 Columns("A:A") 表示引用 A1:A 1 048 576 的单元格范围，03 版本则是 A1:A 65 536。

💬 无言：当引用单行或单列时，直接使用数字代表引用的行列号，但是引用多列时，Columns属性只能使用字母的方式表示。

4. 引用多区域写法——Range.Range 属性

💬 无言：在Excel工作表上经常使用Ctrl配合鼠标进行多区域选择，在VBA中同样可以模拟这个效果。

```
返回一个 Range 对象，它代表一个单元格或单元格区域
Range.Range(Cell1, Cell2)
```

Range 多区域的选择，其实也是就运用了 Range 属性的 2 个参数或者将直接将多个区域以文本形式写入 Range 属性的第 1 个参数，并在每个区域间用半角逗号隔开，写法如下所示。

```
Range("A1:D10","C12:F20")            ' 表示 A1:D10 和 C12:F20 两个分开的连续区域
Range("A1:D10,C12:F20,A25:F30")      ' 表示 A1:D10、C12:F20、A25:F30 共 3 个分开的连续区域
```

Range("A1:D10","C12:F20") 是运用了 Range 属性中的 Cell1 和 Cell2 两个参数的运用写法，Cell1 参数为必需的参数，其可用文本地址或者 Cells(RowIndex,ColumnIndex) 的坐标写法，指明单元格的行列号；当只是用单个 Cell1 的 Cells 方式书写时，该方式代表引用一个单元格区域，以下 Cells 的写法和 Range 的写法是等效的。

```
Range(Cell1:="A1")         ' 声明引用 A1 单元格
Range(Cells(1,1))          ' 声明引用 A1 单元格
```

💬 无言：当要选中某单元格或者区域时，只需在Range区域对象后面加上.Select方法即可，使用Range.Select方法的示例如下。

```
Range("A1:D10","C12:F20").Select         ' 表示选中 A1:D10 和 C12:F20 两个分开的连续区域
Range("A1:D10,C12:F20,A25:F30") .Select  ' 表示选中 A1:D10、C12:F20、A25:F30 共 3 个分开的连续区域
```

Select 选中的单元格区域的效果如图 4-5 所示。

	A	B	C	D	E	F
1	序号	成员	性别	Q龄	入群时间	
2	1	在路上的懒羊羊	未知	11年	2014/4/24	
3	2	无言的人	男	16年	2014/4/24	
4	3	卢子-Excel不加班	男	9年	2014/4/24	
5	4	雕刻时光	女	13年	2014/4/24	
6	5	冰淇淋	女	9年	2014/4/24	
7	6	Wait for	女	9年	2014/4/24	
8	7	Mandel	未知	12年	2014/4/24	
9	8	555	男	12年	2014/4/24	
10	9	一沙一世界	女	8年	2014/4/30	
11	10	大元宝	女	10年	2014/5/15	
12	11	╭龙╮	未知	10年	2014/5/15	
13	12	Z湘猫	女	8年	2014/6/23	

 图 4-5 Select 选中多单元格区域

 无言：Range除了可使用Cells参数外，还可以将Range属性嵌套进Range属性里，其功能与上面的功能类似。

```
Range(Range ("A1"), Range("G5")).Select          '表示选择范围为 A1:G5 的区域范围
Range(Range("A1,G1"), Range("A3:D5")).Select     '表示选择范围为 A1:G5 区域范围，因为列 G > D，行 5
> 1，所以选择范围如上
```

Range 属性中嵌套 Range 对象时，等同于使用 Range 对象属性中 Cell1 和 Cell2 两个参数，这两个参数决定了 Cell1 区域中最小的行列位置，而 Cell2 则是决定了区域中最大行列位置。所以不管是采用 Cells 或者 Range 的嵌套，Range 都将根据已有位置的行列号来确认区域的大小。

5. 使用行列坐标方式引用单元格：Range.Cells 属性

Cells 属性不仅属于 Application 对象的属性，同时也属于 Worksheet 和 Range 对象的属性，所以 Cells 属性返回的都是 Range 对象。Cells 属性通过行列坐标位置，引用指定坐标单元格，Cells 的语法如下：

```
[Application].Cells( 行坐标 , 列坐标 )
[Sheets(1)]. Cells( 行坐标 , 列坐标 )
[WorkSheets(1)]. Cells( 行坐标 , 列坐标 )
[Sheet1]. Cells( 行坐标 , 列坐标 )
Cells( 行坐标 , 列坐标 )
```

以上几种方式都可以引用指定的 Cells 指定坐标单元格，其中 Cells 中的行列坐标，行坐标必须使用数字，而列坐标不仅可以使用数字也可以使用字母代替数字，如下所示：

```
Cells(1,1)        '代表激活工作表的 A1 单元格
Cells(1,"A")      '代表激活工作表的 A1 单元格
```

当未指明引用的单元格的父对象（具体的工作簿及或工作表名称）时，默认当前激活（在使用）的工作簿的激活工作表的单元格。

? 皮蛋：那Cells和Range的差别是什么呢？

Cells 和 Range 的差别：Range 不仅能只引用一个单元格，也能引用单元格区域或多个单元格区域，而 Cells 在不配合其他 Range 属性的情况下，只能引用一个单元格。但放置到 Range 属性的参数中时，Cells 属性用来指定区域中的起始和或结束单元格位置，如下所示：

```
Range(Cells(1))               '表示激活工作表 A1 单元格
Range(Cells(2,4))             '表示激活工作表 D2 单元格
Range(Cells(1),Cells(3,4))    '表示激活工作表 A1:D3 单元格区域
Range(Cells(3,6),Cells(15))   '表示激活工作表 F1:O3 单元格区域
Range(Cells(2,1),Cells(5,6))  '表示激活工作表 A2:F5 单元格区域
Range(Cells(6,6),Cells(1,5))  '表示激活工作表 E1:F6 单元格区域
```

当 Range 使用 Cells 参数时，第 1 个 Cells 参数作为 Range 属性中的左上角坐标，而第 2 个参数 Cells 作为右下角的坐标位置，它们都只能标识一个单元格的起始或结束位置。

··· 无言：上述示例中的最后一个示例，第2个参数的坐标位置比第1个的坐标位置小，VBA中将会自动判断区域范围——依据区域中的行列标识自动识别正确的区域范围。

使用 Cells 同样可以通过指定具体的坐标值来引用单元格对象——只有单列单行的区域的情况可用数字指明序列，若为有多行多列的区域则不仅能用单个数字指明序列，还可采用数组序列的 (R,C) 或 Range.Item 属性指明区域中的第 R 行第 C 列的单元格的值，如下示例。

```
Range("A1:D20").Cells(1)      '表示区域中的第 1 个单元格——A1
Range("A1:D20").Cells(3,4)    '表示区域中的第 3 行第 4 列的单元格——D3
Range("A1:D20").Cells(21,6)   '表示区域外的第 1 行第 2 列的单元格——F3
Range("C5:D20").Cells(0,-1)   '表示区域外的第 0 行第 -1 列的单元格——A4
Range("C5:D20").Cells(0,0)    '表示区域外的第 0 行第 0 列的单元格——B4
```

当 Cells 的参数均为大于等于 1 且小于区域的行列数时，单元格偏移都在已有的单元格区域偏移；当行参数或列参数超出了原有区域时，将以原区域第 1 个单元格位置为偏移起点，并按照该区域的行列数量获取剩余偏移量偏移获取新单元格对象的位置；当使用 0 或者负数时，偏移的区域将以原区域的第 1 个单元的左上角位置为起点，当行参数为负数时，由新起点向上偏移，若列参数为负数时则从新起点向上偏移。

皮蛋：新起点——不能理解，详细说下。

 无言：看图4-6中的红色0（单元格I9位置），它是原区域的新起点——新起点是以原区域左上角的第1个单元格左上角为起点，向左或向上偏移。如果参数都是正数的话，偏移的方向为原区域向下或向右偏移，若为负数则反之。

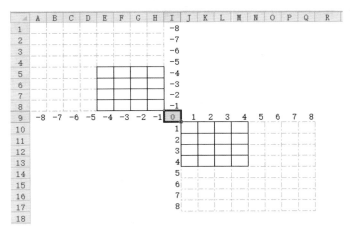

 图 4-6　Cells 偏移的新起点

 无言：关于Range和Cells的单元格区域的内容到此为至，接下来学习如何给单元格赋值。

4.1.2 单元格的赋值

1.　Range.Value 属性

Range 和 Cells 的默认属性为 Value，该属性可读可写，即可以通过 Value 属性写入需要的数据到 Excel 单元格中。因为 Value 是默认值，所以，以下两种写法都正确。

```
Msgbox Cells(1).Value
Msgbox Cells(1)
```

 皮蛋：那要如何写入呢？跟平时在单元格直接打字输入或者按F2或双击进去再编辑一样吗？

无言：其实挺简单的，就一个字符——=，在第2章说过对属性的赋值可以通过Let语句，也可以省略该语句。

对 Range 对象的 Value 属性的赋值示例如下：

Cells(1) = " 这是通过 VBA 给 A1 单元格赋值了。" ' 在 A1 单元格输入左侧的字符

Cells(2,3) = Date ' 在 C2 单元格输入电脑当前日期

Sheet1.Cells(2,1) = Now ' 在工作代码名为 Sheet1 的工作表的 A2 单元格输入电脑的当前时间

Range("B5") = 123 ' 在 B5 单元格输入 123

Range("G15") = Format(123,"0000") ' 在 G15 单元格输入已设置了格式的 123 的数字

Workbooks(2).Sheets(7).Cells(1, 1) = Date ' 在第 2 个工作簿的第 7 个工作表的 A1 单元格输入当天日期

无言：上面的示例中，当输入的为文本字符串时，必须在=后面用英文半角的双引号将文本内容包括在里头。

皮蛋：那么数字就可以直接输入是吧。

无言：是的，对于数字或如示例中使用的Date和Now等此类日期类型等均可直接输入。其中示例中采用的Format函数用于设置数字123的输出样式，该函数类似于我们Excel函数中的Text函数（其功能也相似）或者自定义单元格格式功能。

对于 Ragne 区域赋值，如果均赋值为相同的值时，直接使用 Range 区域 = 指定值即可，如下示例：

Range("A1:D3") = 1　　　　　　' 将 A1:D3 单元格区域的值输入或修改为 1

Range("A1:D3,F5:H6") = 1　　　' 将多单元格区域的值输入或修改为 1

无言：以上类似于平时用的填充功能（Ctrl+Enter）。

皮蛋：如果要给区域每个单元格输入某个不同的数呢，例如A1:A5我要输入1～5，这样是不是要用循环呢？

无言：这个必须用循环语句才能搞定。那我们参照Q龄表中的Q龄一项，新建一列并将该列中的"年"替换后在新列中输入只有数字的Q龄，如代码4-2所示。

代码 4-2　新建 QQ 龄列，删除原 D 列中的"年"字

```
1| Sub Qling()
2|     Dim i As Integer
3|     Columns(6).Delete
4|     Columns(5).Copy
5|     Columns(6).PasteSpecial Paste:=xlPasteFormats
```

```
 6|      Range("F1:F31").NumberFormatLocal = "G/通用格式"
 7|      For i = 1 To 31
 8|          If i = 1 Then
 9|              Cells(i, F) = "QQ龄"
10|          Else
11|              Cells(i, 6) = Replace(Cells(i, D), "年", )
12|          End If
13|      Next i
14| End Sub
```

（1）代码 4-2 示例过程中声明了 i 变量用于 For...Next 循环句的指数循环变量；Columns(6).Delete 语句为删除第 6（F）列，该语句用于删除该列的所有数据；Columns(5).Copy 语句为复制第 5（E）列。

（2）Columns(6).PasteSpecial Paste:=xlPasteFormats 语句为使用选择性粘贴第 5 列的单元格格式（PasteSpecial 方法）到第 6 列，其中 Paste 参数为 PasteSpecial 方法为要粘贴选项，该语句中为粘贴格式。

（3）Range("F1:F31").NumberFormatLocal = "G/ 通用格式 " 语句则是设置 F1:F13 区域的单元格格式设置为常规，Range.NumberFormatLocal 属性为单元格格式，该属性可读写。

（4）For...Next 循环语句的指数范围从 1 ～ 31，对应 Q 龄表 1 ～ 31 行的范围，然后通过 If 条件语句判断 i，如果为 1 时，将 F1 单元格作为标题并输入指定的字符串，Cells(i, F) =" QQ 龄 " 语句即在 F1 单元格写入标题内容；接着继续循环，如果 i<>1 时，将根据 i 的循环变量值对应写入 Cells 属性的行坐标参数，而列坐标参数固定为 6 即 F 列；Cells(i, 6) = Replace(Cells(i, D), " 年 ",) 语句为将替换掉 " 年 " 字值后数字 Q 龄列的对应单元格。

（5）循环语句中的 Replace(Cells(i, D)," 年 ",) 语句为将 D 列的原含有年的 Q 龄, 通过 Replace 函数将指定要替换的对象的指定字符替换为需要的字符, 语句中是将 " 年 " 字替换为空白字符。

Replace(expression, find, replace[, start[, count[, compare]]])
函数名（要替换的表达式或者对象, 被查找替换的字符, 替换成的字符, 从第几位开始查找, 被替换几次——默认全部, 字符比较模式）

Replace 函数和 Excel 函数中 SUBSTITUTE 函数比较相近。

其中 expression 参数为必要参数，代表要被查找的表达式或字符串；find 参数也为必要参数，该参数为要在表达式中查找的字符，例如 Q 龄中的 " 年 "。

replace 参数则需要将 " 年 " 替换为哪些（个）字符；start 参数则标识要从表达式中的第几

个字符位置开始查找，在该位置前的字符串都将被截断舍弃，默认从第 1 个字符开始，也可以指定为不超过该表达式长度的数字。

count 参数则是标识要替换表达式中第几次出现的对应字符，默认情况下是将所有关键字都替换为指定字符；compare 参数则是指定字符比较模式，当为文本型比较时 A 和 a 是相同，而为二进制时 A 和 a 是两个截然不同的字符，和 Like 运算符的字符比较是一样的机制。

? 皮蛋：不太理解start和count参数。

💬 无言：不理解，就来个简单示例如下。

替换表达式中的前 3 个 ' 年 '

Replace(expression:="12 年 13 年 14 年 15 年 16 年 09 年 ",find:=" 年 ",replace:="",count:=3)

结果：12131415 年 16 年 09 年

从第 4 个字符开始替换表达式中的前 3 个 ' 年 '

Replace(expression:="12 年 13 年 14 年 15 年 16 年 09 年 ",find:=" 年 ",replace:="",Start:=3,count:=3)

结果：13141516 年 09 年 ' 表示中的 12 年被舍弃了，直接从 13 年开始查找要替换的字符

? 皮蛋：哦，明白明白。

2. 使用方括号引用单元格地址并赋值

其实在书写引用单元格地址时还可以使用一对 [] 来引用需要的单元格地址，该方法引用单元格地址时不需要使用双引号进行标识，示例如下：

[A1]=1   ' 在 A1 单元格输入 1

Worksheets(1).[A1] = 2   ' 在指定工作表的 A1 单元格输入 2

[A1:A10] = Date   ' 在 A1:A10 单元格区域输入当天日期

? 皮蛋：这样输入比用Cells和Range属性都简单多了，和看函数公式中的单元格地址一样。

💬 无言：是的，但是灵活性没有Cells和Range简便——该方法用于比较固定的范围。方括号还有其他用途，用于在VBA中在Excel单元格输入常量数组和Excel函数公式。

? 皮蛋：还有这个功能，举个例子吧？

💬 无言：示例如下。

[A1:C2]=[{1,2,3;4,5,6}]   ' 在 A1:C2 单元格区域输入一个 2 行 3 列的常量数组数字

[A1]=[Sum({1,2,3;4,5,6})]   ' 在 A1 输入 Sum 函数公式的常量数组的和

[A1]=[=Sum({1,2,3;4,5,6})]   ' 与上一示例等同效果，都在单元格直接显示结果值而非公式

[A1]="3*50+1*25"   ' 在 A1 输入一个四则混合运算文本串

[B1]=Evaluate([A1])   ' 通过 Application.Evaluate 将 A1 的文本串转换为计算值，A1 单元格的为文本计算式

? 皮蛋：运用[]不需要在常量或函数公式前输入=吧？

💬 无言：不需要，只需要直接输入函数名称必要的参数即可。

❓ 皮蛋：挺方便的啊，以后我要用它解决问题。

💬 无言：多种方法结合运用会有不同的收获，关于Range和Cells属性的写法引用方式就先这样，接下来讲关于单元格偏移及其范围。

4.1.3　单元格的偏移和范围大小的获取

💬 无言：在Excel工作表中经常会使用到Offset函数来指定或获取特定单元格位置的跳跃，并获取其单元格或区域的数据，VBA中也有相类似的功能属性。

❓ 皮蛋：Offset函数我知道，也大致会简单的运用呢。

1.　单元格间的跳跃运动：Offset 函数

无言：这里先简单介绍下Excel的Offset函数，根据一个位置跳跃到另一个指定位置，并获取跳跃后的区域范围行列范围，先看下Offset函数的语法。

> Offset(Reference, Rows, Cols, [Height], [Width])
> 函数名 (单元格起始坐标位置，上下偏移的行数，左右偏移的列数，偏移后囊括的行数，偏移后囊括的列数)

Offset 函数中可以拆开为 3 部分解析：

（1）Reference 参数为指定起始单元格位置或区域范围，为必需的参数。

（2）Rows 和 Cols 参数则是指定 Reference 参数位置后要偏移的方向的行和列参数，参数为正负数——Rows 为正数时由指定位置向下偏移几行，负数时为向上偏移几行，0 则为偏移位置为单元格 Reference 参数的位置；Cols 参数则是当为正数时向右侧偏移几列，负数时向左偏移几列，0 则为不偏移。当使用的是 Reference 参数是一个单元格时，Row 和 Cols 的偏移都只返回偏移行列后的一个单元格位置。

（3）例如 Offset(A1,3,0) 返回的单元格位置为 B2 单元格，如图 4-7 所示；如果 Reference 参数使用的单元格区域，Offset 函数以区域左上角单元为偏移基点，偏移后的区域将保存与原来的第 1 个参数的区域同等大小，例如 Offset(A1:C3,1,1) 返回的单元格区域为 B2:D4 的单元格区域，如图 4-8 所示。

🌱 图 4-7　单元格的偏移效果

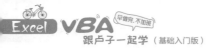

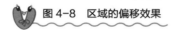

A B C
1 发货日期 产品名称 规格
2 2017-04-05-0018 大蒜精油 5kg×4桶
3 2017-04-05-0029 川油 5kg×4桶
4 2017-04-05-0031 笨鸡膏 1kg×20袋
A B C D
1 发货日期 产品名称 规格 单位
2 2017-04-05-0018 大蒜精油 5kg×4桶 kg
3 2017-04-05-0029 川油 5kg×4桶 kg
4 2017-04-05-0031 笨鸡膏 1kg×20袋 kg
5 2017-04-05-0031 牛腩精膏 1kg×20袋 kg
6 2017-04-05-0031 川香麻辣精油 5kg×4桶 kg

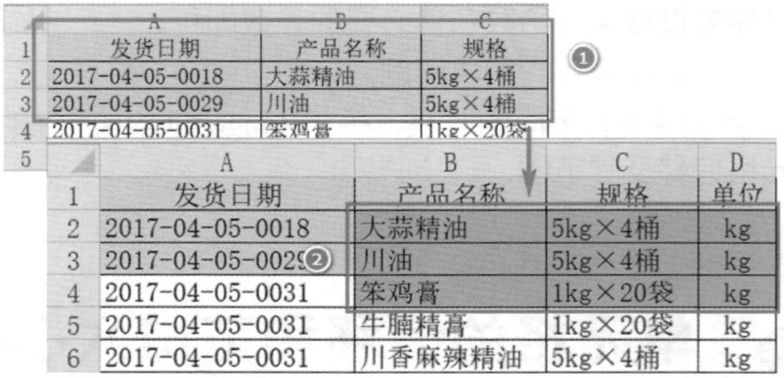

图 4-8　区域的偏移效果

皮蛋：为什么图4-8中的移动的区域是以B3单元格为起点呢？

无言：这个是因为Offset函数根据了第1个参数的区域中存在3行，所以偏移的时候会根据已有的行数量偏移并获取同样行数的区域，列也一样，才会得到图4-8。

（4）Height 和 Width 参数均为可选参数，它们决定了偏移位置后，获取的新区域的行 / 列的数量范围，默认为 1 行或 1 列，所以可省略；如果新区域范围不止 1 行 1 列时，就使用 Height 和 Width 参数并数据具体的数字确定范围：当第 1 参数单个单元格时，例如 Offset(A1,3,0,3,4) 返回一个 3 行 4 列的新区域 (A4:D6)，如图 4-9 所示；当参数使用的区域而且选择新的位置区域的大小范围是例如 Offset(A1:C3,1,1,5,2) 时返回的一个新的区域范围 5 行 2 列的单元格区域，而非原来的 3 行 3 列的区域，所以当使用 Height 和 Width 参数时，可以改变原来区域的范围大小，如图 4-10 所示。

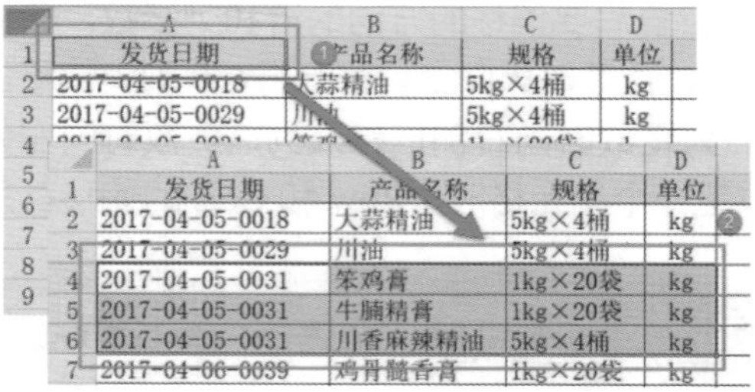

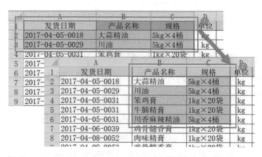

图 4-9　单元格使用 Height 和 Width 参数的效果

图 4-10　使用 Height 和 Width 参数的效果

皮蛋：无言，这个基本明白，但是和学VBA有啥关系呢？

无言：当然有关系了，因为这个函数和接下来要说的两个Range的属性有关联。

2.　单元格的跳跃：Range.Offset 属性

? 皮蛋：怎么说的呢？

••• 无言：在Range对象中有Offset属性和Resize属性，它们配合起来就是Offset函数的功能，而且，这两个属性也是经常用来获取/改变的区域范围。

Range.Offset 属性用来指定单元格区域的在指定偏移行 / 列范围后的新 Range 对象，即和 Offset 函数的第 2 和第 3 参数作用一致，其语法如下：

> 它代表位于指定单元格区域的一定的偏移量位置上的区域
> 表达式 .Offset(RowOffset, ColumnOffset)

? 皮蛋：为什么比Offset函数少了两个参数呢？第1个表达式，知道可以使用Rang对象单元格，但是后面才2个参数。

••• 无言：Range.Offset属性有别于函数的差异就在这里，该属性只有2个参数，第1个参数RowOffset用于确定指定的单元格需要偏移的行方向，其值可为正数、负数和0，ColumnOffset参数类似。

RowOffset 和 ColumnOffset 参数的默认值均为 0，即不输入时偏移的位置为原指定单元格或位置的区域，当使用参数不为 0 时，代表了在指定单元格的上下偏移的行数或左右偏移的列数，如下所列：

```
Range ("A1").Offset(Rowoffset:=1, Columnoffset:=0).Select        ' 从 A1 单元开始偏移 1 行 1 列，偏移后单
元格为 B2 并选中该单元格
Range ("A1").Offset(1,0 ).Select        ' 等同上一示例
Range ("A1").Offset(1 ).Select          ' 等同上第 1 示例
Range ("A1").Offset(,1 ).Select         ' 从 A1 单元格偏移 0 行 1 列，偏移后的单元格为 B1 并选中该单元格
Range("A1:C3").Offset(1, 1).Select      ' 从 A1:C3 单元格偏移 1 行 1 列，偏移后的区域还是 3 行 3 列，但是
                                          单元格位置为 B2:D4
```

? 皮蛋：言子，确实没有差别。

••• 无言：是的，Range.Offset属性对于区域的偏移上和Offset函数区域偏移也是相同的，Offset属性的偏移是根据表达式的Range对象的第1个单元格位置及其含有的行/列数量偏移，偏移后新位置的区域范围与原来的保持一致，这和函数的第2和第3个参数设置是一样的。

? 皮蛋：原来这样，难怪你要说Offset函数。

••• 无言：下面用几个代码示例来熟悉下Range.Offset属性的使用。

单元格的偏移——行参数示例如代码 4-3 所示。

代码 4-3 单元格的偏移——行参数

```
1| Sub RngOffrow()
2|     Dim Rng As Range, Off_r As Integer
3|     Set Rng = Cells(1)
4|     Off_r = 3
5|     Rng.Offset(rowoffset:=Off_r).Select
6|     Set Rng = Range("C6")
7|     Off_r = -4
8|     Rng.Offset(rowoffset:=Off_r).Select
9| End Sub
```

代码 4-3 示例过程中声明了两个变量，Rng 用于指定 Offset 属性的参照单元格开始位置，Off_r 用于指定需要偏移的行数；当 Rng 赋值为表中第 1 个单元格 (A1) 时，配合指定 Off_r 偏移行数为 3，Rng.Offset(rowoffset:=Off_r).Select 语句将 Rng 位置偏移 3 行后并选中 A4 单元格，如图 4-7 所示。当将 Rng 重新赋值为 C6 单元格，Off_r 赋值为- 4，Rng.Offset(rowoffset:=Off_r).Select 语句将偏移到 C2 单元格并选中。

单元格的偏移——列参数示例如代码 4-4 所示。

代码 4-4 单元格的偏移——列参数

```
1| Sub RngOffcol()
2|     Dim Rng As Range, Off_c As Integer
3|     Set Rng = Cells(3, 4)
4|     Off_c = 3
5|     Rng.Offset(Columnoffset:=Off_c).Select
6|     Set Rng = Range("G6")
7|     Off_c = -4
8|     Rng.Offset(Columnoffset:=Off_c).Select
9| End Sub
```

代码 4-4 与代码 4-3 示例过程类似，由原来的行偏移修改成列偏移，当 Rng 赋值为 D3 单元并将 Off_c 赋值为 3 时，Rng.Offset(Columnoffset:=Off_c).Select 语句根据列偏移数，移动到 G3 单元格，后面再将 Rng 和 Off_c 重新赋值为新的，Offset 将根据新的赋值并选中该单元格。

单元格区域的偏移——行数示例如代码 4-5 所示。

代码 4-5　单元格区域的偏移——行数

```
1| Sub RngOffrows()
2|     Dim Rng As Range, Off_r As Integer
3|     Set Rng = Range("A1:C3")
4|     Off_r = 3
5|     Rng.Offset(Rowoffset:=Off_r).Select
6| End Sub
```

代码 4-3 和代码 4-4 示例过程都是以单个单元格偏移行列数来选中新的位置单元格，代码 4-5 示例过程与上述两个过程差不多，只是由一个单元格的偏移更改为单元格区域的偏移行数范围，Rng.Offset(Rowoffset:=Off_r) 语句从 A1:C3 偏移 3 行后的新位置为 A4:C6 单元格区域，如图 4-8 所示，使用区域时 Offset 属性根据区域中第 1 个单元格位置作为偏移起始点，并在偏移后选中新区域。

单元格区域的偏移——列数示例如代码 4-6 所示。

代码 4-6　单元格区域的偏移——列数

```
1| Sub RngOffcols()
2|     Dim Rng As Range, Off_c As Integer
3|     Set Rng = Range("A1:C3")
4|     Off_c = 3
5|     Rng.Offset(Columnoffset:=Off_c).Select
6| End Sub
```

代码 4-5 和代码 4-6 类似，只是由行偏移变化为列的偏移，偏移后新的单元格区域为 D1:F3，原来有的 A1:C3 的区域行/列数的一致的新区域，且只列的区域偏移将不会根据参照区域列数量偏移列数，即根据参照区域的第 1 个单元格偏移指定列数,并选中与原区域同样多行/列新区域，如图 4-11 所示。

图 4-11　Offset 的区域列偏移

Range.Offset 属性的任一参数使用参数名称时，另一参数也必须使用参数名称，否则将出现编译错误提示——【缺少：命名参数】。

? 皮蛋：这个属性的使用这么严格。

··· 无言：关于Range.Offset属性的运用即对Offset函数的第2和第3参数的运用，接下来讲解与Offset函数的第4和第5参数有关的Range.Size属性。

3. 获取 / 改变区域大小：Range.Resize 属性

上面讲解了 Range.Offset 属性，接下来讲解与 Offset 函数第 4 和第 5 参数相关的 Range.Resize 属性，该属性用于调整指定新区域的大小，且返回 Range 对象，该对象代表调整后的区域。

Range.Rszie 属性的作用和 Offset 函数的第 4、5 参数作用的一样，先来看下其语法：

调整指定区域的大小。返回 Range 对象，该对象代表调整后的区域
表达式 .Resize(RowSize, ColumnSize)

··· 无言：Resize属性就是Offset函数的第4和第5参数，用于指定获取/改变区域的大小。

Resize 属性有两个参数，RowSize 参数为指定新区域的行数量范围，ColumnSize 参数为指定新区域的列数量范围，即用于指定新区域的行列坐标范围区域大小（框选几行或几列）作为一个新单元格区域，如下示例：

```
Cells(1).Resize(1).Select          '相当于选中 A1 单元格，范围为 A1 开始的 1 行，也就 A1 单元格本身
Cells(1).Resize(1, 1).Select       '与上一语句等同效果
Cells(1).Resize(5).Select          '选中由 A1 开始的总共 5 行的新区域，新区域为 A1:A5
Cells(1).Resize(5,1).Select        '与上一语句等同效果
Cells(1).Resize(1, 3).Select       '由 A1 单元格开始向右选择 3 列，区域有 A1 变为 A1:D1 区域并选中
Cells(1).Resize(ColumnSize:=3).Select   '与上一语句等同效果
Cells(1).Resize(3,6).Select        '有 A1 单元格开始选中一个 3 行 6 列的新区域，该区域为 A1:F6
```

··· 无言：以上简例是当表达式单元格对象为一个单元格时，Resize属性指定的RowSize和ColumnSize参数中的其中一个或者两个，只使用一个时默认为RowSize参数，所以当要使用列的时候用逗号隔开标识并省略RowSize参数，省略的时候代表RowSize参数为1，如下所示。

```
Cells(1).Resize(, 3).Select        '由 A1 单元格开始向右选择 3 列，区域有 A1 变为 A1:D1 区域并选中
```

? 皮蛋：嗯，单一个单元格的比较好理解，就是指定起始单元格的位置后，再指定Reszie属性的行列参数的数字，就可以获取一个起始单元格几行几列的新区域了。那如果是和Offset函数的第1个参数一样的一个区域呢，Resize属性会怎么变化呢？

在 Offset 函数的第 4 和第 5 参数的设定下，会改变原来区域的大小，其实 Resize 属性与其相同，如下示例：

```
Range("A1:B5").Resize(3).Select    '原 A1:B5 单元格区域变成了 A1:B3 单元格区域
Range("A1:B5").Resize(, 3).Select  '原 A1:B5 单元格区域变成了 A1:C5 单元格区域
```

示例 1 原来选择的 A1:B5 单元格区域，现在通过 Resize 的 RowSize 参数设置更改为 3，在原区域中取原来的 3 行 2 列作为新的区域，新区域比原来的 5 行 2 列少了 2 行，如图 4-12 所示。

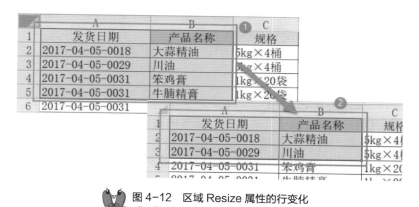

图 4-12　区域 Resize 属性的行变化

示例 2 的原区域与示例 1 的相同，但是示例 2 中列区域的列数比原区域中多了 1 列，那么 Resize 属性返回的结果是行保持不变，但是扩展后的列数比原来多了 1 列，新区域变化为 A1:C5，如图 4-13 所示。

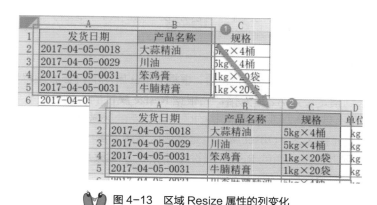

图 4-13　区域 Resize 属性的列变化

? 皮蛋：要改变原来已有区域的大小，通过设置Resize属性的行/列参数即可。

... 无言：没错，对了还有一个需要说明的地方。

在使用 Resize 属性时，两个参数中任意一个参数均不可为 0 或者小于 0 的数，RowSize 和 ColumnSize 参数最小值都只能为 1。但是可以省略，省略时默认对应参数的值为 1，如下示例

为错误的运用。

Resize 的参数也可以使用浮点，但是只有当小数后第 1 位数字大于 5 时才会进行进位计算，否则小于等于 0.5 的数字都将被舍去。

```
Cells(1).Resize(0, 0).Select          '错误的运用方式
Cells(1).Resize(1, 0).Select          '错误的运用方式
Cells(1).Resize(0, 1).Select          '错误的运用方式
```

? 皮蛋：好的，明白了。

4. Offset+Resize 的配合运用

💬 无言：蛋蛋，Offset和Resize说了这么多，都是单独使用，现在把它们整合运用起来，就像把它们归为Offset函数一样。

当 Offset 属性遇到了 Rseize 属性，它们就会发生化学效应，变为了一个函数聚合物，但是此时这个聚合物的功能就与 Offset 函数有些许不同了。

? 皮蛋：有什么不同呢？

💬 无言：先来看下以下两个语句示例，可以在立即窗口中输入后按Enter键执行。

以下两个语句最后选中的新区域均为：A2:D4

```
Range ("A1").Offset(1, 0).Resize(3,2).Select    ' 由 A1 单元格偏移 1 行 0 列后，选择一个 3 行 2 列的新
区域——A2:D4
Range("A1:B5").Offset(1,0).Resize(3).Select      ' 由 A1:B5 区域的第 1 个单元格为参照位置，偏移 1 行 0 列
后，并按新行列量获取一个 3 行 2 列的新区域——A2:D4
```

? 皮蛋：为什么会这样呢？

第 1 个示例以 A1 单元格为参照起始位置，根据 Offset 属性的行参数偏移量为 1 行，列为 0，这样首先执行偏移到指定位置 A2 单元格，后根据 Resize 属性的行列参数需要包括行列数量为 3 行 2 列的新区，那么就将 A2 到 D4 单元格的区域作为新的区域并将其选中。

第 2 个示例为单元格区域，Offset 属性也是按照区域中的第 1 个单元格作为偏移起始位置，原区域中为 5 行 2 列，但是后面的 Resize 属性重新指定了偏移后新区域的行范围为 3 行列数不变，所以新区域范围为 3 行 2 列。

? 皮蛋：原来是这样啊，来个实例吧。

💬 无言：按照平时经常遇到的工资条的来弄个单行标题的工资条生成过程，如代码4-7所示。

代码 4-7　工资条生成

```
1| Sub Gzt_OffsetandResize()
2|     Dim Ys_Rng As Range, Bti As Range, Copy_Rng As Range
3|     Dim YsMrow As Long, YsMcol As Integer, Cous As Long, Cou As Long
4|
5|     On Error Resume Next        '容错语句
6|     Set Ys_Rng = Application.InputBox("选择原工资条的完整单元格区域", "工资条区域", Type:=8)
7|     If Ys_Rng Is Nothing Then Exit Sub
8|     With Ys_Rng
9|         If .Count = 1 Or .Rows.Count < 3 Or .Columns.Count < 6 Then Exit Sub
10|    End With
11|    YsMrow = Ys_Rng.Rows.Count
12|    YsMcol = Ys_Rng.Columns.Count
13|
14|    Set Bti = Application.InputBox("选择原工资条的标题区域", "工资条标题区域", Type:=8)
15|    If Bti Is Nothing Then Exit Sub
16|    With Bti
17|        If .Address <> Ys_Rng.Rows(1).Address Then Exit Sub
18|    End With
19|    Set Copy_Rng = Application.InputBox("选择复制到的单元格位置", "复制到的单元格", Type:=8)
20|    If Copy_Rng Is Nothing Then Exit Sub
21|    Set Copy_Rng = Copy_Rng(1)
22|    Cous = 0
23|    Cou = 2
24|    Application.ScreenUpdating = False
25|    Do While Cou <= YsMrow - 1
26|        With Copy_Rng          '简化同一引用对象
27|        Bti.Copy . Offset(Cous)
28|        Ys_Rng.Rows(Cou).Copy .Offset(Cous + 1)
29|        .Offset(Cous).Resize(2, YsMcol).RowHeight = 25
30|        .Offset(Cous + 2).Resize(, YsMcol).RowHeight = 5
31|        Cous = Cous + 3
32|        Cou = Cou + 1
33|        End With
34|    Loop
35|    Application.ScreenUpdating = True
36|    Copy_Rng.Parent.Activate
37|    MsgBox "工资条已制作完成。 "
38| End Sub
```

代码 4-7 示例过程中首先声明了 3 个 Range 对象变量：Ys_Rng 为工资条的数据源区域；必须包含标题，Bti 变量为选择工资条的标题区域，该区域必须与 Ys_Rng 包含第 1 行的标题行区域等同，Copy_Rng 则是需要复制到的指定单元格位置。

使用 Application.InputBox 方法让用户选择工资区域，并通过 If 条件语句判断是否选择了区域，如果用户 3 个区域变量均未选择，即 If Ys_Rng Is Nothing Then Exit Sub 语句判断该区域变量为 Nothing 结果为 True 时，都将退出执行过程（Exit Sub）。

YsMrow 和 YsMcol 为获取 Ys_Rng 区域内的行数和列数；Cous 变量为用于 Do...Loop 循环，起始值为 0，用于获取 Copy_Rng 配合 Offset 属性偏移的行数；Cou 同样也是用于 Do 循环，其起始值为 2，即为 Ys_Rng 变量中的第 2 行开始（相关人员的工资信息）。

无言：该过程主要重点在于 Do…Loop 循环，现对该段代码进行说明。

（1）Do While Cou <= YsMrow – 1 语句：当 Cou 变量值小于等于 Ys_Rng 中的减去标题后的行数时则继续这行循环。

（2）With Copy_Rng 语句：为简化重复引用 Copy_Rng 对象的引用，即明确 Offset 属性的起始单元格位置，在 Do 循环过程，该变量永远不变。

（3）Bti.Copy .Offset(Cous) 语句：将标题内容复制到 Copy_Rng 变量指定的工作表的开始位置，因为是 Offset 属性和 Cous 变量，Cous 的初始值为 0，即第 1 次复制时标题是与 Copy_Rng 位置相同的。

（4）Ys_Rng.Rows(Cou).Copy .Parent.Range(.Address).Offset(Cous + 1) 语句，将具体的工资明细复制到指定的工作表的指定单元格位置——Ys_Rng.Rows(Cou) 指的是获取 Ys_Rng 区域中的第 2 行区域数据，并通过 Copy 方法将其复制到 Copy_Rng 单元格位置偏移 1 行的——Cous 原本为 0，因为 +1 后配合 Offset 属性，将在 Copy_Rng 的单元格位置再偏移 1 行执行 Copy 方法。

（5）.Offset(Cous).Resize(2, YsMcol).RowHeight = 25 语句，主要用于调整工资明细行的行高，行高为 25，Range.RowHeight 属性为设置行高。

（6）.Offset(Cous + 2).Resize(, YsMcol).RowHeight = 5 语句，与上一句的作用相同，设置复制单元格位置偏移 2 行后的行高，设置两工资条间的空白行行高为 5。

（7）循环中不断改变 Cous 和 Cou 两个变量的值，Cous+3 是因为工资条的格式为一条 2 行其中 1 行为空白行，所以 +3；而 Cou 为根据工资表已有的行数每次 +1 获取原工资区域中下一行号。

无言：当 Cou＞YsMrow – 1 时将退出 Do…Loop 循环，同时也完成了工资条的设置。过程中的 Application.ScreenUpdating 属性为关闭或开启屏幕的数据刷新——即关闭每次复制粘贴时表格上数据的改变，False 为关闭刷新提示，True 为开启提示。

皮蛋：言子，那 Range.Copy 是复制的意思吗？

无言：Range.Copy其实是将单元格区域复制到指定的区域或剪贴板中，类似于复制粘贴的一步执行，来简单说下这个方法的语法作用。

> 将单元格区域复制到指定的区域或剪贴板中
> 表达式 .Copy(Destination)

Range.Copy 方法中表达式指的一个 Range 对象，Destination 参数则是指定区域要复制到的新区域。如果省略此参数，Excel 会将区域复制到剪贴板。即如果只使用 Range.Copy 而不使用 Destination 就只是一个复制的操作，而不产生粘贴效果，示例如下：

Ragne(A1).Copy Sheet1.Cells(1) 格——A1	' 将 A1 单元格的内容和格式复制粘贴到 Sheet1 表的第 1 个单元
Range ("A1").Copy Cells(10, "F")	' 将 A1 单元格的内容和格式复制粘贴到同工作表的 F10
Range("A1:F3").Copy Cells(5,"C") 区域保持一致的矩形	' 将 A1:F3 区域复制粘贴到相同工作表的 C5 单元格，新区域与原
Range("A1:F3").Copy 指定位置	' 将 A1:F3 区域复制到剪切板中，需要使用 PasteSpecial 方法粘贴到

皮蛋：这么说使用Range.Copy方法指定Destination参数就如同平时的复制粘贴快捷键一样。

无言：是的，以后再讲解下，接下来讲解Rang对象的区域，还有Range.ColumnWidth是对单元格列宽的设置，其用法与RowHeight相同。

4.2　Range对象的区域

4.2.1　什么是连续区域

在制表的时候经常会在一个区域设置标题后连续输入数据，在 Excel 中，当选中一个单元格或一单元区域后按 Ctrl+A 组合键时，Excel 将自动选中一块连续的区域，选中的区域由存有数据且中间无空白行／列组成的区域，该区域即为连续区域，如图 4-14 所示。

皮蛋：底部的不是有边框呢，为何不会选中？

无言：当然是因为那些区域的单元格中不存在实质的数值，只要存在实质数据，并且与上一行数据之间存在有关联的行列，而周围设置边框的单元格将不作为一个连续区域。

在 VBA 中为了获取单元格的连续使用区域，可以使用 Range.CurrentRegion 属性，并返回一个 Range 对象，该对象表示当前区域。

	A	B	C	D	E
1	合同编码	合同名称	合作方公司名称	收款时间	金额
2	T123	倍儿	倍儿	2017/2/1	10000
3	T128	倍儿	倍儿		10000
4	T123	倍儿	倍儿	2017/3/1	20000
5					
6					
7					
8					
9					
10					
11					
12					
13					
14					

图 4-14 由连续数据区域组成的单元格区域

当前区域是以空行与空列的组合为边界的区域，只读

现有一个工作表中存在 4 个区域的班级成绩表，试着使用 Range.CurrentRegion 属性来获取并选择该区域，再通过 Msgbox 并结合 Range.Address 提示选中区域的具体位置。具体如代码 4-8 所示。

代码 4-8 获取激活单元格的连续区域

```
1| Sub RngCur()
2|     ActiveCell.CurrentRegion.Select
3|     MsgBox "你选中的单元格所在的连续区域是: " & vbCr & Selection.Address(0, 0)
4| End Sub
```

代码 4-8 示例代码中通过选中的 ActiveCell（激活单元格）的 Range 对象，结合 CurrentRegion 属性获取该区域的连续范围，并运用 Select 方法选中该区域；最后通过 Msgbox 函数提示该选中区域的文本地址提示。

1. 激活单元格和选中的区域：ActiveCell 和 Selection 的区别

皮蛋：ActiveCell激活的单元格是指什么呢？

无言：当我们选中一个单元格或者选中一个单元格区域时，ActiveCell所指的对象会有些许不同。

当选择区域多于 1 个单元格时，ActiveCell 对象代表的是该被选中区域中颜色高亮的那一个单元格，如图 4-15 所示红色框的高亮单元格；当选中的区域中只有 1 个单元格时，ActiveCell 对象代表的就是被选中的单元格本身，如图 4-16 所示激活单元格会用一个方框表示。

	A	B	C	D	E
1	班级	语文	数学	英语	总分
2	101	58	75	100	334
3	101	96	65	72	334
4	101	66	95	83	345
5	101	59	95	59	314
6	101	97	72	63	333
7	101	100	66	62	329
8	101	71	84	69	325
9	101	57	71	93	322
10	101	68	79	73	321
11	101	58	58	69	286

图 4-15　区域中的 ActiveCell 对象

	A	B	C	D	E
1	班级	语文	数学	英语	总分
2	101	58	75	100	334
3	101	96	65	72	334
4	101	66	95	83	345
5	101	59	95	59	314
6	101	97	72	63	333
7	101	100	66	62	329
8	101	71	84	69	325
9	101	57	71	93	322
10	101	68	79	73	321
11	101	58	58	69	286

图 4-16　单一个单元格的 ActiveCell

? 皮蛋：激活单元格知道了，那Msgbox函数中Selection指什么呢？

在这里 Selection 指的是选中的单元格对象，其实不仅标识为被选中单元格对象，也可以是其他对象，根据选中对象类型而代表不同对象。

Selection 属性为 Application 对象返回在活动窗口中选定的对象。返回的对象类型取决于当前所选内容（对象）。例如，如果选择了单元格，此属性将返回 Range 对象；选择了图片图形对象时返回 Picture 或 Shape；如果未选择任何内容，Selection 属性将返回 Nothing。

 无言：通过以下示例代码4-9可以获取选中对象的类型。

代码 4-9　提示选中对象的数据类型

```
1| Sub SelOjd()
2|      MsgBox TypeName(Selection)
3| End Sub
```

? 皮蛋：这么说如果选择的非单元格Range对象时，可能就执行不了对单元格的操作了是吗，例如选中的是图片呢？

 无言：是的，操作都是针对不同对象执行，如果选中的是工作表上的图片时，要获取图片

所占用的单元格区域时，可以使用Window.RangeSelection属性，语法如下。

> 返回 Range 对象，该对象表示指定窗口中工作表上的选定单元格，即使工作表上一个图形对象是活动或选定的。只读
> 表达式 .RangeSelection

Window.RangeSelection 属性主要用于返回最后选中的单元格区域对象——即当最后选中的对象非 Range 对象时，RangeSelection 都只会返回最后一次选中的单元格区域对象，如图 4-17 所示。

图 4-17 的①中由于鼠标最后选中了 A1:E11 区域，接着②选中一张图片，使用 TypeName(Selection) 返回的选中对象类型是 Picture，而非 Range 对象；此时采用 Window. RangeSelection 属性则可以返回图 4-17 的①中选过的单元格区域。

? 皮蛋：那Window.RangeSelection属性要如何使用，举个例子吧。

> MsgBox ActiveWindow.RangeSelection.Address   ' 本示例显示在当前窗口的工作表中选定的单元格
> 区域的地址。

••• 无言：上面的简例就是获取激活窗口最后一次选中的单元格区域文本地址，可以通过该属性对该单元格区域进行过数据的读写，而不会因为最后选中的图片而出错。

? 皮蛋：嗯，明白。

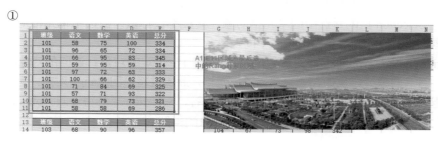

图 4-17　RangeSelection 属性返回的区域对象

2. 获取区域中最大行列

😊 无言：接下来学习如何获取区域中已使用最大的行列数或位置。

平时我们想获取已使用的连续区域的最末列或最末行时，会按 Ctrl+ → 或者 Ctrl+ ↓ 快捷键移动到连续区域的最末位置。而在 VBA 中需要通过 Range.End 属性来获取，先来看看在 Excel 中如何获取一个连续区域中的几个方向的极致位置，如图 4-18 所示。

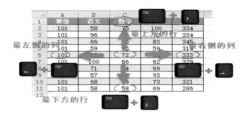

图 4-18 连续区域的极致行列

😊 无言：图4-18是在Excel中的操作，以C6单元格为中心通过不同快捷键获取的区域中4个方向的极致位置。VBA中通过Range.End属性来获取，先来看下其语法。

该参数为必需参数，用于指定图 4-18 中位移的方向

Range.End(Direction)

Range.End 属性中的 Direction 参数用于指定从指定位置移动到极致位置的方向，Direction 参数有 4 个枚举常量，分别对应表 4-1 中的方向、名称、常量值和序号，其效果如图 4-19 所示。图中的序号为对应 Direction 参数常量值的序列位置，常量值如表 4-1 所示。

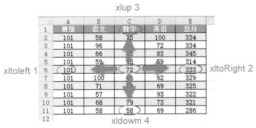

图 4-19 Range.End 属性方向参数示意图

表 4-1 Range.End 属性 Direction 参数说明

方　向	名　称	常量值	序　号
向下	xlDown	− 4121	4
向上	xlUp	− 4162	3
向右	xlToRight	− 4161	2
向左	xlToLeft	− 4159	1

Range.End 属性的移动范围受限于指定位置的 4 个方向中是否存在空单元格，若单元格为空，End 属性将返回该方向上遇到的空单元格的位置。

❓ 皮蛋：没明白。

 无言：如图4-20所示，当以E1单元格为起点使用End(xlDown)属性时，由于E12单元为空单元格，此时Range.End(xlDown)将停止在E12单元格上一个的位置——E11，该单元格位置为Range.End(xlDown)获取的连续向下方向的断层的最后位置。

? 皮蛋：那是不是说，Range.End属性在遇到空单元格时，都会返回其上一个单元格的位置呢？

无言：是的，遇到断层位置时，返回这个断层位置的上一个单元格。当整列整行为空时Range.End属性将返回列方向上的第1个（向上）或最末1个（向下）单元格，行方向将返回最左的第1个或最右侧的最末1个单元格。具体如代码4-10所示。

	A	B	C	D	E
1	班级	语文	数学	英语	总分
2	101	58	75	100	334
3	101	96	65	72	334
4	101	66	95	83	345
5	101	59	95	59	314
6	101	97	72	63	333
7	101	100	66	62	329
8	101	71	84	69	325
9	101	57	71	93	322
10	101	68	79	73	321
11	101	58	58	69	286
12	102	55	93	90	
13	102	96	82	58	338
14	102	63	79	88	332
15	102	87	100	76	365

图 4-20　Range.End 遇到空单元格

代码 4-10　获取连续区域中的最末行列号

```
1| Sub RngEnd()
2|    Dim LeftC As Integer, RigthC As Integer, UpR As Double, DownR As Double
3|    With Sheet2
4|        LeftC = .Range("C9").End(xlToLeft).Column
5|        RightC = .Range("C9").End(xlToRight).Column
6|        UpR = .Range("C9").End(xlUp).Row
7|        DownR = .Range("C9").End(xlDown).Row
8|    End With
9|    MsgBox "Sheet2工作表以C9单元格为起点的" & vbCr & "左向列号为 " & LeftC & vbCr _
10|        & "右向列号为 " & RightC & vbCr & "上向行号为 " & UpR & vbCr _
11|        & "下向列号为 " & DownR
12| End Sub
```

代码 4-10 示例代码中声明了 4 个方向变量，用于获取 4 个方向的行列号。End(xlToLeft).Column 为获取 C9 单元格最左侧的列号，Column 为 Range 对象的属性，该属性为返回指定单元格的列号，返回的是一个数字，如同口语中第 1 列、第 3 列这样的数字；End(xlUp).Row 为获取 C9 单元格上方单元格行号，其中 Row 为 Range 属性，和 Column 一样，其返回的也一个数字，同样表示第 1 行、第 6 行这样的数字。

? 皮蛋：如果将Colum或Row换成Range.Address属性，不就可以获取该位置的文本地址啦！

无言：是的。

4.2.2 什么是已使用区域

平时使用 Excel 时，可能习惯先将某些行列单元格区域先设置单元格格式，或者将整行或者整列设置格式，此时该片区域为一个已经使用了的区域，不管该区域中是否存在具体数据内容；若设置了多个不连续的区域，那么已使用的区域将为多个单元格区域的连续区域范围，而非单独一个区域。

💬 无言：前面讲了连续区域Range.CurrentRegion属性，它是用于获取指定单元格的连续单元格区域，而Worksheet.UsedRange则是获取指定工作表已使用区域。

❓ 皮蛋：为什么工作表的对象属性在这里讲呢？

💬 无言：因为这个属性也是返回Range对象，而且当使用的区域与连续区域是一样的话，直接使用Worksheet.UsedRange属性也是一样的。

❓ 皮蛋：那使用区域有什么需要注意的地方？

💬 无言：还是先来熟悉Worksheet.UsedRange属性的语法，再来讲注意点。

Worksheet.UsedRange 属性的语法如下，该属性为返回工作表中已使用的单元格区域的Range 对象，只读属性，即只能获取单元格地址对象，而不可通过该属性改变单元格的位置对象或数据内容。

> 返回一个 Range 对象，该对象表示指定工作表上所使用的区域。只读
>
> Worksheet.UsedRange

语法中的表达式可以是一个工作表对象变量，如下所示：

Worksheets(1).UsedRange.Address	'返回工作表对象中的第 1 个表的已使用单元格范围
Worksheets("Sheet1").UsedRange.Address	'返回工作表对象中的 Sheet1 工作表的已使用单元格范围
Sheet1.UsedRange.Address	'返回表对象中的第 1 个表的已使用范围
Workbooks(1).Sheets(1).UsedRange.Address	'返回打开着的第 1 个工作簿的第 1 个表的已使用范围
Set Wb = Workbooks(1) :Set Sht = Worksheets(1)	'赋值 2 个对象变量
Wb.Sht.UsedRange.Address	'返回已赋值的指定工作簿的工作表的已使用范围

💬 无言：皮蛋你刚才问使用Worksheet.UsedRange要注意的地方，其实这个与使用者对工作表的设置情况有关。

> ActiveSheet.UsedRange.Address　'ActiveSheet 为激活的表，语句为返回激活表的已适用单元格地址

当一张空白的没有经过任何设置或输入的工作表，使用 ActiveSheet.UsedRange.Address 将返回 A1 单元格文本地址，因为当未曾设置或输入任何格式、内容时，工作表的使用区域只能返回第 1 个单元格的位置；而当在 E8 输入数据时，该语句返回输入内容的 E8 单元格文本地址。

若在工作表中设置了 2 个单元格区域的边框 (A1:C10,E6)，此时该语句返回的有效单元格地址为 A1:E10，如图 4-21 所示；若只设置单元格区域的单元格数字格式而不输入任何数据时，ActiveSheet.UsedRange.Address 语句返回的文本地址为图 4-22 中框选的 A1:G11 单元格区域。

图 4-21　UsedRange.Address 返回已使用区域地址　　图 4-22　返回已设置格式未输入数据的区域

❓ 皮蛋： 按照思路，只要已经设置过单元格格式，或者在不同单元格输入数据，Worksheet.UsedRange属性都将返回多个区域间的最小行列和最大行列组合的有效区域。

💬 无言： 是的，就是这样，返回多个已经使用的单元格区域范围。例如A1设置格式，在RV100单元格输入一个数据，Worksheet.UsedRange返回的将是A1:RV100这个连续区域位置。

❓ 皮蛋： 那什么时候该使用Worksheet.UsedRange，什么时候使用Range.CurrentRegion属性呢？

💬 无言： 根据表格设计是否规范——若表中设计的为有效、有用的连续区域，就使用UsedRange属性；当表中的多余行列没具体作用时，使用CurrentRegion属性则更容易获取指定单元格位置的连续区域范围，如代码 4-11 所示即为两者的区别。

代码 4-11 连续区域与已使用区域的运用比较

```
1| Sub CurrentRegionOrUsedRang()
2|     Dim Curr_Rng As Range, Used_Rng As Range
3|     Set Curr_Rng = ActiveSheet.Cells(1).CurrentRegion
4|     Set Used_Rng = ActiveSheet.UsedRange
5|     MsgBox "激活表的A1开始的连续单元格区域为" & Curr_Rng.Address(0, 0) & vbCr & _
6|             "激活表的A1开始的连续单元格区域为" & Used_Rng.Address(0, 0) & vbCr & _
7|             "两个区域范围" & IIf(Curr_Rng.Address = Used_Rng.Address, "相同。", "不相同。")
8| End Sub
```

4.2.3 区域间的交集

1. Application.Intersect 方法

💬 无言：如果在要在Worksheet.UsedRange和Range.CurrentRegion间做出一个选择的话，那么VBA中给了我另一个方法，那就是区域的交集——Application.Intersect。

❓ 皮蛋：Application.Intersect是干什么用的呢?

💬 无言：Application.Intersect方法用于获取两个或多个区域间重叠部分的矩形区域。

❓ 皮蛋：不懂。

💬 无言：在使用Excel函数Sum时，有时会用到Sum(A1:D10 C5:G10)这样的方式：两个单元格区域间用空格隔开，表示在2个区间获取它们重叠的单元格区域，Sum再将该重叠部分的单元格区域进行求和计算，如图4-23所示。

	A	B	C	D	E	F	G	H
					=SUM(A1:D10 C5:G10)			
1	7	13	18	13				
2	8	15	16	2				
3	13	6	7	6				
4	19	17	10	9				
5	20	20	18	14	1	11	14	
6	15	17	9	7	20	6	4	
7	1	4	10	8	1	8	1	
8	10	14	18	11	1	6	11	
9	7	10	4	14	5	11	5	
10	15	5	8	2	6	5	20	
11								

图 4-23 Sum 求交集重叠区域的和

图 4-23 中的黑色宽边框线和红色字体部分是 A1:D10 和 C5:G10 间的交集重叠区域，该交集重叠区域为 C5:D10 单元格。而 Application.Intersect 方法的用途也和刚才的 Sum 公式一样，用于获取多个区域间的交集重叠单元格区域，返回的是一个 Range 对象，其语法如下：

返回一个 Range 对象，该对象表示两个或多个区域重叠的矩形区域
Range.Intersect(Arg1, Arg2, Argn..., Arg30)

Application.Intersect 方法最多可以有 30 个 Arg 参数对象，每个 Arg 对象代表一个单元格区域，而且使用时必须最少存在两个 Arg 参数。

现在根据 Sum(A1:D10 C5:G10) 函数公式，改用 Intersect 方法来获取该公式的交集重叠区域的相关信息并求和，具体如代码 4-12 所示，效果如图 4-24 所示。

代码 4-12 获取重叠区域的位置及求和

```
1| Sub Intersect_Rang()
2|     Dim Int_Rng As Range
3|     Set Int_Rng = Application.Intersect(Range("A1:D10"), Range("C5:G10"))
4|     Int_Rng.Select
5|     MsgBox "已选择的区域的交集重叠单元格区域为：" & Int_Rng.Address & vbCr & _
6|         "交集重叠区域的数据的和是：" & Application.Sum(Int_Rng)
7| End Sub
```

▲	A	B	C	D	E	F	G
1	7	13	18	13			
2	8	15	16	2			
3	13	6	7	6			
4	19	17	10	9			
5	20	20	18	14	1	11	14
6	15	17	9	7	20	6	4
7	1	4	10	8	1	8	1
8	10	14	18	11	1	6	11
9	7	10	4	14	5	11	5
10	15	5	8	2	6	5	20

 图 4-24 Application.Intersect 方法效果

代码 4-12 示例过程中，声明定义一个 Range 对象 Int_Rng 变量，用于装载 Application.Intersect 方法获取 A1:D10 和 C5:G10 两个区域间的交集重叠区域 C5:D10 区域对象，最后通过 Msgbox 函数返回 Int_Rng 对象的单元格文本地址和交集区域内的数字求和。

2.　工作表函数属性——Application.WorksheetFunction

❓ 皮蛋：Application.Sum是什么呢？

Application.Sum 是 Application.WorksheetFunction.Sum 函数的运用，相当于 Excel 工作表中的函数，而 Application.WorksheetFunction 则是 VBA 中工作表函数，其作用与 Excel 中的函数一样，都是用于返回一个表达式的结果值。

WorksheetFunction 属于 Application 的属性，WorksheetFunction 中的函数用法和 Excel 中大多数是类似的，而且数量也有 336 个，大家可以在搜索栏中输入 WorksheetFunction 关键字，就可以获得该关键字的相关帮助信息。

❓ 皮蛋：那为什么直接写Application.Sum，而不写为Application.WorksheetFunction.Sum呢？

💬 无言：因为WorksheetFunction属于Application对象的属性，所以省略该属性时也可以正确引用具体的函数名进行计算，如下3种方式都具有相同的作用。

```
以下示例为统计 A1:A10 单元格区域的和
Application.WorksheetFunction.Sum ([A1:A10])
WorksheetFunction.Sum ([A1:A10])
Application.Sum ([A1:A10])
```

以上的 3 种写法都可以得到相同的统计结果，但是若只直接书写函数名时，将提示会出现【子过程或函数未定义】的编译错误提示。

```
以下示例为错误的 WorksheetFunction 函数书写
Sum ([A1:A10])
```

💬 无言：WorksheetFunction函数与Excel函数很相近，所以使用的时候，如果对Excel函数比较熟悉，其中的很多常用的函数，参数的运用都可信手拈来，只不过就是将原来的单元格方式替换为Range或Cells对象，所以可通过使用Range变量代入参数。

3.　连续区域与使用区域的交集运用

💬 无言：说了这么多，Application.Intersect方法的重点还在于如何获取工作表中多个区域是否存在交集，从而获取有效的已用单元区域，进而减少资源浪费。

❓ 皮蛋：言子，有问题问下——如果两个区域间没有交集重叠，会怎样？

💬 无言：当两个区域没有重叠的时候，Application.Intersect方法将返回一个Nothing，通过如下方式判断。

```
MsgBox Application.Intersect(Range("A1:D10"), Range("G5:K10")) Is Nothing    ' 判断区域间是否交集，若有则 True，无则 False
```

判断连续区域与已使用区域是否一致的示例如代码4-13所示。

215

代码 4-13　判断连续区域与已使用区域是否一致

```
1| Sub UsedRangeToCurrentRegionInIntersect()
2|     Dim Rng1 As Range, Rng2 As Range
3|     With ActiveSheet
4|         Set Rng1 = .Range ("A1").CurrentRegion
5|         Set Rng2 = .UsedRange
6|         If Not (Application.Intersect(Rng1, Rng2) Is Nothing) Then
7|             MsgBox "两个区域存在交集。"
8|             If Rng1.Address = Rng2.Address Then
9|                 MsgBox "连续区域与已使用区域一样大。"
10|            Else
11|                MsgBox "连续区域与已使用区域不一样大。"
12|            End If
13|         End If
14|     End With
15| End Sub
```

? 皮蛋：有能让我自己选择不同比较区域的方法吗？

... 无言：使用Application.InputBox方法即可，在第3章讲解过，现在将其套用到这里。
选择两个区域判断是否存在交集的示例如代码4-14所示。

代码 4-14　选择两个区域判断是否存在交集

```
1| Sub RngsIntersectBol()
2|     Dim Rng1 As Range, Rng2 As Range, Int_Rng As Range
3|     Set Rng1 = Application.InputBox("请选择第1个单元格区域", "区域1", Type:=8)
4|     If Rng1 Is Nothing Then Exit Sub
5|     Set Rng2 = Application.InputBox("请选择第1个单元格区域", "区域2", Type:=8)
6|     If Rng2 Is Nothing Then Exit Sub
7|     Set Int_Rng = Application.Intersect(Rng1, Rng2)
8|     If Int_Rng Is Nothing Then
9|         MsgBox "所选区域间不存在交集重叠的单元格区域对象，请重新执行该过程。"
10|    Else
11|        MsgBox "所选区域间存在交集重叠的单元格区域对象：" & Int_Rng.Address(0, 0)
12|        Int_Rng.Select
13|    End If
14| End Sub
```

（1）代码 4-14 示例过程中声明了 3 个单元格对象，其中 Rng1 和 Rng2 为让用户选择的 2 个单元格区域，通过 Application.InputBox 方法让用户必须选择 Range 对象（Type:=8）。用户若单击【取消】或【关闭】按钮时，通过 If Rng1(2) is Nothing 语句来判断该变量是否已赋值，若没有则返回 True 并退出本过程。

（2）Set Int_Rng = Application.Intersect(Rng1, Rng2) 语句则是通过 Application.Intersect 方法来捕获两个 Rng 变量对象是否存在交集，再通过 If 语句判断 Int_Rng 变量是否为 Nothing，如果返回 True 则不存在交集区域，并用 MsgBox 函数提示；如果为 False 则说明用户选中的 2 个对象存在交集的区域，并通过 MsgBox 函数提示该交集区域地址，并最后通过 Select 方法选中这个交集区域 Int_Rngd 的单元格区域。

? 皮蛋：嗯，明白了。

... 无言：下面来一个通过选择区域判断是否与已使用区域及连续区域间，三者间是否存在交集，如果存在则取该交集区域作为变量。具体如代码4-15所示。

代码 4-15　判断选择区域是否和已使用是否则在交集

```
1| Sub SelRngInt()
2|    Dim Sel_Rng As Range, SelCur_Rng As Range, Used_Rng As Range, Int_Rng As Range
3|    On Error Resume Next
4|    Set Sel_Rng = Application.InputBox("请选择1个单元格区域, 区域", Selection.Address, Type:=8)
5|    If Sel_Rng Is Nothing Then Exit Sub
6|    Set SelCur_Rng = Sel_Rng(1).CurrentRegion
7|    Set Used_Rng = Sel_Rng.Parent.UsedRange
8|    If Application.Intersect(Sel_Rng, SelCur_Rng, Used_Rng) Is Nothing Then
9|        MsgBox "所选区域间与该区域连续区域及已使用区域不存在重叠交集，请重新执行该过程。"
10|    Else
11|        Set Int_Rng = Application.Intersect(Sel_Rng, SelCur_Rng, Used_Rng)
12|        MsgBox "所选区域间存在交集重叠的单元格区域对象：" & Int_Rng.Address(0, 0)
13|    End If
14| End Sub
```

（1）代码 4-15 示例过程通过 Sel_Rng 让用户选择一个需要区域，默认为用户已经选中的一个单元格区域（见图 4-25），如果用户取消或者不选择过程将会出现错误，所以在声明变量名称后的第 2 句语句使用 On Error Resume Next 容错语句，该语句的作用是——当出现任何错误时，都将继续错误语句后面的语句，如无该语句过程将停止并弹出相关提示。

	车号	装车货款	另加货款	退货金额	活动差价	抹零	欠账	加油	过桥费	补助	停车费	对账收款	实收现金
2	683车	13406		1541	40			225	165	30		11825	11630
3	083车	19179		1431				225	130	30		17748	17588
4	275车	30359		1134	46			190	310	45		29179	28824
5	782车							220				0	0
6	072车	28483		3620.7		0.3		220	65	30		24862	24767
7	072车	20861		2520.7	66	0.3		110	25	60		18274	18189
8	083车	39196		2867	24				295	90		36305	35920
9	275车							160				0	0
10	782车	31048		2406	6			160	110	90		28636	28436
11	683车							170				0	0
12	683车	34570						170	340	45		34570	34185

图 4-25　默认选择的区域

（2）Set SelCur_Rng = Sel_Rng(1).CurrentRegion 语句用于获取选择区域的第 1 个单元格开始的连续区域，该连续区域为 A1:M30；Set Used_Rng = Sel_Rng.Parent.UsedRange 语句为获取与 Sel_Rng 对象同一工作表的已使用区域的单元格区域，其中 Parent 属性为指定对象的父级对象——即当前选择的 Sel_Rng 的上一层对象，Range 对象的上一层对象为工作表，所以 Parent 属性返回了与 Sel_Rng 所在的工作表对象。

Parent 属性为返回指定对象的父级对象，该属性是返回一个对象，其语法如下：

用于返回当前对象的上一级对象，返回的是一个对象
当前对象 .Parent

Parent 的对象是当前使用的对象，例如当前对象是 Range 对象，那么要获取 Range 对象的父对象，此时用 Range ("A1").Parent，其获取当前对象所在的工作表对象，而非一个文本数据类型。

（3）代码 4-15 示例过程最后通过 If Application. Intersect(Sel_Rng, SelCur_Rng, Used_Rng) Is Nothing 语句判断 3 个变量中是否存在交集区域，若存在则将交集区域赋值给 Int_Rng 变量并提示，如图 4-26 所示。

💬 无言：关于Application.Intersect交集区域的使用就到这里，该方法主要用来判断两个及以上区域是否存在交集。

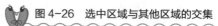
图 4-26　选中区域与其他区域的交集

4.2.4　多区域选择 / 操作：Range.Areas 属性

在同一个工作表中输入了多个不连续单元格区域后，我们想对这些区域进行批量复制时只能

一次操作一个区域，若想一次性完成对多个区域的操作，是否有哪个对象属性可以满足我们的需求呢？

如图 4-27 所示，表中存在 4 个单元格区域，现在需要将这 4 个区域复制到指定位置上。

图 4-27　4 个单元格区域

在 Range 对象中存在一个 Areas 属性，该属性用于获取已选择单元格区域对象集合。先来看下 Areas 的语法。

返回的一个 Areas 单元格对象集合
Range.Areas

Areas 返回选中的多个单元格区域的每个集合的 Range 对象，该集合对象只读。如图 4-27 中的 4 个单元格区域选中时即为 Areas 集合，该对象集合存在 5 个属性，其常用属性有 Count 和 Item、Parent。

多重区域集合：Areas

Areas 是由多个单元格区域组成的集合，可用 Areas.Count 统计该集合中存在几个区域对象。如图 4-27 中的 4 个区域，示例代码如代码 4-16 所示。

代码 4-16　统计选中的区域集合中存在几个区域

```
1| Sub AreasCount()
2|     Dim Rng As Range
3|     Set Rng = Range("A1:D13, F1:I13, K1:N13, P1:S13")
4|     MsgBox Rng.Areas.Count
5| End Sub
```

代码 4-16 示例过程为统计 Range（"A1:D13, F1:I13, K1:N13, P1:S13"）该区域中存在几个独立的、不重叠的、不连续的单元格区域，结果返回的 4 个。

❓ 皮蛋：言子，那要如何获取其中某个区域呢？

💬 无言：运用Areas.Item属性，该属性用于获取指定集合中的第n个区域，还是以上面的4个区域来说明。

```
MsgBox Range("A1:D13, F1:I13, K1:N13, P1:S13").Areas.Item(1).Address(0,0)      ' 获取区域集合中的第1
个区域的单元格地址
MsgBox Range("A1:D13, F1:I13, K1:N13, P1:S13").Areas (1).Address(0,0)          ' 获取区域集合中的第1
个区域的单元格地址
```

示例通过 Areas.Item 属性并指定其序列获取多区域集合中的某一个区域 Range 对象。

💬 无言：Areas.Item属性只能使用一维方向的序列，而不能用Range.Item属性指定2个坐标位置获取集合区域对象，以下为错误示例。

```
Range("A1:D13, F1:I13, K1:N13, P1:S13").Areas.Item(1,1).Address(0,0)          ' 错误示例
MsgBox Range("A1:D13, F1:I13, K1:N13, P1:S13").Areas (1,1).Address(0,0)       ' 错误示例
```

现在将 4 个区域复制到指定工作表的的单元格区域，即将多个区域复制成为一个连续的单元格区域，示例代码如代码 4-17 所示。

代码 4-17　将选择的多个区域复制为一个连续区域

```
1| Sub AreasToCurrRng()
2|     Dim Rngs As Range, Ps_Rng As Range, Cou As Integer
3|     Dim Mx_Row As Long, Arow As Integer, Acol As Byte
4|     On Error Resume Next
5|     Set Rngs = Application.InputBox("请选择需要复制的多个单元格区域", & vbCr & _
6|         "默认按已经选中的区域作为多区域的选择范围", & vbCr & "选择多区域时须按住Ctrl键选择区域.",_
7|         Title:="多区域选择", Default:=Selection.Address(0, 0), Type:=8)
8|     If Rngs Is Nothing Then MsgBox "未选择任何区域，过程将退出！ ": End
9|     Set Ps_Rng = Application.InputBox("请选择需要粘贴到的单元格位置，可以本工作簿的不同工作
       表. ", "粘贴位置选择," Type:=8)
10|     If Ps_Rng Is Nothing Then
11|         MsgBox "未选择任何区域，过程将退出！ ": End
12|     Else
13|         Set Ps_Rng = Ps_Rng(1)
14|     End If
15|     For Cou = 1 To Rngs.Areas.Count
16|         If Cou = 1 Then
17|             Rngs.Areas(Cou).Copy Ps_Rng
18|         Else
19|             Mx_Row = Ps_Rng.CurrentRegion.Rows.Count
```

```
20|            With Rngs.Areas(Cou)
21|                Arow = .Rows.Count - 1
22|                Acol = .Columns.Count
23|                Rem Offset(1).Resize(Arow, Acol)为
24|                .Offset(1).Resize(Arow, Acol).Copy Ps_Rng.Offset(Mx_Row)
25|            End With
26|          End If
27|      Next Cou
28|      Ps_Rng.CurrentRegion.Columns.AutoFit
29|      MsgBox "多区域复制粘贴操作已完成！"
30| End Sub
```

代码 4-17 示例过程：声明了 6 个变量，其中的 Rngs 变量为让用户选择需要复制的区域，当选择多个区域需要按住 Ctrl 键选择，Application.InputBox 方法能自动根据用户选择的单元格区域用逗号隔开；Ps_Rng 变量则是让用户选择复制粘贴到的位置，并通过 If 语句判断这两个变量是否传递了 Range 对象，否则都将退出本过程。

（1）过程采用一个 For…Next 循环：Cou 变量通过 Rngs.Areas.Count 语句获取选中集合中存在几个区域并作为循环的终值，而循环的 Cou 的起始值为 1。

（2）循环内采用 If 语句判断 Cou 的值是否为 1，如果是直接将第 1 个 Areas 区域复制到 Ps_Rng 的开始位置；若 Cou 的值 >1 时，通过 Ps_Rng.CurrentRegion.Rows.Count 统计该区域中存在几行，并将其赋值给 Mx_Row 变量，该变量为获取已使用区域的行数量。

（3）Rngs.Areas(Cou).Rows.Count – 1 为获取第 1 个区域并减去标题后该区域中存在几行，并将其写入 Arow 变量；Rngs.Areas(Cou).Columns.Count 为了获取区域中的列数，并将其写入 Acol 变量中。

（4）最后将 Rngs.Areas(Cou).Offset(1).Resize(Arow, Acol) 除了标题以后的行列范围通过 Copy 方法复制到 Ps_Rng.Offset(Mx_Row)（已使用连续区域的最末行偏移 1 行的位置）。

（5）在循环完毕后使用 Ps_Rng.CurrentRegion.Columns.AutoFit 语句自动调整粘贴区域的列宽——Range.AutoFit 属性为自动调整行高列宽功能。

无言：代码 4-17示例过程中的Range.AutoFit方法为更改区域中的列宽或行高以达到最佳匹配，也就平时常用自动调整行高或调整列宽的功能，其语法如下。

更改区域中的列宽或行高以达到最佳匹配
表达式 .AutoFit

Range.AutoFit 方法主要用于自动调整列宽或者行高，该操作是针对整行 / 整列进行调整，而且调整的对象必须注明是调整行还是列，如下示例：

Cells(1).Columns.AutoFit	'调整 A1（A）列的自动列宽
Columns(1).Columns.AutoFit	'调整第 1 列为自动列宽，效果与上一句相同
Rows(1).Columns.AutoFit	'调整第 1 行的自动列宽
Cells(1).Rows.AutoFit	'调整 A1（第 1 行）的自动行高
Range("A1:C3").Rows.AutoFit	'调整第 1 到 3 行的自动行高
Rows("1:3").Rows.AutoFit	'调整同上一语句效果
Columns("A:C").ROWS.AutoFit	'调整 A 到 C 列所有行的自动行高
Columns("A:C").Columns.AutoFit	'调整 A 到 C 列 3 列的自动列宽

? 皮蛋：言子，是不是要调整行高都必须用Range对象.Rows.AutoFit，调整列宽时就用.Columns.AutoFit呢？

无言：没错，调整行就用Rows属性，调整列就用Columns属性，都不可省略。

? 皮蛋：嗯嗯，知道了。

4.3 合并拆分单元格的操作

无言：讲完了区域集合的运用，接着讲讲在设计Excel工作表时经常用到的操作。

? 皮蛋：什么操作呢？

无言：它就是合并单元格。

? 皮蛋：合并单元格，确实经常会用，而且特别是有时做相同项时，我会对它们进行合并。
合并单元对于后期的统计造成很多意想不到的难度，例如：在运用函数计算时，合并单元格多少会造成函数公式的统计结果不正确或增加公式的字符长度等，先来看看如何获取区域中是否存在合并单元格。

4.3.1 判断是否存在合并单元格：Range.MergeCells

无言：合并单元格在设计使用Excel工作表是经常出现的情况，如果使用位置得当不会对后期的统计造成不必要的麻烦。例如一个鲜亮的大标题用合并单元格来操作，对后期基本无影响，但是如果是标题字段或者具体数据区域，嚯嚯，这个可就致命了。

❓ 皮蛋：那么要如何判断单元格区域中是否存在合并呢，不会是用眼睛看吧？

💬 无言：这个可以，但是最简单就使用Excel的合并单元格功能再单击一次即可，如图4-28所示。

图 4-28 中通过 Excel 的【合并后并居中】命令获得③的效果，原来存在合并的单元格区域都给被分解为一个个独立单元格，且其边框也会消失。但是这个方法对应整体的，如果想要判断选中的单元格区域中是否存在合并单元格，就要用到 Range.MergeCells 属性了，先看它的语法，如下：

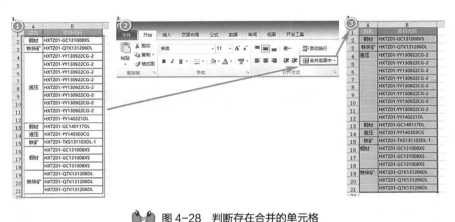

🐸 图 4-28　判断存在合并的单元格

如果区域包含合并单元格，则为 True。Variant 型，可读写
表达式 .MergeCells

Range.MergeCells 属性的作用是：当表达式区域中存在着合并单元格，MergeCells 将返回 True，没有则返回 False；根据该特性判断指定的单元格是否存在着合并单元格，如代码 4-18 所示。

代码 4-18　判断选中区域是否存在合并单元格

```
1| Sub RngMergeBol()
2|    MsgBox "所选中单元格: " & Selection.Address(0, 0) & vbCr & IIf(Selection.MergeCells, "存在", "不存
      在") & "合并单元格"
3| End Sub
```

💬 无言：代码 4-18示例过程通过Range.MergeCells属性判断Selection（选中的单元格）是否

存在合并单元格并返回相应的提示。

? 皮蛋：就这样简单啊，那如果要有多个合并区域，我要如何获取它们的信息呢？

返回合并单元格信息：Range.MergeArea

💬 无言：来来，满足你的好奇心，还是以刚才图4-28中的例子来说明，如代码4-19所示。

代码 4-19 示例过程中 Rng 变量为让用户选取判断区域用，使用 Application.InputBox 方法限制了只能选 Range 对象；接着通过 If Rng Is Nothing Then Exit Sub 语句判断是否选择单元格，若返回 True 则退出本过程。

代码 4-19 选择区域中存在合并单元格否并返回相关信息

```
1| Sub RngsMergeBol()
2|   Dim i As Long, Rng As Range, RngAdd As String, Cous As Long
3|   On Error Resume Next
4|   Set Rng = Application.InputBox("请选择一维的单元格区域——某一行（列）的单元格区域。", "区域
     选择", Type:=8)
5|   If Rng Is Nothing Then Exit Sub
6|   If Rng.Columns.Count > 1 Or Rng.Rows.Count = Rows.Count Or Rng.Count = 1 Then Exit Sub
7|   For i = 1 To Rng.Count
8|       If Rng(i).MergeCells Then
9|           Cous = Cous + 1
10|          RngAdd = RngAdd & Rng(i).MergeArea.Address(0, 0) & ","
11|          i = i + Rng(i).MergeArea.Rows.Count
12|      End If
13|  Next i
14|  RngAdd = Left(RngAdd, Len(RngAdd) - 1)
15|  MsgBox "所选中区域中存在：" & Cous & "个合并区域，它们的地址是：" & vbCr & RngAdd
16| End Sub
```

接下来通过判断语句 If Rng.Columns.Count > 1 Or Rng.Rows.Count = Rows.Count Or Rng.Count = 1 句判断选择的区域是否多于 1 列或者选择了整行，或者只选了一个单元格都将退出本过程。

接下来的是 For...Next 循环语句：

（1）循环语句中通过 Rng.Count 统计选定区域中存在多少个单元格作为循环终值。

（2）If Rng(i).MergeCells Then…End If 语句中的 Rng(i).MergeCells 语句判断循环中第 i 个单元格中是否存在合并单元格，如果是，则将该单元格的相关信息写入 Cous 和 RngAdd 两个变量——Cous 为合并单元格的计数器，而 RngAdd 变量则是将每个合并单元区域的文本地址写入该变量，并用逗号将地址隔开。

（3）RngAdd 变量语句中的 Range.MergeArea 属性的作用是获取合并单元格的合并区域，返回的是 Range 对象，通过结合 Range.Address 属性获取该合并单元格合并区域的具体文本地址。

（4）i = i + Rng(i).MergeArea.Rows.Count 语句的作用是：该语句主要改变 i 循环变量跳跃步数，根据当前单元格是否合并，并通过 Rng(i).MergeArea.Rows.Count 语句获取该合并单元格行数量，并进加上 i 循环变量当前循环值，获取跳到该合并区域后下一个单元格（区域）的位置，而不会造成在合并区域内逐行循环判断，减少不循环次数。

（5）RngAdd = Left(RngAdd, Len(RngAdd) - 1) 语句，通过结合运用 VBA.Left 和 VBA.Len 函数删除了 RngAdd 变量末端的逗号，最后通过 Msgbox 函数显示所有合并单元格的区域地址，如图 4-29 所示。

 图 4-29　选择区域的合并单元格信息

❓ 皮蛋：代码 4-19示例过程中的Range.MergeArea属性，如果选中的不是合并单元格会怎么样？

💬 无言：这个倒不会怎么，先来看下Range.MergeArea属性的语法。

> 返回一个区域的合并区域的 Range 对象
> Range.MergeArea

　　Range.MergeArea 属性只能用于统计一个单元格区域的相关属性，若该单元格为合并区域则返回合并区域对象；若为非合并的单元格则返回该单元格本身。

💬 无言：MergeArea属性只能针对单独的一个单元格区域，而不能同时判断两个区域，多区域时需通过循环判断；MergeArea对于非合并单元格的只返回该单元格，即一就是一，我即是我的原则。

❓ 皮蛋：原来是这样啊，明白了。那我还有个问题，如果我要最后将这几个合并区域都选中，要怎么办呢，刚才只是提示而已。

💬 无言：只需用Range.Select方法就可以了，如下所示。

> Range(RngAdd).Select　　' 将所有合并区域的地址选中

💬 无言：这也是RngAdd变量一开始声明为文本变量的原因，因为Range.Range属性支持文本地址，所以可以直接引用RngAdd文本内容；若将其声明为Range对象时，就需要换另外一个方法了。

❓ 皮蛋：啥方法，快说。

💬 无言：将多单元格区域对象作为整体对象的方法就是——Application.Union 方法，其语法如下。

> 返回两个或多个区域的合并区域
> Application.Union(Arg1, Arg2, Argn,..., Arg30)

　　Application.Union 中的表达式为 Application 对象一般可以省略不写，该方法可以有 30 个参数，实际使用时需通过循环语句对需要的单元格进行并入操作指定一个 Range 对象变量即可；而无需如下示例一样繁杂但是正确的写法。

> Set RngAdd=Union(Range(A4:A12), Range(A16:A18), Range(A19:A21))　　' 将 A4:A12,A16:A18,A19:A21 作为一个合并区域对象
> RngAdd.Select' 选中该区域

　　该方法和 Application.Intersect 方法一样都必须存在不少于两个参数才能生效。

💬 无言：刚才上面的简例，是比较烦琐，无聊地将多个区域并入到RngAdd变量中，实际操作都是通过循环结合条件语句，将满足条件的单元格写入变量中，这样不仅不容易出错，而且语句简洁。具体如代码4-20所示。

代码 4-20　使用 Union 方法合并多个指定区域

```
1| Sub RngsMergeUnion()
2|    Dim i As Long, Rng As Range, RngAdd As Range
3|    On Error Resume Next
4|    Set Rng = Application.InputBox("请选择一维的单元格区域——某一行（列）的单元格区域。", "区域
      选择", Type:=8)
5|    If Rng Is Nothing Then Exit Sub
6|    If Rng.Columns.Count > 1 Or Rng.Rows.Count = Rows.Count Or Rng.Count = 1 Then Exit Sub
7|    For i = 1 To Rng.Count
8|         If Rng(i).MergeCells Then
9|            If RngAdd Is Nothing Then
10|               Set RngAdd = Rng(i).MergeArea
11|            Else
12|               Set RngAdd = Union(RngAdd, Rng(i).MergeArea)
13|            End If
14|            i = i + Rng(i).MergeArea.Rows.Count
15|         End If
16|    Next i
17|    MsgBox "所选中区域中存在：" & RngAdd.Areas.Count & "个合并区域，它们的地址是：" & vbCr &
RngAdd.Address
18|    RngAdd.Select
19| End Sub
```

代码 4-20 示例过程，其实与代码 4-19 示例过程没有太多的区别，主要区别在于原来 RngAdd 变量声明为 Range 对象，而且少了 Cous 计数器，变成了通过采用 Application.Union 方法将合并单元格区域并入 RngAdd 对象中。

在使用 Application.Union 时，第 1 次判断为合并单元格时，不直接用 Set RngAdd = Union(RngAdd, Rng(i).MergeArea) 而用 Set RngAdd = Rng(i).MergeArea，装入第 1 个合并单元格对象。

因为一开始 RngAdd 变量并未被赋值对象，此时如果使用 Union 方法，将不能满足 Union 方法中必须存在 2 个参数的基本要求，所以第 1 次是必须将 RngAdd 对象赋值一个对象，否则后面的 Set RngAdd = Union(RngAdd, Range 对象) 都将是 Noting，导致最后 RngAdd 都未被赋值，所以第 1 次必须使用 Set RngAdd= 赋值 1 个 Range 对象。

❓ 皮蛋：Union就是必须存在两个单元格对象才能组合是吧，这个明白了！但是这里有个问题，言子。为什么运行后提示存在2个合并单元格区域，而不是3个呢？你看图4-30中的提示结果。

⬚	A	B	C	D	E	F	G
1	品名	项目代码					
2	钢材	HXTZ01-GC131008XS			01.判断选中单元格		
3	铁块矿	HXTZ01-QTK131206DL					
4		HXTZ01-YY130922CG-2			02.合并区域的个数		
5		HXTZ01-YY130922CG-2					
6		HXTZ01-YY130922CG-2			03.Union多区域获取		
7		HXTZ01-YY130922CG-2					
8	液压	HXTZ01-YY130922CG-2					
9		HXTZ01-YY130922CG-2					
10		HXTZ01-YY130922CG-2					
11		HXTZ01-YY130922CG-2					
12		HXTZ01-YY140221DL					
13	钢材	HXTZ01-GC140117DL					
14	液压	HXTZ01-YY140303CG					
15	铁矿	HXTZ01-TKS131103DL-1					
16		HXTZ01-GC131008XS					
17	钢材	HXTZ01-GC131008XS					
18		HXTZ01-GC131008XS					
19		HXTZ01-QTK131206DL					
20	铁块矿	HXTZ01-QTK131206DL					
21		HXTZ01-QTK131206DL					
22							

Microsoft Excel
所选中区域中存在：2个合并区域，它们的地址是：
$A$4:$A$12,$A$16:$A$21
确定

图 4-30　合并区域为什么不同

💬 无言：合并区域提示有2个，是因为A16:A21区域中虽然存在着3个合并单元格区域，但是存在着2个临近的合并区域，Union方法认为这个2个区域为一个区域，所以这个结果是没错的。如果统计正确的合并单元格区域的个数，只需另外增加一个计数器变量，来统计合并个数。

4.3.3　合并单元格：Range.Merge

💬 无言：思路决定操作。说完了统计合并单元格的个数和区域，接下来将使用Range.Merge方法合并单元格啦。

平时在 Excel 表中对相同项的合并单元格操作都是通过单击【开始】选项卡的【对齐方式】组中的【合并后居中】按钮来完成，现在要通过 VBA 的方法来合并相同项。

❓ 皮蛋：刚好我这里有一个需要合并同类项的表，给你练手。

💬 无言：你怎么这么会利用资源啊！

❓ 皮蛋：学练结合嘛！你先帮我看看吧，我要将Sheet2中的产品型号相同的单元格进行合并。我给的只是一小部分，实际上有上千条。刚好让我学学如何合并单元格，我也可以学以致用。表格如图4-31所示。

序号	产品型号	发货量（KG）	实收量（KG）
1	FX-B001/25-140目	2,720.00	2,720.00
2	FX-B002(25-140目)	400.00	400.00
3	FX-B1 40-120目	25.00	25.00
4	FX-B1 40-200目	25.00	25.00
5	FX-B1 40-200目	10.00	10.00
6	FX-B1 40-200目	25.00	25.00
7	FX-B1 60-120目	200.00	200.00
8	FX-G1 60-120目	25.00	25.00
9	FX-W1 120目以上	100.00	100.00
10	FX-W2 40-200目	10.00	10.00
11	FX-W3 80-140目	2,000.00	2,000.00
12	二氧化硅109吨袋型	19,000.00	19,000.00

图 4-31 产品型号合并

💬 无言：按照表格中的"产品型号"列合并同类项是吧，那我就先将它作为B列看待了。

在 VBA 中使用 Range.Merge 方法来创建合并单元格，就如同在 Excel 中选中单元格对象后单击【合并后居中】命令，看看它的语法。

> 由指定的 Range 对象创建合并单元格
> Range.Merge(Across)

Range.Merge 方法是由指定的 Range 对象区域创建合并单元格，其中 Range 对象指需要合并的单元格区域，该区域一般要多于一个单元格，只有一个的话就没有存在意义了；Across 参数则是用来判断是否将选定区域按每行独立合并或者将选定单元格区域直接合并为一个整体合并单元格。Across 参数如果为 True，则将指定区域中每一行的单元格合并为一个单独的合并单元格。默认值是 False。

❓ 皮蛋：不解，举例。

💬 无言：先看一下图4-32～4-34。

 图 4-32　Merge 的 Across 参数　　 图 4-33　合并后并居中效果　　 图 4-34　跨越合并效果

Range.Merge 方法 Across 参数指的就是 Excel 界面（见图 4-32）中【合并后居中】和【跨越合并】功能，也就是参数如果是 True 则是跨越合并功能，False 则是合并后居中功能，该参数默认值为 False，即合并后居中。两个参数的 False 和 True 效果对应图 4-33 和图 4-34。

💬 无言：说完了语法和参数，现在正式进入合并过程的书写和解释啦，先看代码4-21所示的过程。

代码 4-21　从上至下合并相同项

```
1| Sub MergeCpxh01()
2|     Dim Mrow As Long, i As Long, Temi As Long
3|     With Sheet2
4|         Mrow = .Range(B1).End(xlDown).Row
5|         Temi = 1
6|         Application.ScreenUpdating = False
7|         Application.DisplayAlerts = False
8|         For i = 2 To Mrow - 1
9|             If .Cells(i, 2) = .Cells(i + 1, 2) Then Temi = i
10|            If .Cells(Temi, 2) = .Cells(i + 1, 2) Then .Cells(Temi, 2).Resize(i - Temi + 2).Merge
11|        Next i
12|        Application.DisplayAlerts = True
13|        Application.ScreenUpdating = True
14|    End With
15| End Sub
```

示例代码合并后的效果如图 4-35 所示。

	A	B	C	D
1	序号	产品型号	发货量（KG）	实收量（KG）
2	1	FX-B001/25-140目	2,720.00	2,720.00
3	2	FX-B002(25-140目)	400.00	400.00
4	3	FX-B1 40-120目	25.00	25.00
5	4		25.00	25.00
6	5	FX-B1 40-200目	10.00	10.00
7	6		25.00	25.00
8	7	FX-B1 60-120目	200.00	200.00
9	8	FX-G1 60-120目	25.00	25.00

图 4-35　示例代码合并后的效果

代码 4-21 由上至下逐行比较上下 2 个单元格的内容是否一致，如果相同则进行合并，现将代码中主要语句的作用讲解下。

（1）通过 .Range(B1).End(xlDown).Row 语句获取指定工作表从 B1 单元格向下最后的有效行，并赋值给 Mrow 变量，该变量用于循环变量 i 的终值。

（2）Application.ScreenUpdating = False 语句用于关闭屏幕刷新；Application.DisplayAlerts = False 语句用于关闭合并单元格时的提示信息。

（3）接着通过 For…Next 循环语句比较上下单元格内容是否相同，如果相同则合并——首先判断开始 i 是否为 2，即从正文开始，而不考虑标题；若开始位置为正文内容，则循环 i 变量可以更改为由 1 开始；并将终值 Mrow - 1，为获取最大行的前一行，为后面的 i+1 不超过有效行数防止出错。

（4）If .Cells(i, 2) = .Cells(i + 1, 2) 语句通过循环 i 值，判断当前单元格与下一单元格的内容是否一致，相同则将当前循环 i 赋值给 Temi 变量（Temi = i），该变量的作用——当循环中第 1 次上下单元格内容一致时，记录下当前循环 i 的值，作为合并单元格开始的初始数（行号）。

（5）If .Cells(Temi, 2) = .Cells(i + 1, 2) 语句用于记录第 1 个单元格的值与循环 i 变量的下一个单元格是否相同，若相同则进行合并——通过 .Cells(Temi, 2).Resize(i - Temi + 2).Merge 语句对两个单元格区域进行合并，i - Temi + 2 语句为要合并行数量。

（6）直到循环结束，最后重新开启警告提示和屏幕刷新。

? 皮蛋：为什么i - Temi + 2这句中是+2呢？

... 无言：这个是因为第1次合并单元格时，Temi和i相同，获得值为0，而Resize的参数不能为小于等于0，而且合并的时候最少是两个单元格，所以最少必须是2。

皮蛋：呃，还是不明，我还是慢慢去一步步按F8调试吧，不过这个效果是我要的。

... 无言：这个想法可以，既然有从上而下，那么就有从下往上。下面看一个例子，如代码4-22所示。

代码 4-22　由下至上的单元格合并

```
1| Sub MergeCpxh02()
2|     Dim Mrow As Long, i As Long
3|     With Sheet2
4|         Mrow = .Range(B1).End(xlDown).Row
5|         Application.ScreenUpdating = False
6|         Application.DisplayAlerts = False
7|         For i = Mrow To 2 Step -1
8|             If .Cells(i, 2) = .Cells(i - 1, 2) Then .Cells(i - 1, 2).Resize(2).Merge
9|         Next i
10|        Application.DisplayAlerts = True
11|        Application.ScreenUpdating = True
12|    End With
13| End Sub
```

? 皮蛋：代码4-22看起来比代码4-21简约多了，也简单很多啊。

... 无言：是的，这里运用了For…Next的步长为负数，进行了反向操作，先由底部开始，从最后的单

元格与上一单元格进行比较，如果相同则进行合并。其他语句与代码4-21示例过程没有太多的差异。

 ### 4.3.4　拆解单元格：Range.UnMerge

💬 无言：讲完了合并单元格的方法，接下来讲拆解单元格的方法——Range.UnMerge。

❓ 皮蛋：拆解合并单元格，我一般在Excel界面中单击【合并并居中】这个按钮来搞定，不过代码中为什么要用Range.UnMerge，而不是Range.Merge？

💬 无言：虽然在Excel中的操作是单击一次【合并并居中】按钮，但是在VBA中却是另外一个方法——Range.UnMerge。先来看下它的语法吧。

> 将合并区域分解为独立的单元格
> Range.UnMerge

❓ 皮蛋：就这么简单啊。

💬 无言：对的，就这样简单，其语法中的Range对象主要针对那些合并单元格对象，所以只要指定合并区域使用Range.UnMerge方法就可以拆分原来的合并单元格了。具体如代码4-23所示。

代码 4-23 中示例过程中，将Rng赋值为指定工作表（Sheet3）的 B 列，用于 UnMerge 方法的表达式对象，最后运用 Rng.UnMerge 语句将 B 列中已合并的单元格拆解为一个个独立的单元格，如图 4-36 所示。

代码 4-23　拆分 B 列合并单元格区域

```
1| Sub RngUnMerge()
2|     Dim Rng As Range
3|     Set Rng = Sheet3.Columns(2)
4|     Rng.UnMerge
5| End Sub
```

	A	B	C	D
1	序号	产品型号	发货量（KG）	实收量（KG）
2	1	FX-B001/25-140目	2,720.00	2,720.00
3	2	FX-B002(25-140目)	400.00	400.00
4	3	FX-B1 40-120目	25.00	25.00
5	4	FX-B1 40-200目	25.00	25.00
6	5		10.00	10.00
7	6		25.00	25.00
8	7	FX-B1 60-120目	200.00	200.00
9	8	FX-G1 60-120目	25.00	25.00
10	9	FX-W1 120目以上	100.00	100.00
11	10	FX-W2 40-200目	10.00	10.00
12	11	FX-W3 80-140目	2,000.00	2,000.00

图 4-36　拆分后的单元格

❓ 皮蛋：呃呵，那能不能为空白单元格填充上一个单元格的值（如图4-37所示），也就是定位填充呢？

	A	B	C	D
1	序号	产品型号	发货量（KG）	实收量（KG）
2	1	FX-B001/25-140目	2,720.00	2,720.00
3	2	FX-B002(25-140目)	400.00	400.00
4	3	FX-B1 40-120目	25.00	25.00
5	4	FX-B1 40-200目	25.00	25.00
6	5	FX-B1 40-200目	10.00	10.00
7	6	FX-B1 40-200目	25.00	25.00
8	7	FX-B1 60-120目	200.00	200.00
9	8	FX-G1 60-120目	25.00	25.00
10	9	FX-W1 120目以上	100.00	100.00

图 4-37 拆分并填充内容

💬 无言：你这家伙要求还真高呢！可以，不过这就需要用到你说的定位填充的方法了。先给出代码4-24，再来解释。

代码 4-24 拆分 B 列单元格后填充

```
1| Sub RngUnMergeandAutoFill()
2|     Dim Rng As Range, MaxR As Long
3|     With Sheet3
4|         MaxR = .UsedRange.Rows.Count
5|         Set Rng = .Cells(1, 2).Resize(MaxR, 1)
6|         Rng.UnMerge
7|         Rng.SpecialCells(xlCellTypeBlanks).FormulaR1C1 = "=R[-1]C"
8|         Rng.Copy
9|         Rng.PasteSpecial Paste:=xlPasteValues
10|    End With
11| End Sub
```

代码 4-24 示例过程不仅使用了 Range.UnMerge 方法拆分合并单元格，还用到了 Range.SpecialCells、Range.Copy、Range.PasteSpecial 这 3 种方法，它们分别对应 Range 对象的定位、复制、选择性粘贴操作。

（1）MaxR = .UsedRange.Rows.Count 语句为获取指定工作表的已使用区域的最大使用行数，并将获取的行数赋值给 MaxR 变量。

（2）Set Rng = .Cells(1, 2).Resize(MaxR, 1) 语句则是将 Rng 赋值限制为取表 3 中的 B 列的有效数据行范围，区域 MaxR 行和 1 列的区域范围。

（3）使用 Rng.UnMerge 方法将 Rng 区域中的合并单元格进行拆分。

（4）Rng.SpecialCells(xlCellTypeBlanks).FormulaR1C1 = "=R[-1]C" 语句可以拆解为 2 部分：第 1 部分使用 Range.SpecialCells 定位 Rng 区域中的空单元格；接着在已定位的单元格内输入公式 .FormulaR1C1 = "=R[-1]C"，相当于在定位后的任意单元格内输入一个相对引用的公式，这样将会获得该单元格的上一单元格的内容。

（5）Rng.Copy 语句的作用是将已经定位填充了公式的 B 列有效区域进行复制；再通过 Rng.PasteSpecial Paste:=xlPasteValues 语句使用选择性粘贴功能将复制的数据粘贴为值(xlPasteValues) 到原区域，这样便使得原来含有公式的单元格全部变为了数值。

1. Range.SpecialCells 单元格定位

皮蛋：言子，刚才说的定位方法语句还不知道如何使用，举例说说。

无言：一个个来。

定位功能
Range.SpecialCells(Type, Value)

Range.SpecialCells 方法有两个参数，其中参数 Type 用于指定需要定位的数据，如图 4-38 所示；其对应的常量及值如表 4-2 所示。

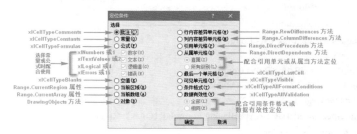

图 4-38　Range.SpecialCells 方法 Type 参数对应定位条件的位置

表 4-2　Range.SpecialCells 方法 Type 参数的常量及值

XlCellType 常量	值	对定位条件名称
xlCellTypeAllFormatConditions	- 4172	条件格式（T）
xlCellTypeAllValidation	- 4174	数据有效性（V）
xlCellTypeBlanks	4	空值（K）
xlCellTypeComments	- 4144	批注（C）
xlCellTypeConstants	2	常量（O）
xlCellTypeFormulas	- 4123	公式（F）

续表

XlCellType 常量	值	对定位条件名称
xlCellTypeLastCell	11	最后一个单元格（S）
xlCellTypeSameFormatConditions	- 4173	选中区域内全部的条件样式
xlCellTypeSameValidation	- 4175	以选中单元格为参照区域中相同的条件样式
xlCellTypeVisible	12	可见单元格（Y）

无言：Range.SpecialCells方法先通过简单举例认识下各枚举常量用法，如图4-39所示。

品名	项目代码	单位	数量	单价	小计	区域数量	备注
钢材	HXTZ01-GC131008XS	吨	27	20.015	540.41	540.405	
铁块矿	HXTZ01-QTK131206DL	吨	18	27.996	503.93	503.928	
	HXTZ01-YY130922CG-2	台	49	41.93	2054.57	2054.57	
	HXTZ01-YY130922CG-2	台	44	16.119	709.24	709.236	
	HXTZ01-YY130922CG-2	台	40	47.903	1916.12	1916.12	
	HXTZ01-YY130922CG-2	台	18	46.683	840.29	840.294	
液压	HXTZ01-YY130922CG-2	台	26	48.328	1256.53	1256.528	
	HXTZ01-YY130922CG-2	台	36	37.636	1354.9	1354.896	
	HXTZ01-YY130922CG-2	台	35	31.033	1086.16	1086.155	
	HXTZ01-YY130922CG-2	台	34	18.988	645.59	645.592	
	HXTZ01-YY140221DL	台	24	32.455	778.92	778.92	
钢材	HXTZ01-GC140117DL	吨	45	34.136	1536.12	1536.12	
液压	HXTZ01-YY140303CG	台	47	44.629	2097.56	2097.563	
铁矿	HXTZ01-TKS131103DL-1	吨	18	36.901	664.22	664.218	
	HXTZ01-GC131008XS	吨	37	15.036	556.33	556.332	
钢材	HXTZ01-GC131008XS	吨	10	18.95	189.5	189.5	
	HXTZ01-GC131008XS	吨	27	24.127	651.43	651.429	
	HXTZ01-QTK131206DL	吨	43	46.242	1988.41	1988.406	
铁块矿	HXTZ01-QTK131206DL	吨	48	31.758	1524.38	1524.384	
	HXTZ01-QTK131206DL	吨	37	26.579	983.42	983.423	
合计		#VALUE!	663		21878.03		21878.02

图 4-39 SpecialCells 表格

图 4-39 中存在着常量、公式、条件格式、数据有效性等定位常用元素，现在运用 Range. SpecialCells 方法的参数定位指定元素，代码 4-25 ～代码 4-31（共 7 个示例）将根据不同元素在图 4-39 所示的单元格中进行定位操作。示例代码中的 Rng 变量为单元格对象，且均为由 A1 单元格为起点且连续单元格区域。

定位空值如代码 4-25 所示。

代码 4-25　定位空值（单元格无内容）

```
1| Sub 定位01_空值()
2|     Dim Rng As Range
3|     Set Rng = Range ("A1").CurrentRegion
4|     Rng.SpecialCells(xlCellTypeBlanks).Select
5| End Sub
```

💬 无言：代码 4-25示例过程中 Type的参数为xlCellTypeBlanks，用定位单元格内容为空白的 Range对象。

Rng.SpecialCells(xlCellTypeBlanks).Select 语句为在指定的 Rng 对象区域内执行定位空值的操作后并将它们选中。

定位常量如代码 4-26 所示。

代码 4-26　定位常量（文本、数值、错误值、逻辑值）

```
 1| Sub 定位02_常量()
 2|     Dim Rng As Range, Nums As Integer, Tis As String
 3|     Set Rng = Range ("A1").CurrentRegion
 4|     Tis = "请输入需要定位的常量的类型，分别有：" & vbCr & "1 数值" & vbCr & "2 文本" _
 5|         & vbCr & "4 逻辑值" & vbCr & "16 错误值" & vbCr & "也可以将提示的数值进行" & _
 6|         "相加获取需要定位常量，例如1+2为3，即定位数字和文本"
 7|     Nums = Application.InputBox(Tis, "定位常量条件", 1, Type:=1)
 8|     On Error Resume Next
 9|     Rng.SpecialCells(xlCellTypeConstants, Nums).Select
10|     If Err.Number <> 0 Then MsgBox "定位条件不存在"
11| End Sub
```

❓ 皮蛋：代码 4-26怎么比代码 4-25多了几条语句？我知道，Rng指定单元格区域，Tis作为提示，Nums则是作为一个数字传递，但是把它放置在Range.SpecialCells中的作用是什么呢？

💬 无言：Nums变量作为传递参数，将变量值传递给Range.SpecialCells方法的Value参数，该参数主要用于定位常量或公式。Value参数总共有4个常量值，如表 4-3所示。

表 4-3　Range.SpecialCells 方法 Value 参数对应值

XlSpecialCellsValue 常量	值	对应名称
xlErrors	16	错误值
xlLogical	4	逻辑值（布尔值）
xlNumbers	1	数字
xlTextValues	2	文本

表 4-3 中的常量值即为选择定位时，图 4-38 中的 4 个对应值，当选择定位常量时，Value 参数定位数据只能是存在单元格内的实际内容，而不能由公式产生的值，而当选择定位公式时，Value 参数定位的数据只能由公式的结果决定。

❓ 皮蛋：意思就是常量定位时Value参数的定位只能是具体的单元格的值，而非公式计算结果值，而公式定位的只能由计算结果产生。

💬 无言：就这个意思。当选择好Nums后，通过Rng.SpecialCells(xlCellTypeConstants, Nums).Select定位常量类型的单元格。

Range.SpecialCells 方法的 Value 参数的值和 Msgbox 函数的第 2 参数一样可以累加，例如：现在要定位数字和文本两种类型，那么可以将 Nums 变量输入值变为 3（即 1+2）；若要定位数字和逻辑值则可以输入 5（即 1+4）；如果要全部的话可以则直接输入 23（即 16+4+1+2）。

❓ 皮蛋：原来Nums的作用就是指定要定位的具体数据类型啊。

On Error Resume Next——该语句用于当执行过程中存在错误时，过程还将继续执行后面的语句直到过程结束。一般该语句作为容错作用。

在代码 4-26 中的作用为当定位数据类型不存在时，继续执行后面的语句；If Err.Number <> 0 语句为判断当定位条件不存在时，通过 Msgbox 函数提示。其中 Err. Number 属性值将不为 0，由此判断定位条件不存在，或者说代码中存在错误。

💬 无言：接下来是定位公式，如代码4-27所示，其示例过程与代码4-26过程基本相似。

代码 4-27 与代码 4-26 示例过程及其相似，只是多了一个 99 定位数组公式的功能，该数值为指定单元格或区域中的是否存在数组公式，如果不存在将出现错误，不能选中获取区域。

CurrentArray 是 Range 对象的属性，如果指定单元格属于数组，则返回一个 Range 对象，该对象表示整个数组，且只读。

代码 4-27　定位公式

```
1| Sub 定位03_公式()
2|     Dim Rng As Range, Nums As Integer, Tis As String
3|     Set Rng = Range ("A1").CurrentRegion
4|     Tis = "请输入需要定位的公式的类型，分别有：" & vbCr & "1 数字" & vbCr & "2 文本" _
5|         & vbCr &" 4 逻辑值" & vbCr &" 16 错误值" & vbCr & "也可以将提示的数字进行" & _
6|         "相加获取需要定位常量，例如1+2为3，即定位数字和文本" & vbCr & "99 数组公式"
7|     Nums = Application.InputBox(Tis, "定位常量条件", 1, Type:=1)
8|     On Error Resume Next
9|     Select Case Nums
10|        Case Is < 99
11|            Rng.SpecialCells(xlCellTypeFormulas, Nums).Select
12|        Case 99
13|            Selection.CurrentArray.Select
14|    End Select
15|    If Err.Number <> 0 Then MsgBox "定位条件不存在。"
16| End Sub
```

代码 4-28 示例过程为定位条件格式。

代码 4-28　定位条件格式

```
1| Sub 定位04_条件格式()
2|     Dim Rng As Range
3|     Set Rng = Range ("A1").CurrentRegion
4|     Rng.SpecialCells(xlCellTypeAllFormatConditions).Select
5| End Sub
```

代码 4-29 示例过程为定位数据有效性。

代码 4-29　定位数据有效性

```
1| Sub 定位05_数据有效性()
2|     Dim Rng As Range
3|     Set Rng = Range ("A1").CurrentRegion
4|     Rng.SpecialCells(xlCellTypeAllValidation).Select
5| End Sub
```

💬 无言：代码 4-28和代码 4-29示例过程，分别是定位区域中的已使用条件格式和数据有效性的单元格。

代码 4-30 为定位可见单元格示例过程。

代码 4-30　定位可见单元格

```
1| Sub 定位06_可见单元格()
2|     Dim Rng As Range
3|     Set Rng = Range ("A1").CurrentRegion
4|     Rng.SpecialCells(xlCellTypeVisible).Select
5| End Sub
```

💬 无言：代码 4-30示例过程，用于筛选或者隐藏单元格后，定位指定区域中的可见单元格对象。该功能主要用于避免筛选后复制时会将隐藏单元格一起复制。

❓ 皮蛋：哦，原来这样，Excel 2010及其以上版本筛选后可以直接进行复制粘贴操作，其以下版本则需先定位可见单元格再执行相应操作。

代码 4-31 为定位最后的单元格示例过程。

代码 4-31 定位最后的单元格

```
1| Sub 定位07_最后单元格()
2|     Dim Rng As Range
3|     Set Rng = Range ("A1").CurrentRegion
4|     Rng.SpecialCells(xlCellTypeLastCell).Select
5| End Sub
```

无言：代码 4-31示例过程为定位指定区域中的最后一个有数据或已设置格式的单元格位置，用来判断区域的最大位置，类似于Worksheet.UsedRange和Range.CurrentRegion属性。

皮蛋：那要如何运用，来个简例吧。

无言：下面2个简例，先看下。

```
Cells.SpecialCells(xlCellTypeLastCell).Select ' 定位激活工作表中所有单元格中最后一个有效单元格位置
ActiveSheet.UsedRange.Item(ActiveSheet.UsedRange.Cells.Count).Select    ' 选择激活工作表已使用区域中
的最后一个单元格
Range ("A1").CurrentRegion(Range ("A1").CurrentRegion.Cells.Count).Select         ' 选择连续区域中的最
后一个单元格
```

皮蛋：原来按Worksheet.UsedRange属性已使用区域的最大行列位置定位最后一个单元格。

无言：是的，还有其他的定位对象，皮蛋你可以自己试着修改下，例如定位批注啊。接下来就是关于Range.Copy的用法了，其实也挺简单。

2. Range.Copy 单元格复制

无言：在本章中，不止一次用到了Range.Copy方法，代码 4-24示例过程定位并填充公式后，将该区域进行复制再粘贴为值时就使用了该方法。现在就来讲讲该方法。

皮蛋：这个是你欠我的，现在该还了。

```
将单元格区域复制到指定的区域或剪贴板中
Range.Copy(Destination)
```

Range.Copy 只有一个 Destination 参数，当采用 Destination 参数时，则需指定要复制到的 Range 位置，如代码 4-32 所示；而不指定 Destination 参数时，则是将复制的单元格区域存入到剪贴板中，此时就需要配合其他方法才能将指定区域复制到新位置。

代码 4-32　复制指定区域到新位置

```
1| Sub CopySheet2()
2|      Sheet1.Range("A1:G10").Copy Sheet2.Cells(1)
3| End Sub
```

无言：代码 4-32示例过程就是将Sheet1表中的A1:G10单元格区域复制到Sheet2表的A1单元格。复制过来时，新的单元格区域与原来的区域是一样大的，所以只需要书写需要复制到的开始单元格位置，而无需写明新区域的范围。

皮蛋：下面的方式会是什么结果呢？

```
Sheet1.Range("A1:G10").Copy Sheet2.Cells(1).Resize(2, 5)
```

无言：这种写法没什么效果，无法改变原复制区域粘贴到的区域范围的大小。

代码 4-33 示例过程则是将标题和另外一个区域通过 Application.Union 方法组合成一个新的区域并赋值给 Rng 变量，之后通过 Range.Copy 复制到指定新位置。

代码 4-33　非连续区域复制

```
1| Sub CopyUnionRng()
2|      Dim Rng As Range
3|      With Sheet1
4|          Sheet2.Cells.Clear
5|          Set Rng = Union(.Range"(A1:G1"), .Range("A10").Resize(10, 7))
6|          Rng.Copy Sheet2.Cells(1)
7|      End With
8| End Sub
```

皮蛋：复制标题和需要内容，这个不就是平时的工资条的用法吗，原来是这样啊。还有里头的Clear是干什么用的？

无言：Range.Clear方法是清除所有单元格对象的数据、内容格式，Rang对象中几个类似的方法，它们各司其职，下面我就简单说下。

3.　Range.Clear 家族

Range.Clear 方法主要用于清除单元格区域内已有的所有设置和内容——清除整个对象，其语法如下，该方法没有多余其他参数就只有 Range 对象。

清除整个对象

Range.Clear

代码 4-33 中的 Sheet2.Cells.Clear 语句，即清除 Sheet2 整个表工作表中所有单元格对象的所有设置、数据，相当于我们平时说的归零。其同时也对应了 Excel 界面中如图 4-40 所示其他方法。

？ 皮蛋：那它们对应着Range中的哪些方法呢？

··· 无言：这个挺好认的，因为它们与Clear都有关，所以它们都会在其他名词前会带有Clear，后面再接着显示需要删除的要素，如表 4-4所示。

图 4-40　Range.Clear 家族

表 4-4　Range.Clear 方法的家族成员

方 法 语 法	作　　用
Range.Clear	清除整个对象
Range.ClearComments	清除指定区域的所有单元格批注
Range.ClearContents	清除指定区域的公式/内容
Range.ClearFormats	清除对象的格式设置
Range.ClearHyperlinks	删除指定区域中的所有超链接
Range.ClearNotes	清除指定区域中所有单元格的批注和语音批注
Range.ClearOutline	清除指定区域的分级显示

假设现在需要删除 A1:A10 区域中的批注或者公式、格式等，那么语句可以书写如下：

Range("A1:A10").ClearComments　' 清除区域含有批注的单元格

Range("A1:A10"). ClearContents　' 清除区域含有公式及其内部数据内容

Range("A1:A10"). ClearFormats　' 清除区域内已设置的单元格格式，包括颜色、字体等都恢复默认设置

Range("A1:A10"). ClearHyperlinks　' 清除区域含有超级链接单元格

？ 皮蛋：Range.ClearNotes和Range.ClearOutline呢？

··· 无言：Range.ClearNotes比较不常用，而Range.ClearOutline则用于清除所示的已采用分级设置的区域，但是它们的使用大同小异，都只需指定需要单元格区域在结合后面正确的清除对象即可。

？ 皮蛋：不过感觉Range.ClearContents挺特殊，帮助上说的是删除公式，怎么你却说是删除公式和内容了。

··· 无言：Range.ClearContents的说明比较含糊，不过在录制宏清除内容，使用的就是该方

法，所以按这个思路来没错的，不要纠结。

代码4-34所示为清除指定区域示例。

该过程即为使用 Clear 家族清除，分别对应了清除所有、内容及公式、单元格格式、超级链接、批注以及清除表中已有的分级显示效果。

> ### 代码 4-34　清除指定区域
>
> ```
> 1| Sub ClearRng()
> 2|     Range ("A1").Clear
> 3|     Range("F2:G19").ClearContents
> 4|     Range("E2:E19").ClearFormats
> 5|     Range("G19").ClearHyperlinks
> 6|     Range("A2:A119").ClearComments
> 7|     Cells.ClearOutline
> 8| End Sub
> ```

4. Range.PasteSpecial 和 Worksheet. Paste，剪贴板的粘贴

💬 无言：刚才在说Range.Copy的时候，说到不指定Destination参数的话，复制的数据将存入剪贴板中，只能通过其他方法呈现数据，现在就来说说呈现数据的方法。

❓ 皮蛋：平时在Excel操作，我是通过按Ctrl+V快捷键粘贴或者选择性粘贴搞定的，在VBA中是不是也一样有对应的方法呢！

💬 无言：VBA中对应的方法有Range.PasteSpecial和Worksheet.Paste两种方法，它们虽然对应了不同对象，但是因为功能类似就一起说了，先来说下Worksheet.Paste方法，其语法如下。

> 粘贴功能
> Worksheet.Paste(Destination, Link)

Worksheet.Paste 方法是将剪贴板中的内容，包含格式等粘贴到工作表中的激活 / 选中单元格位置。它有两个参数，参数说明如表 4-5 所示。

表 4-5　Worksheet.Paste 方法参数说明

参 数 名 称	必需/可选	数 据 类 型	说　　明
Destination	可选	Variant	一个 Range 对象，指定用于粘贴剪贴板中内容的目标区域。如果省略此参数，就使用当前的选定区域。仅当剪贴板中的内容能被粘贴到某区域时，才能指定此参数。如果指定了此参数，则不能使用 Link 参数
Link	可选	Variant	如果为 True，则链接到被粘贴数据的源。如果指定此参数，则不能使用 Destination 参数。默认值是 False

从表 4-5 所示的说明中可知，Destination 和 Link 两个参数不能同时存在，那么如何使用该方法的参数呢？

💬 无言：平时复制粘贴时都选中单元格后使用Ctrl+V粘贴，相当于使用了Worksheet.Paste方

法的Destination参数，先看看代码 4-35示例过程。

代码 4-35　指定粘贴单元格位置

```
1| Sub ShtPaste()
2|     Dim CopyRng As Range, PasteRng As Range
3|     With Sheet2
4|         .Cells.Clear
5|         Set CopyRng = Sheet1.UsedRange
6|         Set PasteRng = .Cells(1, 1)
7|         CopyRng.Copy
8|         .Paste Destination:=PasteRng
9|     End With
10| End Sub
```

代码 4-35 示例过程，首先定义了 2 个 Range 对象变量，CopyRng 用来存放复制的单元格区域变量，PasteRng 存放要粘贴到的单元格变量；接着通过 .Cells.Clear 清除 Sheet2 工作表所有单元格；接着分别对 CopyRng 和 PasteRng 进行具体单元格区域赋值；然后使用 Range.Copy 方法复制指定区域；最后使用 Worksheet.Paste 方法且指定 Destination 参数的粘贴单元格位置进行粘贴操作。

无言：图4-41所示是代码 4-35过程执行的效果，和平时的复制粘贴操作一样。

 图 4-41　Paste 粘贴后的效果

从图 4-41 的②中可以看出粘贴后的效果和①效果不一样，如果要实现一样的效果，就需要配合 Range.AutoFit 方法调整粘贴后区域的行高和列宽为自动适应，即增加如下语句：

```
Sheet2.UsedRange.Columns.AutoFit    '调整使用区域的所有列为自动列宽
Sheet2.UsedRange.Rows.AutoFit       '调整使用区域的所有行为自动行高
```

　　使用 Link 参数时，因为 Worksheet.Paste 方法不允许同时使用 Destination 和 Link 参数，那么只能在粘贴之前先选择需要粘贴的单元格，再执行粘贴语句。

　　其中 Link 参数的作用是粘贴后的数据会关联到源数据，每当源数据变化时链接的新位置的数据内容也会跟随变化，但是该方法粘贴后只存在数据和公式，已有设置的格式都将不复存在，需要重新将格式复制过来。

? 皮蛋：呃呵，还需要复制格式过来啊，继续。

　　链接到数据源的粘贴如代码 4-36 所示。

代码 4-36　链接到数据源的粘贴

```
1| Sub ShtPasteLink()
2|     Dim CopyRng As Range, PasteRng As Range
3|     With Sheet2
4|         .Cells.Clear
5|         Set CopyRng = Sheet1.UsedRange
6|         Set PasteRng = .Cells(1, 1)
7|         CopyRng.Copy
8|         .Select
9|         PasteRng.Select
10|        .Paste Link:=True
11|    End With
12| End Sub
```

? 皮蛋：代码4-35和4-36差别不大，好像就是多了两条语句而已，选择激活Sheet2表，再将PasteRng要粘贴的单元格位置选中，最后执行粘贴操作，没错吧。

●●● 无言：是的，不过代码 4-36中有一条语句比较重要，即.Select语句，如果没有该语句而直接执行PasteRng.Select语句将遇到【运行时错误1004】的提示；造成该错误的原因是由于PasteRng为指定粘贴到Sheet2表，如果不先选择或激活该表，将无法进行粘贴操作，所以该语句在跨工作表（簿）的情况下都必须存在。

? 皮蛋：粘贴时必须先激活指定的工作簿或工作表，要不只能坑自己。

●●● 无言：没错，知道坑自己就要懂得如何避免，说完了Worksheet.Paste方法，接着讲Range. PasteSpecial方法，先来语法。其参数说明如表4-6所示。

选择性粘贴
Range.PasteSpecial(Paste, Operation, SkipBlanks, Transpose)

表 4-6 Range.PasteSpecial 方法的参数说明

参 数 名 称	必需/可选	数 据 类 型	说 明
Paste	可选	XlPasteType	要粘贴的区域部分
Operation	可选	XlPasteSpecialOperation	粘贴操作
SkipBlanks	可选	Variant	如果为 True，则不将剪贴板上区域中的空白单元格粘贴到目标区域中。默认值为 False
Transpose	可选	Variant	如果为 True，则在粘贴区域时转置行和列。默认值为 False

Range.PasteSpecial 方法对应 Excel 中的选择性粘贴功能，可将复制后的数据按需粘贴。其参数共有 4 个，分别对应图 4-42 中的 4 个区域。

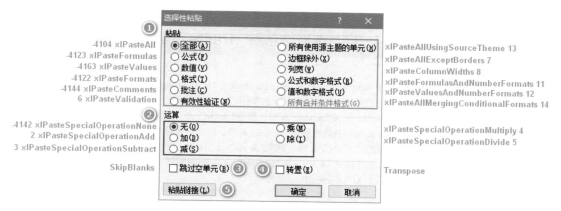

图 4-42 Range.PasteSpecial 方法的对应参数区域

Paste 参数对应图 4-42 中的①粘贴区域，在该区域内让用户选择复制后要粘贴源表的哪些项，如全部、公式或者其他；Paste 参数有 12 个粘贴选项，它们分别对应表 4-7 和图 4-42 的①区域功能。

 无言：下面通过一个简单的例子（见代码4-37）说明Paste参数的使用。

表 4-7 Range.PasteSpecial 的 Paste 参数的常量值

名 称	值	说 明
xlPasteValues	- 4163	粘贴值
xlPasteComments	- 4144	粘贴批注

续表

名　称	值	说　明
xlPasteFormulas	- 4123	粘贴公式
xlPasteFormats	- 4122	粘贴复制的源格式
xlPasteAll	- 4104	粘贴全部内容
xlPasteValidation	6	粘贴有效性
xlPasteAllExceptBorders	7	粘贴除边框外的全部内容
xlPasteColumnWidths	8	粘贴复制的列宽
xlPasteFormulasAndNumberFormats	11	粘贴公式和数字格式
xlPasteValuesAndNumberFormats	12	粘贴值和数字格式
xlPasteAllUsingSourceTheme	13	使用源主题粘贴全部内容
xlPasteAllMergingConditionalFormats	14	将粘贴所有内容，并且将合并条件格式

代码 4-37　选择性粘贴 _Paste 参数

```
1| Sub RngCopyToPasteSpecial()
2|     Dim C_Rng    As Range, P_Rng As Range, P_Num As Integer, Tis As String
3|     Tis = "请选择需要粘贴的模式，输入对应的提示数字即可。" & vbCr & _
4|         "1、 全部" & vbCr & "2、公式" & vbCr & "3、数值" & vbCr & "4 格式" & vbCr _
5|         & " 5、批注" & vbCr & "6、有效性验证" & vbCr & "7、所有使用源主题" _
6|         & vbCr & "8、外框除外" & vbCr & "9、列宽" & vbCr & "10、公式和数字格式" _
7|         & vbCr & "11、值和数字格式" & vbCr & "12、所有合并条件格式"
8|     Set C_Rng = Sheet1.Range ("A1").CurrentRegion
9|     With Sheet2
10|        Set P_Rng = .Range ("A1")
11|        P_Num = Application.InputBox(Tis, "选择性粘贴", 1, Type:=1)
12|        If P_Num < 1 Or P_Num > 12 Then Exit Sub
13|        Select Case P_Num
14|            Case 1: P_Num = xlPasteAll
15|            Case 2: P_Num = xlPasteFormulas
16|            Case 3: P_Num = xlPasteValues
17|            Case 4: P_Num = xlPasteFormats
18|            Case 5: P_Num = xlPasteComments
19|            Case 6: P_Num = xlPasteValidation
20|            Case 7: P_Num = xlPasteAllUsingSourceTheme
21|            Case 8: P_Num = xlPasteAllExceptBorders
```

```
22|              Case 9: P_Num = xlPasteColumnWidths
23|              Case 10: P_Num = xlPasteFormulasAndNumberFormats
24|              Case 11: P_Num = xlPasteValuesAndNumberFormats '
25|              Case 12: P_Num = xlPasteAllMergingConditionalFormats 4
26|          End Select
27|          .Cells.Clear
28|          C_Rng.Copy
29|          .Activate
30|          P_Rng.PasteSpecial Paste:=P_Num
31|      End With
32| End Sub
```

（1）代码 4-37 示例过程将显示将 Tis 变量赋值为提示文本内容，接着赋值 C_Rng 变量的具体单元格区域，该变量主要用于存放复制的区域位置。

（2）With Sheet2…End With 语句标明该层内引用 Sheet2 表的相关对象 / 属性 / 方法，P_Rng 为选择性粘贴的单元格位置；接着使用 Application.InputBox 方法让用户选择对应数字赋值给 P_Num 变量。

（3）通过 If 语句判断输入的数字范围是否在 1 ～ 12 之间，如果不是则退出过程；接着通过 Select Case…End Select 选择语句并依据 P_Num 变量取值未指定对应的粘贴样式。

（4）Cells.Clear 语句清空 Sheet2 表的所有单元格，接着 C_Rng.Copy 语句复制指定区域，并激活 Sheet2，最后在 P_Rng 指定位置依据 P_Num 变量的值进行粘贴操作。

? 皮蛋：那Range.PasteSpecial方法的其他几个参数的用法呢？

Operation 参数对应了图 4-42 中②的运算区域，该参数主要用于平时需要对某区域的数字进行加减乘除运算，也可通过该方法将原来的文本数字更正为数字，也可以通过分列功能做到。

先看下 Sheet3 中的两列数字（见图 4-43），其中 A 列为文本数字，B 列为数字。现在通过 Operation 将 A 列的文本数字更正为数字，示例代码如代码 4-38 所示。

图 4-43　一次性粘贴文本变空白

代码 4-38　文本数字更正为数字

```
1| Sub TextNumToNum()
2|     Dim C_Rng    As Range
3|     With Sheet3
4|         .Columns(5).Clear
5|         Set C_Rng = .Columns(1)
6|         C_Rng.Copy
7|         .Paste .Cells(1, "E")
8|         .Cells(1, "E").PasteSpecial Operation:=xlPasteSpecialOperationAdd
9|     End With
10| End Sub
```

? 皮蛋：无言，我想问代码4-38中.Paste.Cells(1,"E")为什么要出现在这里呢？为何不直接使用PasteSpecial方法的Paste+Operation参数直接粘贴，而通过Worksheet.Paste方法呢？

··· 无言：这是因为用PasteSpecial方法，不是不可，但是会造成文本字符的丢失，只能剩下转换后的数字，所以分开为两段这么写的，你可以使用下面的语句替换看看。

.Cells(1, "E").PasteSpecial Paste:=xlPasteAll,Operation:=xlPasteSpecialOperationAdd

? 皮蛋：还真的啊，我把第7和第8语句都删除后，更换为你说的，出现了图4-43结果，但标题的文字不见了呢。

··· 无言：如果确实需要，可以将代码 4-38修改成代码 4-39。它们的差别在于将原来的一句代码拆开为两部分进行操作，否则还是会出现文字变空白的结果。

代码 4-39　文本数字更正为数字 01

```
1| Sub TextNumToNum01()
2|     Dim C_Rng    As Range
3|     With Sheet3
4|         .Columns(5).Clear
5|         Set C_Rng = .Columns(1)
6|         C_Rng.Copy
7|         .Cells(1, "E").PasteSpecial Paste:=xlPasteAll
8|         .Cells(1,"E").PasteSpecial Operation:=xlPasteSpecialOperationAdd
9|     End With
10| End Sub
```

Range.PasteSpecial 的 Operation 的常量值共有 5 个，如表 4-8 所示。

表 4-8　Range.PasteSpecial 的 Operation 参数的常量值

名　　称	值	说　　明
xlPasteSpecialOperationAdd	2	复制的数据与目标单元格中的值相加。
xlPasteSpecialOperationDivide	5	复制的数据除以目标单元格中的值。
xlPasteSpecialOperationMultiply	4	复制的数据乘以目标单元格中的值。
xlPasteSpecialOperationNone	-4142	粘贴操作中不执行任何计算。
xlPasteSpecialOperationSubtract	3	复制的数据减去目标单元格中的值。

💬 无言：若要对已有数字进行四则运算，则可以通过代码 4-40示例过程进行操作。

代码 4-40　修改已有数字的值

```
1| Sub NumProportion()
2|     Dim Tis As String, Yuns As Integer, Bil As Integer
3|     Tis = "请输入需要的运算方式：" & vbCr & " 0、不执行任何计算" & vbCr & _
4|         "1、加法运算" & vbCr & "2、减法运算" & vbCr & "3、乘法运算" & vbCr & "4、除法运算"
5|     Yuns = Application.InputBox(Tis, Type:=1)
6|     Bil = Application.InputBox("请输入需要运算的数字", Type:=1)
7|     Select Case Yuns
8|         Case 0: Yuns = xlPasteSpecialOperationNone
9|         Case 1: Yuns = xlPasteSpecialOperationAdd
10|        Case 2: Yuns = xlPasteSpecialOperationSubtract
11|        Case 3: Yuns = xlPasteSpecialOperationMultiply
12|        Case 4: Yuns = xlPasteSpecialOperationDivide
13|     End Select
14|     With Sheet3
15|         .Cells(1, "G") = Bil
16|         .Cells(1, "G").Copy
17|         With .Cells(1, "C").CurrentRegion
18|             .PasteSpecial Operation:=Yuns
19|             .Borders.LineStyle = 1
20|         End With
21|     End With
22| End Sub
```

（1）代码 4-40 示例过程通过 Yuns 变量让用户选择运算方式，再通过 Bil 变量选择参与运算的数字；最后通过 Select Case…End Select 语句将 Yuns 变量赋值为 Operation 参数的对应常量值。

（2）将 Bil 变量写入 G1 单元格后并进行复制操作，接着运用 .PasteSpecial Operation:=Yuns 语句对 C 列连续区域进行 Yuns 指定方式的运算粘贴，最后用 .Borders. LineStyle 语句设置 C 列区域的边框线为实线。

? 皮蛋：哦，明白了，先将数字（Bil）写入单元格后再进行复制，接着再进行选择性粘贴。

⋯ 无言：剩下的 SkipBlanks 和 Transpose 参数分别对应图4-42中③和跳过空单元格和④区域置换功能，运用它们时只需将参数值赋值为 True 即可，默认为 False，如代码 4-41 所示。

代码 4-41 粘贴并转置

```
1| Sub PasteAndTranspose()
2|     With Sheet2
3|         .Activate
4|         .Cells.Clear
5|         Sheet1.Range ("A1").CurrentRegion.Copy
6|         .Cells(1).PasteSpecial Paste:=xlPasteAll, Transpose:=True
7|     End With
8| End Sub
```

代码 4-41 示例过程为将 Sheet2 激活后清除所有单元格，并将 Sheet1 指定连续区域复制到剪切板，后通过 Range.PasteSpecial 方法将原表格进行置换粘贴，并粘贴原来的单元格格式样式。

⋯ 无言：SkipBlanks 参数的运用和 Transpose 很类似，在需要跳过区域中的空单元格时，只需将 SkipBlanks 参数赋值为 True 即可。那今天就先这样吧，快下班了，明天继续另外一个话题——如何在单元格中写入公式。

4.4 Range单元格中的公式

⋯ 无言：前面讲了拆分合并单元格后如何定位、粘贴、输入公式、设置单元格的边框等系列关联问题，现在我们继续围绕着 Range 对象，讲解如何在单元格中写入公式。VBA 中 Formula（公式）属于 Range 对象的属性。

接下来了解 Range 对象中不同 Formula 属性的作用——平时在 Excel 单元格中输入 = 再输入具体公式，现在要先判断选中的单元格中是否存在公式以及该公式的类型。

皮蛋：公式的类型吗，不是就函数公式、普通公式和数组公式这3种，难道在VBA中还可以区别它们？

4.4.1 判断公式类别

无言：前面学习如何通过Range.SpecialCells方法定位表上的公式，但是其定位出来的只能知道哪些位置上存在公式，而无法区别其是普通公式或者数组公式。

皮蛋：上面不是有一个定位当前数组的功能吗？

无言：记性挺好的，不错。现在暂时不通过定位，而要通过Range的公式属性来判断，先来看看Range对象中判断公式属性的有哪些属性可用（见表4-9）。

皮蛋：表 4-9中的说明看起来还是有点风中凌乱的感觉，咋整。

无言：能咋整，只能一一举例。

表 4-9 判断 Range 对象的公式类型的属性

作　用	名　称	说　明
判断单元格中是否存在公式	HasFormula	如果区域中所有单元格均包含公式，则该属性值为True；如果所有单元格均不包含公式，则该属性值为False；其他情况下为 Null。Variant 类型，只读
判断单元格内是否存在数组公式	HasArray	如果指定单元格属于数组公式，则该属性值为 True。Variant 类型，只读
判断单元格是否为区域数组公式	CurrentArray	如果指定单元格属于数组，则返回一个 Range 对象，该对象表示整个数组。只读
单元格属性是否为隐藏保护公式	FormulaHidden	返回或设置一个 Variant 值，它指明在工作表处于保护状态时是否隐藏公式

1. Range.HasFormula 单元格是否存在公式

无言：当我们想知道选择单元格是否存在公式时，可以通过Range.HasFormula属性来判断，先来看下它的语法。

判断单元格均是否存在公式

Range.HasFormula

Range.HasFormula 用于判断单元格或区域中是否同时都存在公式，若存在返回 True，不存在返回 False，如果选择区域同时存在公式和无公式的情况下，则返回 Null。

皮蛋：Null的条件是什么呢，有点不明白。

无言：先来一段示例吧，如代码4-42所示。

代码 4-42　判断选中单元格是否存在公式

```
1| Rng_HasFormula ()
2|     Select Case Selection.HasFormula
3|         Case True
4|             MsgBox "所选单元格或区域中存在公式！"
5|         Case False
6|             MsgBox "所选单元格或区域中不存在公式！"
7|         Case Else
8|             MsgBox "所选区域同时存在公式和不存在公式的单元格，判断为Null。"
9|     End Select
10| End Sub
```

（1）代码4-42示例过程中以选中的区域的 Range.HasFormula 属性来判断单元格中是否存在代码。如图4-44所示，表中 E2 单元格及该列中存在公式，现在执行代码的 Selection.HasFormula 语句，根据实际情况判断 E2 单元格存在公式返回 True，返回 Select Case 语句中第1句 MsgBox 提示语句。

	A	B	C	D	E	F
	名称	单位	数量	单价	小计	备注
2	鲜胡萝卜鲜	kg	18	6.83	122.94	
3	鲜黄瓜	kg	19	2.17	41.23	
4	雀巢淡奶油	罐	18	1.71	30.78	
5	得科加粗幼身型	包	5	4.37	21.85	
6	两头尖直花通型（德科）	包	12	9.86	118.32	
7	番茄沙司(亨氏)	kg	9	8.4	75.6	
8	味好美特级甜红椒粉	包	10	9.62	96.2	
9	亨氏茄汁焗豆	包	11	5.65	62.15	
10	得科#201宽意面	包	2	5.26	10.52	
11	寸热压面饼	盒	6	2.75	16.5	
12	艾美牌瑞士大孔奶酪	盒	20	8.09	161.8	
13	总统小金文笔奶酪	盒	6	7.5	45	
14	荷兰黄波芝士	块	15	1.92	28.8	
15	葛兰纳诺马苏里拉块状干酪	块	18	3.26	58.68	
16	晶牌吞拿鱼	罐	14	8.02	112.28	
17	虾仁三鲜云吞（湾仔码头）	包	15	4.04	60.6	
18	手擀面粗	包	2	2.86	5.72	
19	海南伊面	包	16	3.13	50.08	
20	手擀面细	包	20	7.43	148.6	
21	合计				1267.65	1267.65

 图 4-44　判断单元格中是否存在公式

（2）重新选择 D2 单元格，该单元格不存在公式，只有手工输入的单价，此时 Selection.HasFormula 的判断结果为 Fasle，返回 Select Case 语句中第 2 句 MsgBox 提示语句。

（3）当选择 D2:E2 区域时，因 D2 单元不存在公式，而 E2 单元中有公式，Selection.HasFormula 的判断结果为 Null，即为第 3 种情况，区域中同时存在公式与没有公式的单元格，返回 Select Case 语句中第 3 句 MsgBox 提示语句。

? 皮蛋：那么如果选择不连续的单元格区域呢？

💬 无言：这个没有差别，只要区域中存在上面的3种情况，都只会返回代码 4-42 示例的结果。

? 皮蛋：嗯，这个判断是否存在公式，那要如何判断公式是否为数组公式呢？

2.　Range.HasArray 判断单元格公式是否为数组公式

💬 无言：判断单元格内公式是否为数组公式，就用Range.HasArray属性，继续看它语法及示例代码（见代码4-43）。

判断单元格中是否存在数组公式
Range.HasArray

代码 4-43　判断所选单元是否为数组公式

```
1| Sub Rng_HasArray()
2|     If Selection.HasFormula = True Then
3|         Select Case Selection.HasArray
4|             Case True
5|                 MsgBox "所选单元格或区域中存在数组公式！"
6|             Case Else
7|                 MsgBox "所选单元格或区域中不存在数组公式。"
8|         End Select
9|     End If
10| End Sub
```

代码 4-43 示例过程，首先由 If Selection.HasFormula = True 语句判断选中单元格是否存在公式，若存在则通过 Select Case 选择语句中的 Selection.HasArray 语句再判断该单元格的公式是否为数组公式，若为 True 则返回第 1 句 MsgBox 提示语句，若为 False 则返回第 2 句 MsgBox 提示语句。

? 皮蛋：这个简单，只有两种情况。

💬 无言：还会有第3种情况的，其实和HasFormula属性相似，这里就不赘述了，接下来讲解另外一个同样是判断是否为数组的Rang属性。

3. Range.FormulaArray 判断公式是否为区域数组公式

无言：数组公式分为两种——第1种是单个单元格数组公式，只针对该单元格有效，任何时候都可以修改，不会对其他单元格内的公式造成影响；第2种是区域数组公式，要修改时必须选取与该数组公式同样大小的区域，才能进行修改，否则会出现如图4-45所示的提示。

 图 4-45　修改区域数组的提示

皮蛋：区域数组公式，听说可以防止用户修改单元格公式而造成计算问题。

无言：没错，要判断区域的公式是否为区域数组公式，通过Range.CurrentArray属性即可。

```
判断单元格数组公式是否为区域数组
Range.CurrentArray'
```

无言：将代码 4-43示例过程稍稍修整，变为代码 4-44，通过它来判断所选单元格是否为区域数组公式。单元格数据如图4-46所示。

G	H	I	J	K
		小计额	数量	
		20	3	
		50	5	
		80	5	
		100	1	
		130	3	
		150	1	

fx {=FREQUENCY($E$2:$E$20, $I$2:$I$7)}

 图 4-46　单元格区域是否为区域数组

代码 4-44　判断所选单元格是否为区域数组公式

```
1| Sub Rng_FormulaArray()
2|      If Selection.HasFormula = True Then
3|          Select Case Selection.HasArray
4|              Case True
5|                  MsgBox        "所选单元格" & IIf(Selection.CurrentArray Is Nothing, "【非】", "【是】")
                    & "区域数组公式"
6|              Case Else
7|                  MsgBox        "所选单元格或区域中不存在数组公式。"
8|          End Select
9|      End If
10| End Sub
```

代码 4-44 示例先通过 If Selection.HasFormula 语句判断单元格是否为存在公式，再通过 Select Case 的 Selection.HasArray 语句继续判断是否为数组公式，若是再通过 IIf 函数的 Range. CurrentArray 判断单元格的公式是否为区域数组，再配合 Is Nothing 语句来要判断提示。

若为 True 则证明区域中不存在区域数组公式，即返回【非】，为 False 则刚好相反，即返回【是】，最后 IIf 语句的返回结果和 Msgbox 函数的内容结合，显示结果提示。

? 皮蛋：嗯，那和刚才的Range.SpecialCells中的定位参数是一样呢。

💬 无言：其实是完全一样的，因为它也是用Range.CurrentArray属性进行判断。

如果需要显示区域数组的位置的话，通过 Range.CurrentArray.Address 语句即可获取区域地址文本。

? 皮蛋：收到。

4.　单元格公式是否隐藏：Range.FormulaHidden

💬 无言：接着讲Raenge.FormulaHidden属性，该属性用于判断公式是否已隐藏，且可以通过该属性对公式进行隐藏/显示位置，其语法与前面的一样都是很简单的。示例如代码4-45所示。

判断单元格公式是否已隐藏
Raenge.FormulaHidden

代码 4-45 示例先判断单元格是否存在公式，若存在则通过 Range.FormulaHidden 属性判断该单元格保护项的隐藏项是否已经打勾，如没有隐藏则可通过给 Selection.FormulaHidden 属性赋值为 True 隐藏公式。图 4-47 所示实际上就是平时保护工作表公式的操作。

代码 4-45　判断单元格公式是否隐藏

```
1| Sub Rng_FormulaHidden()
2|     If Selection.HasFormula = True Then
3|         Select Case Selection.FormulaHidden
4|             Case True
5|                 MsgBox "所选单元格公式已隐藏！"
6|             Case Else
7|                 MsgBox "所选单元格公式已隐藏！"
8|                 Selection.FormulaHidden = True
9|         End Select
10|     End If
11| End Sub
```

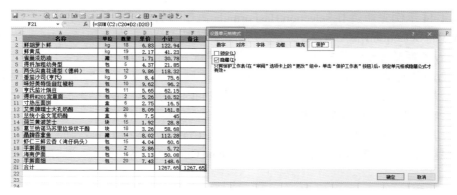

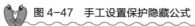 图4-47 手工设置保护隐藏公式

💬 无言：选择区域中存在隐藏与非隐藏属性时，Selection.FormulaHidden属性将返回Null，而且该属性必须配合工作表保护方法，才能有效保护表上的公式。

❓ 皮蛋：平时我也需要保护公式，现在知道通过Range.HasFormula配合Range.FormulaHidden来使用。

💬 无言：嗯，先来一段保护公式的代码，如代码4-46所示。这里涉及到Worksheet对象的方法，后面章节将详细讲解。

代码 4-46　隐藏保护激活工作表所有公式

```
1| Sub ProtectFormula()
2|     With ActiveSheet.Cells.SpecialCells(xlCellTypeFormulas, 23)
3|         .Locked = True
4|         .FormulaHidden = True
5|     End With
6|     With ActiveSheet.Cells.SpecialCells(xlCellTypeConstants, 23)
7|         .Locked = False
8|     End With
9|     With ActiveSheet
10|        .Protect DrawingObjects:=True, Contents:=True, Scenarios:=True
11|        .EnableSelection = xlUnlockedCells
12|        .Cells(1).Select
13|    End With
14|    MsgBox "工作表公式以隐藏保护，密码为空！", Title:="保护提示"
15| End Sub
```

代码 4-46 示例过程运用 Range.SpecialCells 方法分别定位激活工作表上的公式和常量位置后，对公式单元格进行锁定和隐藏设定，常量单元格则不锁定和隐藏；最后使用 Worksheet. Protect 方法保护工作表及做相应设置。

无言：这段代码没有设置保护密码，该方法涉及Worksheet.Protect方法，其语法可以查询帮助，并设置完善即可。

？ 皮蛋：好的，明白了，回去先好好翻阅帮助了解。

4.4.2　书写公式的属性

无言：说完了关于公式类型的判断，现在说下如何通过属性写公式。Range书写公式的属性如表4-10所示。

表 4-10　Range 书写公式的属性

名　　称	说　　明
Formula	返回或设置单元格公式，并以 A1 样式表达公式，可读/写，Variant 类型
FormulaR1C1	返回或设置单元格公式，并以R1C1 样式表达公式，可读/写，Variant 类型
FormulaLocal	与Formula和FormulaR1C1用法类似，但是将会根据用户使用的语言不通，而显示不同公式样式
FormulaR1C1Local	
FormulaArray	返回或设置单元格或区域数组公式

1.　写入 A1 类型公式：Range.Formula

无言：表 4-10中的5个属性都是书写公式的属性方式，通过以上5种属性将需要的公式文本写入单元格，先来说说Range.Formula的语法。

返回或设置一个 Variant 值，它代表 A1 样式表示法和宏语言中的对象的公式

Range.Formula [= Variant]

单独使用 Range.Formula 而不使用后面的表达式时，可获取单元格的公式文本内容；当使用后面的赋值时，表明向单元格内写入公式文本表达式。

？ 皮蛋：不明白，这么简短的语法，完全就是一个"拨浪鼓"。

无言：好吧，先来举简单的例子！

```
Cells(1,1).Formula="=B1*C1"      ' 在 A1 单元格写入 B1*C1 的乘积公式
Cells(1,1).Formula="=SUM(B1:B10)"       ' 在 A1 单元格写入 SUM 求和公式
```

用 Range.Formual 属性为单元格赋值公式时，必须以英文半角双引号包围需要公式表达式，并且双引号开头必须有 =，否则将被默认为输入的只是文本串，而非公式。

❓ 皮蛋：呃呵，但是我有时在Excel单元格输入公式时候，会以+代替开始的=呢，可以吗？

💬 无言：这个不行啦，在Excel上可以，在这不行，老老实实写吧。

还有若要输入公式的话，不一定需要通过 Range.Formual 属性，也可以直接采用给单元格赋值的方法，且保证赋值表达式公式文本表达式，即必须使用双引号和等号引导，否则输入的也将被视为文本，如下示例。

> 不通过 Range.Formual 属性向单元格写入公式
> Cells(1,1) ="=B1*C1"
> Cells(1,1) ="=SUM(B1:B10)"

❓ 皮蛋：还能这样啊，受教了。但是，一个个写好繁琐，是不是可以用循环搞定呢？

💬 无言：确实烦人，不过用循环搞定是可以，咱们来实战吧。

现在有一张需要将已销售的清单小票的数据进行求和并汇总，现在要在单元格中输入 E*F 列，并在最后增加一行输入"合计"和 Sum 的求和公式，其过程如代码 4-47 所示。

代码 4-47　计算销售小计及合计 01

```
1| Sub SumFormula_A1()
2|     Dim Maxr As Long, i As Long
3|     ClearRng
4|     With Sheet2
5|         Maxr = .Range("A1").CurrentRegion.Rows.Count
6|         For i = 2 To Maxr
7|             .Cells(i, "G").Formula = "=E" & i & "*F" & i
8|         Next i
9|         .Cells(Maxr + 1, "A").Value = "合计"
10|         .Cells(Maxr + 1, "G") = "=SUM(G1:G" & Maxr & ")"
11|         .UsedRange.Borders.LineStyle = 1
12|     End With
13| End Sub
```

（1）代码 4-47 示例过程中，首先定义 2 个变量，Maxr 用于获取 Sheet2 中的 A1 单元格的连续区域的最大有效行数，i 则是用于循环的变量，接着通过调用模块中的私有过程ClearRng（见代码 4-48）。

代码 4-48　清空指定区域

```
1| Private Sub ClearRng()
2|     With Sheet2
3|         On Error Resume Next
4|         With .Cells.SpecialCells(xlCellTypeFormulas)
5|             If Err.Number = 0 Then .Value = "" Else Exit Sub
6|         End With
7|         With .UsedRange
8|             .Item(.Rows.Count, 1).EntireRow.Delete
9|         End With
10|    End With
11| End Sub
```

（2）代码 4-48 示例过程中使用 On Error Resume Next 容错语句——若过程中存在错误时还继续执行下一语句；.Cells.SpecialCells(xlCellTypeFormulas) 为定位表中是否存在公式，如果没有将出现错误，这就是容错语句的作用。

（3）如果 Err.Number 属性值为 0，则证明定位的区域中存在公式，则使用 .Value = " " 语句将定位到区域的单元格重新赋值为空白，也可以采用 Range.ClearContents 方法；如果出现错误则退出当前的私有过程。

（4）接下来继续运行代码 4-48 示例的 Worksheet.UsedRange 属性获取已使用区域，并通过 .Item(.Rows.Count, 1) 获取该区域中的最后一行的第一个单元格位置，通过 Range.EntireRow 属性和 Range.Delete 方法删除最后一整行（合计行）。

（5）清空指定区域后，返回代码 4-47 中对 Maxr 赋值，并将该变量作为循环终值。其中 .Cells(i, "G").Formula = "=E" & i & "*F" & i 语句为在单元格中写入公式 =E2*F2，并通过循环不断改变 i 值从而更改公式对应位置和行号。

（6）Cells(Maxr + 1, "A").Value = "合计" 语句则是在已有区域最末增加一行，并在该行第 1 个单元格写入 " 合计 " 字符；.Cells(Maxr + 1, "G") = "=SUM(G1:G" & Maxr & ")" 语句则是在小计的新增行写入 Sum 求和公式。

（7）最后通过 .UsedRange.Borders.LineStyle = 1 语句设置单元格区域的边框线。

? 皮蛋：言子，代码4-48中.Item(.Rows.Count, 1).EntireRow.Delete这句的.EntireRow.Delete有点不明白，能再说下吗？

… 无言：.EntireRow.Delete这段可以拆开为两段，读取代码时可以从后面往前读——语句最后是Delete方法（即删除），那么它要删除什么呢，这就与EntireRow属性有关，该属性属于

Range对象属性，其语法作用如下。

> 获取指定 Rang 对象的整行（或多行）区域，返回一个 Range 只读对象
> Range.EntireRow

Range.EntireRow 属性为获取指定区域的整行或多行，即用 Range.EntireRow 属性可获取一个小区域的整行的所有列区域对象。示例如下：

```
Range("A1:A10"). Select          '选中 A1:A10 的单元格区域
Range("A1:A10").EntireRow.Select '选中包含 A1:A10 的单元格区域的 10 行区域范围
Range("B:B").EntireRow.Select    '选中表中的所有行
```

如上示例中选中区域 A1:A10，如图 4-48 所示；选中包含 A1:A10 的单元格区域范围，如图 4-49 所示。

	A	B	C
1	品种	商场	类别
2	橙子	日用杂货	农产品
3	苹果	果园	农产品
4	香蕉	日用杂货	农产品
5	莴苣	市场	农产品
6	番茄	市场	农产品
7	南瓜	市场	农产品
8	芹菜	日用杂货	农产品
9	黄瓜	市场	农产品
10			
11	Range("A1:A10"). Select		

	A	B	C	D	E	F	G	H
1	品种	商场	类别	单位	数量	单价	小计	
2	橙子	日用杂货	农产品	kg	0.9	299.00		
3	苹果	果园	农产品	kg	1.35	199.00		
4	香蕉	日用杂货	农产品	捆	1	399.00		
5	莴苣	市场	农产品	颗	2	229.00		
6	番茄	市场	农产品	kg	1.8	349.00		
7	南瓜	市场	农产品	个	2	150.00		
8	芹菜	日用杂货	农产品	捆	2	199.00		
9	黄瓜	市场	农产品	kg	0.45	229.00		
10								
11	Range("A1:A10").EntireRow.Select							

 图 4-48　选中指定区域　　　　 图 4-49　选中指定区域范围所有列

💬 无言：Range("B:B").EntireRow.Select语句因为选定的范围为整个工作表的所有单元格，太大了，我也就不截图了，皮蛋你可以直接在立即窗口执行操作。

❓ 皮蛋：大概明白.Item(.Rows.Count, 1).EntireRow.Delete的意思了——就是定位到区域的最后一个单元格后，并通过Range.EntireRow属性获取整行的Range范围，后结合Delete法方删除该行。看来还是逐句使用F8才好理解。

💬 无言：嗯，没错。Raenge.EntireColumn属性的作用和Range.EntireRow相似，它是获取区域的整列信息，语法如下。

> 获取指定 Rang 对象的整列（或多列）区域，返回一个 Range 只读对象
> Range.EntireColumn

💬 无言：Range.Formual属性不仅能设置单元格公式，还能返回单元格已设置的公式文本内容。

❓ 皮蛋：这个怎么弄呢？

无言：好简单，如果获取单元格的公式，直接用以下语句即可，不过前提是单元格内必须要公式，否则将返回当前单元格的内容。

```
MsgBox ActiveCell.Formula   '获取激活单元格内的公式文本串
Cells(1,1) .Formula         '直接获取单元格中公式的文本形式内容，例如 =B1*C1
```

2.　写入 R1C1 类型公式：Range.FormulaR1C1

无言：皮蛋，刚才说的Raenge.Formula写公式方式，虽然使用了循环，但是看起来还是挺麻烦的，会不会呢？

皮蛋：也不算太麻烦了，不过难得你还会说麻烦，那肯定有其他比较好的方式了，速速教出来。

无言：对啊，可以用不常使用的R1C1公式模式来写公式。

皮蛋：哦……还是不懂，反正我不经常用它。

无言：这里先简单的说R1C1的引用方式。

当位置固定时，在 B1 单元格的公式不仅可以写成 =C1*D1 形式，也可写成 =R1C3*R1C4 的形式，这两个公式是等效的。该 R1C1 型公式书写方式为绝对引用的方式，即为 A1 型公式为 =$C$1*$D$1——即当在字母 R 和 C 后直接写入对应的行列数字时，该形式表示的为一个固定不变的地址，例如：R1C1($A$1)、R3C5($E$3)、R100C26($Z$100)，这些写法代表的位置是相同的。

当行或列中其中一个固定时，可以书写为 R1C(A$1)、RC2($B1)，该方式为 A1 形式的混合引用方式——$A1 或 A$1。

当行列都随着单元格位置的变化而变化时，可以书写为 RC 形式，但是该方式有时会直接导致公式出现循环引用单元格自身的错误，所以很少使用。

最后一种 RC 类型比较常用，该方式类似于我们学过的 Office 函数，给我一个起点，我将根据跳跃的方向和举例确定需要的位置。在 R1C1 模式中当需要指定某个方向偏移时，将以公式所在位置为起点根据后面数字偏移获取对应的单元格位置。

如图 4-50 中的红色位置，如果 R 行是固定位置，那么 R 后面可以不带任何数字，而 C 列则需要根据所要引用的单元格在红色位置的左右位置输入偏移数字，数字可为正负数。

当向上或左时，输入的数字必须为负数，偏移数字必须用方括号包围起来——RC[- 1] 或 R[- 2]C 这样的形

C\R	1	2	3	4	5
1			-4		
2			-3		
3			-2		
4			-1		
5	-2	-1	**0**	1	2
6			1		
7			2		
8			3		
9			4		

图 4-50　R1C1 模式的原理

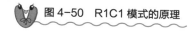

式，它们分别表示以当前单元格位置向左移动 1 列而行不变或向上移动 2 行而列不变。

当向下或右时，则与向上或左相反，此时该采用直接输入数字即可——R[3]C 或 RC[2] 这样的形式，它们分别表示以当前单元格位置向下移动 3 行而列不变或向右移动 2 列而行不变。

？ 皮蛋：嗯，就类似Office函数，给定个位置后，根据东南西北的4个方向位移一定的偏移，是吧？

… 无言：大概这个意思，来一个实战过程，还是用上面的购物清单来输入公式吧，看看有什么差别。具体过程如代码4-49所示。

代码 4-49　计算销售小计及总计 02

```
1| Sub SumFormula_R1C1()
2|    Dim Maxr As Long
3|    ClearRng
4|    With Sheet2
5|        Maxr = .Range("A1").CurrentRegion.Rows.Count
6|        .Cells(2, "G").Resize(Maxr, 1).Formula = "=R[0]C5*R[0]C6"
7|        .Cells(2, "G").Resize(Maxr, 1).Formula = "=RC[-2]*RC[-1]"
8|        .Cells(Maxr + 1, "A").Value = "合计"
9|        .Cells(Maxr + 1, "G") = "=SUM(R1C7:R" & Maxr & "C7")"
10|        .UsedRange.Borders.LineStyle = 1
11|    End With
12| End Sub
```

代码 4-49 与代码 4-47 示例过程的差别主要是在减少了一个循环语句，而只剩下一个 Maxr 变量来获取已有区域的行数，然后通过使用 Range.Resize 属性将公式一次性填充写入到 G 列范围内，示例过程中分别采用了两种公式写法：

① .Cells(2, "G").Resize(Maxr, 1).Formula = "=R[0]C5*R[0]C6"

② .Cells(2, "G").Resize(Maxr, 1).Formula = "=RC[- 2]*RC[- 1]"

它们之间的差别在于①语句中的方式为指定引用 C 的列号，而 R 的偏移量写明为 [0]，即与公式在同行的意思；而②语句则是直接省略了 R 的行偏移设置，而 C 的列则是根据公式所在的位置，后其他两个位置分别是向左边偏移了- 1 和- 2 的后的位置。第 2 种写比较灵活，只需要知道公式单元格与需要获取的单元格的相对位置即可。

… 无言：后面的语句与代码 4-47示例过程基本一致。

？ 皮蛋：这个确实简便多了，但是我还要消化消化。

… 无言：如果采用A1模式的话，可以通过Range.AutoFill方法进行公式/值的自动填充。先来看下它的语法。

> 对指定区域中的单元格执行自动填充
> Range.AutoFill(Destination, Type)

Range.AutoFill 方法的参数说明如表 4-11 所示。

表 4-11　Range.AutoFill 方法的参数说明

参 数 名 称	必需/可选	数 据 类 型	说　　　明
Destination	必选	Range	要填充的单元格，目标区域必须包括源区域
Type	可选	XlAutoFillType	指定填充类型

Range.AutoFill 的 Destination 参数用于指定要填充的单元格区域，且填充的源数据单元格必须包括在这个区域中；Type 参数则用于指定要填充的类型，即要填充的是值、格式还是其他，该属性可以查阅 Range.AutoFill 方法帮助说明。示例如代码 4-50 所示。

代码 4-50　计算销售小计及总计 03

```
1| Sub SumFormula_AutoFill()
2|     Dim Maxr As Long
3|     ClearRng
4|     With Sheet2
5|         Maxr = .Range("A1").CurrentRegion.Rows.Count
6|         .Cells(2, "G").Formula = "=E2*F2"
7|         .Cells(2, "G").AutoFill Destination:=.Cells(2, "G").Resize(Maxr-1)
8|         .Cells(Maxr + 1, "A").Value = "合计"
9|         .Cells(Maxr + 1, "G") = "=SUM(G1:G" & Maxr & ")"
10|        .UsedRange.Borders.LineStyle = 1
11|    End With
12| End Sub
```

💬 无言：使用Range.AutoFill方法时，需要注意的是必须将要填充的源区域包括在Destination参数中，否则将出现错误。

❓ 皮蛋：Range.FormulaR1C1属性是不是也能获取单元格的公式文本呢？

💬 无言：这个肯定可以，其实它和Range.Formula基本一样的，这里也不举例了。

❓ 皮蛋：好吧，那你前面提及的Range.FormulaLocal和Range.FormulaR1C1Local的用法，也说一下吧。

💬 无言：Range.FormulaLocal和Range.FormulaR1C1Local的用法，和Range.Formula1和Range.

FormulaR1C1是一样的，只是它们在针对用户使用的系统语言版本不同，显示的函数名会略微不同，如下说明。

> 假定使用的是美国英语版 Microsoft Excel，并在第一张工作表的 A11 单元格中输入了公式 "=SUM(A1:A10)"。如果在德文版 Microsoft Excel 的计算机上打开该工作表并运行，该示例将在消息框中显示公式 "=SUMME(Z1S1:Z10S1)"。

3. 创建数组公式：Range.FormulaArray

💬 无言：说完普通公式的创建和运用，现在说下如何创建数组公式。

❓ 皮蛋：难道用Range.Formula不能直接创建吗？

💬 无言：这个确实不行，只能通过Range. FormulaArray属性才能创建。

❓ 皮蛋：喔，那要怎么弄呢？

💬 无言：还是先看语法吧。

> 返回或设置区域的数组公式
> Range. FormulaArray

💬 无言：Range. FormulaArray不仅可以设置单个单元格的数组公式，还可以设置区域数组公式。

❓ 皮蛋：好像单元格数组公式就用Ctrl+Shift+Enter三键结束是吧，区域数组公式就是先选择一个对应单元格输入公式后也是用三键结束，VBA中也一样吗？

💬 无言：思路基本是一样的，但是使用VBA时就只是选择区域范围后使用Range. FormulaArray属性赋值具体的数组公式即可。

现在我们还是以刚开始的已销售的清单小票的表格的合计和销售金额个数统计来举例，如代码 4-51 所示。

代码 4-51　SUM 数组合计购买金额

```
1| Sub FormulaArray_Sum()
2|      Sheet4.Cells(21, "E").FormulaArray = "=SUM(D2:D20*E2:E20)"
3|'     Sheet4.Cells(21, "E").FormulaArray = "=SUM(R2C4:R20C4*R2C5:R20C5)"
4| End Sub
```

代码 4-51 示例过程中采用了 Range.FormulaArray 属性，且只用 1 条语句完成购买合计的统计，并写在 E21 单元格。

💬 无言：代码 4-51示例中还采用R1C1的方式写数组公式，但已被注释，需要取消注释。

❓ 皮蛋：不采用Range.FormulaArray能写入数组公式吗？

无言：不行，数组公式必须用三键结束，如果不使用Range.FormulaArray将会导致公式出错。代码4-52示例过程为统计各阶段小计金额的个数。在Excel中我们必须采用FREQUENCY函数来完成，而且该函数刚好满足必须在区域范围内输入才有效。

代码 4-52　FREQUENCY 数组统计小计个数

```
1| Sub FormulaArray_FREQUENCY()
2|     On Error Resume Next
3|     With Sheet4.Cells(2, "J")
4|         If Not .CurrentArray Is Nothing Then .CurrentArray.ClearContents
5|         .Resize(6).FormulaArray = "=FREQUENCY(E2:E20,I2:I7)"
6|     End With
7|     Sheet4.Range("J2:J7").FormulaArray = "=FREQUENCY(R2C5:R20C5,R2C92:R7C9)"
8| End Sub
```

（1）代码 4-52 示例过程，先写入 On Error Resume Next 容错语句，该语句的作用是当执行的过程中出现错误时，将继续执行下一个语句，而不会出现错误提示。

（2）接着通过 Range.CurrentArray 属性判断 J2 单元格是否存在区域数组，若存在，则 .CurrentArray Is Nothing 语句将返回 False，并通过 Not 函数取其反数为 True，最后使用 .CurrentArray.ClearContents 语句清空对应区域内的区域数组公式。

（3）最后通过 .Resize(6).FormulaArray = "=FREQUENCY(E2:E20,I2:I7)"，在指定单元格区域范围内写入 FREQUENCY 的区域数组公式。

代码 4-52 示例过程中同样也采用了 R1C1 的方式在区域中写入数组公式（已被注释）。

公式读取 / 写入都挺简单，只需要对函数公式熟悉，然后结合 Range.Formula 相关属性赋值 / 读取公式即可。

皮蛋：嗯，明白了。

无言：接下来讲关于单元格格式设置，这个也是常用属性。

4.5　单元格格式及边框等设置

在使用 Excel 时，设置单元格的格式也是家常便饭，例如：设置数字格式、字体、边框线的类型 / 颜色 / 粗细、文本对齐方式等，本节就这些内容进行讲解。

💬 无言：现在我手里有一份发票信息表，需要设置格式，就用这个表来进行操作。

❓ 皮蛋：你的表是如何的呢？

💬 无言：基本没框线，没有数字格式，如图4-51所示。

	A	B	C	D	E	F	G	H	I	J	K	L
1	发票号码	开票日期	单据号	商品名称	单位	数量	单价	金额	税率	税额	价税合计	发票状态
2	31895836	42922.246		律师费	项	1	4854.369	4854.37	0.03	145.63	5000.03	正常发票
3	31895837	42926.184		律师费	项	1	2912.621	2912.62	0.03	87.38	3000.03	正常发票
4	31895838	42926.184		律师费	项	1	7766.99	7766.99	0.03	233.01	8000.03	正常发票
5	31895839	42926.404		法律咨询费	项	1	291.2621	291.26	0.03	8.74	300.03	正常发票
6	31895840	42927.217		律师费	项	1	4854.369	4854.37	0.03	145.63	5000.03	正常发票
7	31895841	42927.296		律师费	项	1	1941.748	1941.75	0.03	58.25	2000.03	正常发票
8	31895842	42927.297		律师费	项	1	17475.73	17475.73	0.03	524.27	18000.03	正常发票
9	31895843	42928.411		律师费	项	1	2912.621	2912.62	0.03	87.38	3000.03	正常发票
10	31895844	42933.221		律师进村费	项	1	36504.85	36504.85	0.03	1095.15	37600.03	正常发票
11	31895845	42933.388		律师费	项	1	4852.427	4852.43	0.03	145.57	4998.03	正常发票
12	31895846	42936.365		律师费	项	1	19417.48	19417.48	0.03	582.52	20000.03	正常发票

图 4-51　没有格式的表格

4.5.1　设置单元格数字格式：Range.NumberFormat

❓ 皮蛋：好吧，那么这样的表格，我需要使用什么对象属性或方法设置呢。

💬 无言：首先设置数字格式吧。设置单元格的数字格式，当然就必须用到Range. NumberFormat属性，其语法如下。

> 返回或设置一个 Variant 值，它代表对象的格式代码
> Range.NumberFormat [=Variant]

Range.NumberFormat 属性即在 Excel 工作表中经常进行的自定义单元格数字格式操作，如图 4-52 所示。平时都通过该界面进行数字格式的设置，现在通过该 Range. NumberFormat 属性设置区域的数字格式。

图 4-52　设置单元格格式 – 数字

💬 无言：当需要对单元格设置数字格式，只需要指定区域并运用Range.NumberFormat属性对区域号进行赋值，且所有格式都必须用英文半角双引号包围起来，示例如下。

> Range("B1:B10").NumberFormat = "yyyy 年 mm 月 dd 日 "　　　　'设置数字格式为日期格式

常规地设置单元格数字格式可以采用以下的方式进行，而设置颜色的时候，颜色名必须用英文名称书写。

"G/ 通用格式 " 或 "General"	'设置常规显示样式
"yyyy 年 mm 月 dd 日 "	'设置数字显示为日期格式，并带有年月日
"h:mm:ss AM/PM"	'设置浮点数字显示为时间样式，并区分上下午时间
" ¥#,##0.00_);[红色](¥#,##0.00)"	'设置数字格式带有货币符号并区分正负数的样式
""" 手机号码 ""#"	'设置数字前带有【手机号码】字样的样式
"[=1]"" √ "";[=2]""×"""	'设置单元格输入 1 时为 √，2 时为 ×
"[绿色][<=80]0.0;[红色][>60]0.0"	'设置单元格数字＜ 60 时为红色，≥ 80 时为绿色

💬 无言：现在针对上面的发票清单对应列的单元格的数字格式进行设置，示例代码如代码4-53所示。

代码 4-53　设置发票信息表的数字格式

```
1| Sub NumberFormat_Date()
2|    Dim Rng As Range, MaxR As Long
3|    With Sheet1
4|        Set Rng = .Cells(1, 1).CurrentRegion
5|        MaxR = Rng.Rows.Count '获取区域中的函数
6|        .Cells(2, 1).Resize(MaxR - 1).NumberFormat = """发票Num ""@"
7|        .Cells(2, 2).Resize(MaxR - 1).NumberFormat = "yyyy/m/d"
8|        .Cells(2, 6).Resize(MaxR - 1).NumberFormat = "[Blue]0;[Red]-0;"
9|        .Cells(2, 7).Resize(MaxR - 1, 2).NumberFormat = "#,##0.00;[red]#,##0.00"
10|        .Cells(2, 9).Resize(MaxR - 1).NumberFormat = "0.00%"
11|        .Cells(2, 10).Resize(MaxR - 1).NumberFormat = "#,##0.00;[Red]#,##0.00"
12|        .Cells(2, 11).Resize(MaxR - 1, 2).NumberFormat = "¥#,##0.00_);[Red](¥#,##0.00)"
13|        .Cells(2, 11).Resize(MaxR - 1, 2).NumberFormat = "General"
14|    End With
15| End Sub
```

代码 4-53 示例过程，首先赋值 Rng 对象为 Sheet1 表中 A1 单元格开始的连续区域，并通

过 Rng 变量获取已有区域的有效行数赋值给 MaxR 变量；然后使用 Range.NumberFormat 属性分别设置各指定列的数字样式。

💬 无言：对了，有需要注意的地方，在Range.NumberFormat如果遇到指定的字符串，例如要在单元格的内容前加入其他字符，例如汕头市，前面需要显示一个广东省时，在自定义样式时，必须在广东省的前后各各加2个英文半角双引号，否则将出现样式代码不可用的错误。

    """" 广东省 ""@"   '当含有其他指定字符串时，必须在限定字符前后各加 2 个 "

❓ 皮蛋：原来如此，就是遇到新增文本就必须有两对双引号助阵，使用的颜色最好是用英文名称表示。

💬 无言：没错，就这样意思。

 ## 4.5.2 获取单元格样式作为数据：Range.Text

💬 无言：说到了设置单元格数字格式，我就想到以前在表中进行的一个操作。

❓ 皮蛋：啥操作呢？

💬 无言：没有学VBA时，为了获取单元格中已设置的单元格数据和样式，我经常将Excel里头的数据复制到Word中再粘贴回来。以前怕使用的自定义单位被人家删除了，造成统计问题，所以都这样操作。

❓ 皮蛋：那现在为什么不用呢？

💬 无言：现在我都直接通过Range.Text属性获得单元格数字样式数据。

❓ 皮蛋：单元格的样式数据？不明白。

💬 无言：那么先看下Range.Text的语法说明。

    返回指定 Range 对象的格式文本字符串，只读
    Range.Text

平时要读取单元格的值，直接通过 Range.Value 这个默认属性直接获取，若要获取单元格设置的样式则只能通过Range.Text 属性,而且 Text 属性会返回已设置单元格的数字格式的文本样式。

如图 4-53 所示，将出售的电动车的出售数字样式设置为【G/ 通用格式"台";;】，现在我们要通过 Range.Value 和 Range.Text 比较它们两者获取到的内容的差异。

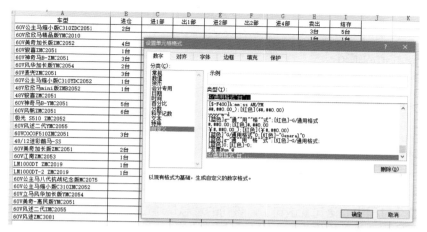

图 4-53　Value 和 Text 属性的差异 01

代码 4-54 示例过程获取激活单元格的值和设置文本样式，Range.Value 获取单元格内真实的、原值，而 Range.Text 获得的激活单元格中的已设置的样式后的文本样式内容，如图 4-54 所示。

图 4-54　Value 和 Text 属性的差异 02

代码 4-54　获取单元格设置的样式及数据

```
1| Sub Rng_Text_Value()
2|     With ActiveCell
3|         MsgBox "激活单元格的值为：" & .Value
4|         MsgBox "激活单元格的单元格文本内容为：" & .Text
5|         MsgBox "Range.Value 和 Range.Text 属性的内差异比较：" & vbCr & .Value & vbCr & .Text
6|     End With
7| End Sub
```

 皮蛋：那你说的不用再复制到Word的操作是什么呢？这里好像没有说到。

无言：我现在通过代码4-55将表中所有的样式赋值为单元格的值。

代码 4-55　将单元格设置样式粘贴为真实值

```
1| Sub Rng_TextToValue()
2|     Dim Rng As Range, F_Rng As Range
3|     Set Rng = Range("A1").CurrentRegion
4|     For Each F_Rng In Rng
5|         F_Rng.Value = F_Rng.Text
6|     Next F_Rng
7| End Sub
```

❓ 皮蛋：　F_Rng.Value = F_Rng.Text，言子，这句代码是什么意思呢？

💬 无言：　整个过程中心语句就这句了，该句的意思是通过循环将每一个单元格对应的样式文本重新赋值为给当前单元格作为Range.Value属性的值——即是将原来的单元格显示的样式内容变为真实的值。

❓ 皮蛋：　原来如此，那为什么你不把整个区域赋值为单元格样式呢？

💬 无言：　这个是不行，如果这样做将导致整个区域的值变为空白一片，要谨记。如果想将单元格的文本数字都转换为数字时可以使用，而且是一次性，不会使得区域一片空白。

❓ 皮蛋：　将文本数字转换为纯数字？

💬 无言：　图4-55中存在部分数字或日期显示为文本类型的数字，现在通过代码4-56示例将原本的文本数字转化为真实的数字。

序号	私教等级	私教课程	会员名称	消费课程类型	消费课时数	预约上课时间	下课时间	消费状态	实际购买单价
1	私教	私教240	张浩	购买	1	2017-5-16 15:15:00	2017-05-16 17:50:21	完成	240.00
2	私教	私教260	吴珊萍	购买	2	2017-5-30 16:04:00	2017-05-30 18:24:23	完成	260.00
3	私教	私教220	汪涛	购买	1	2017-5-8 10:00:00	2017-05-08 21:34:48	完成	220.00
4	私教	私教260	杨玉梅	购买	1	2017-5-20 16:03:00	2017-05-20 17:59:50	完成	260.00
5	私教	私教220	高鹏	购买	1	2017-5-12 15:00:00	2017-05-12 20:40:03	完成	220.00
6	私教	私教240	宋晓娟	购买	1	2017-5-8 20:00:00	2017-05-08 21:34:33	完成	240.00
7	私教	私教240	艾莫	购买	2	2017-5-22 14:00:00	2017-05-22 15:41:37	完成	240.00
8	私教	私教260	关玉玲	购买	1	2017-5-7 15:42:00	2017-05-07 19:35:55	完成	260.00
9	私教	私教260	杨玉梅	购买	1	2017-5-15 19:14:00	2017-05-15 21:11:50	完成	260.00

图 4-55　文本数值转换为数字

代码 4-56　将文本数字转换为数字

```
1| Sub Rng_TextNumToNumValue()
2|     Dim Rng As Range, F_Rng As Range
```

```
3|    Set Rng = Sheet3.Range("A1").CurrentRegion
4|    Rng.NumberFormat = "General"
5|    Rng.Value = Rng.Value
6| End Sub
```

? 皮蛋：就这么简单吗？

💬 无言：是的，首先将Rng赋值给Sheet3由A1单元格开始的连续区域，并通过Rng.NumberFormat = "General"语句将Rng区域的单元格格式设置为常规样式，最后通过Rng.Value = Rng.Value语句将原来的值模式转化为数字样式。

4.5.3　删除单元格数字格式：Workbook.DeleteNumberFormat

💬 无言：讲完用Range.NumberFormat设置单元格数字样式，但要如何删除单元格样式？

? 皮蛋：我决定不手工删除了，你会告诉我学习哪个方法属性的。

💬 无言：挺精明，确实手工删除不是学VBA的用意。

　　删除自定义的单元格格式可以运用Workbook.DeleteNumberFormat方法，其语法如下。

> 从工作簿中删除一个自定义数字格式
>
> Workbook.DeleteNumberFormat(NumberFormat)

　　从语法说明上，可以看出Workbook.DeleteNumberFormat方法是针对工作簿的对象操作的，即删除自定义数字格式是会影响到当前这个工作簿的所有已自定义的格式样式的单元格设置。NumberFormat参数指要删除的自定义格式的文本字符串。

　　例如，当要删除当前工作簿的【"发票 Num"@】数字样式时，可以使用如下的语句删除：

> ' 删除激活工作簿指定单元格数字格式
>
> ActiveWorkbook.DeleteNumberFormat NumberFormat:="""发票 Num""@"
>
> ActiveWorkbook.DeleteNumberFormat("000-00-0000")

💬 无言：Workbook.DeleteNumberFormat方法无法删除内置的单元格格式，要记得。

❓ 皮蛋：那有办法一次性批量删除自定义格式吗？我可不想一个个删除。

💬 无言：呃，不是可以利用循环语句循环删除吗！

利用循环自定义单元格格式示例如代码 4-57 所示。

代码 4-57　利用循环删除自定义单元格格式

```
1| Sub RngFor_DelectNumberFormat()
2|     Dim Rng As Range, Rng_F As Range
3|     Set Rng = Application.Intersect(Range("A1").CurrentRegion, ActiveSheet.UsedRange)
4|     If Rng.Count = 1 Then Exit Sub
5|     On Error Resume Next
6|     For Each Rng_F In Rng
7|         ActiveWorkbook.DeleteNumberFormat NumberFormat:=Rng_F.NumberFormat
8|     Next Rng_F
9| End Sub
```

代码 4-57 示例过程，通过 Application.Intersect(Range("A1").CurrentRegion, ActiveSheet. UsedRange) 语句获取连续区域与使用区域间的交集区域赋值给 Rng 变量；接着使用 If Rng. Count = 1 Then Exit Sub 语句判断，如果 Rng 的区域只存在一个单元格，就退出当前过程；为放置删除的格式是内置格式，使用 On Error Resume Next 语句避免错误提示，并继续执行循环。

❓ 皮蛋：代码4-57过程的循环语句是删除自定义数字格式，而Rng_F.NumberFormar语句则是引用当前单元格数字格式，将其作为Workbook.DeleteNumberFormat方法NumberFormar参数的文本表达式/值。

💬 无言：没错。虽然该代码可以批量删除，但是会将单元格的所有格式恢复为默认的通用格式。所以使用Workbook.DeleteNumberFormat方法时，如果没有必要时，还是手工添加删除的数字格式样式文本即可。

❓ 皮蛋：收到。

4.5.4　设置单元格边框：Range.Borders 对象

💬 无言：说完了设置单元格的数字格式后，接着另一属性设置——单元格的边框，即 Range.Borders对象。

皮蛋：为什么说是Range.Borders对象，而不是说Range.Borders属性或方法呢？

⋯ 无言：前面已经讲过，VBA中对象层级有很多，不同对象当中多少都会含有下一层的子对象，相对而言Range对象在这里就是父对象了，其下必定会有其他子对象。

Borders 其实是一个对象集合，也包含多种属性，但在设置单元格的边框时，可以使用 Range.Borders 对象，其常用属性有框线样式、框线颜色、框线粗细，如表 4-12 所示。

表 4-12　Borders 集合的常用属性

属 性 名 称	说　　明
LineStyle	返回或设置边框的线型
Weight	返回或设置边框的粗细
Color	返回或设置边框的主要颜色，使用 RGB 函数创建
ColorIndex	返回或设置代表边框全部四条边框的颜色

表 4-12 列出的即是在设置单元格边框时经常使用的 4 个属性，下面将逐一讲解。现在要设置图 4-56 中单元格边框属性，先来看下如何设置边框线的类型，其语法如下。

返回或设置对象的边框线类型
父对象 .Borders.LineStyle = XlLineStyle

表 4-13 所示是 Borders.LineStyle 的框线类型常量值，即平常选择的框线样式对应值。在使用的时候只需赋值需要的框线类型常量或者其值，即可为单元格设置对应类型的框线。

姓名	职级	工龄	提名
龚毅志	经理	5	
薛琳	专员	7	
薛健	经理	5	
付伟丽	经理	2	
严娜丽	主管	4	
段强琳	专员	5	
马小	主管	2	
程晨	主管	8	
向莉	专员	4	
秦霞静	主管	3	
梁海	专员	8	
于勇	经理	8	
赵霞	主管	1	
王俊	主管	3	
余飞	主管	1	

图 4-56　设置单元格的边框属性

表 4-13　Borders.LineStyle 框线常量值

框线常量值	值	说　　明
xlLineStyleNone	- 4142	无线条
xlDouble	- 4119	双线
xlDot	- 4118	点式线
xlDash	- 4115	虚线
xlContinuous	1	实线
xlDashDot	4	点画相间线
xlDashDotDot	5	画线后跟两个点
xlSlantDashDot	13	倾斜的画线

设置区域的边框线示例如代码 4-58 所示。

代码 4-58 设置区域的边框线

```
1| Sub Rng_Borders_LineStyle()
2|     Dim KxVal As Integer, LeiX As String
3|     LeiX = "1-实线；" & vbCr & "2-虚线" & vbCr & "3-点划相间线" & vbCr & "4-划线后跟两个点" _
4|         & vbCr & "5-点式线" & vbCr & "6-双线" & vbCr & "7-无线条" & vbCr & "8-倾斜的划线"
5|     KxVal = Application.InputBox("请输入需要设置的单元格边框线类型。" & vbCr & LeiX, "框线类型",
       1, Type:=1)
6|     Select Case KxVal
7|         Case 1: KxVal = 1
8|         Case 2: KxVal = -4115
9|         Case 3: KxVal = 4
10|        Case 4: KxVal = 5
11|        Case 5: KxVal = -4118
12|        Case 6: KxVal = -4119
13|        Case 7: KxVal = -4142
14|        Case 8: KxVal = 13
15|     End Select
16|     With Range("A1").CurrentRegion
16|         .ClearFormats
17|         .Borders.LineStyle = KxVal
18|     End With
19| End Sub
```

代码 4-58 示例过程中，LeiX 变量为说明框线类型说明提示；KxVal 变量则是通过 Application.InputBox 方法让用户选择需要的对应框线数字，接着采用 Select Case…End Select 选择语句根据 KxVal 变量的数字将 KxVal 赋值为对应的框线常量；最后指定单元的连续区域并用 ClearFormats 方法清空格式（含边框），再运用 Borders.LineStyle 语句设置框线。

执行过程中要注意当取消 Application.InputBox 对话框时，默认返回值为 0，KxVal 变量从始至终其赋值均为 0，而 Borders.LineStyle 属性赋值为 0 时，也代表了将边框线类型为无，等同于 xlLineStyleNone。

💬 无言：说完了边框线类型，接着说框线的粗细属性——Range.Borders.Weight，其语法如下。

返回或设置对象的边框线的粗细
父对象 .Borders.Weight = XlBorderWeight

Borders.Weight 属性的 XlBorderWeight 共有 4 个值，如表 4-14 所示。使用时只需要输入对

象常量值名称或者值，即可设置不同粗细的线条。

表 4-14　Borders.Weight 框线粗细常量值

框线粗细常量值	值	说　　明	框线常量值	值	说　　明
xlHairline	1	细线（最细的边框）	xlThick	4	粗（最宽的边框）
xlThin	2	细	xlMedium	- 4138	中等

设置区域边框线粗细示例如代码 4-59 所示。

代码 4-59　设置区域边框线粗细

```
1| Sub Rng_Borders_Weight()
2|     Dim Cx_Val As Long, Weight_Val As String
3|     Weight_Val = "1-最细的线；" & vbCr & "2-细线" & vbCr & "3-中等" & vbCr & "4-粗线"
4|     Cx_Val = Application.InputBox("请输入需要设置的框线粗线。" & vbCr & Weight_Val, "框线粗细",
       2, Type:=1)
5|     Select Case Cx_Val
6|         Case 1: Cx_Val = 1
7|         Case 2: Cx_Val = 2
8|         Case 3: Cx_Val = -4138
9|         Case 4: Cx_Val = 4
10|    End Select
11|    With Range("A1").CurrentRegion
12|        With .Borders
13|            If .LineStyle <> -4142 Then .Weight = Cx_Val Else MsgBox "区域范围内无边框"
14|        End With
15|    End With
16| End Sub
```

代码 4-59 与代码 4-58 示例过程相似，不同的是在通过 If .LineStyle <> - 4142 语句判断区域中是否存在框线，如果存在，则将框线的粗细设置为 Cx_Val 变量的设定值；如果没有输入则 Cx_Val 的值将为 0，将返回 Else 语句 Msgbox 提示。

🔹 无言：快刀斩乱麻，接着讲框线的颜色设置——Range.Borders.Color和Range.Borders.ColorIndex，它们的语法如下。

返回或设置对象的边框线的颜色 / 颜色主题
父对象 .Borders.Color = 0-65565 或 RGB
父对象 .Borders.ColorIndex = 0-56

❓ 皮蛋：它们有什么区别呢，好像都是颜色啊？

💬 **无言：** 它们区别在于Borders.Color属性的取色范围比较多，而Borders.ColorIndex属性的取色范围的只有57种，先来看下以下两个示例（见代码4-60和代码4-61）过程对这两个颜色属性的运用。

代码 4-60　设置区域边框线颜色 Color

```
1| Sub Rng_Borders_Color()
2|     Dim YanSe_Val As Long
3|     Rem 用户框线粗细选择
4|     YanSe_Val = Application.InputBox("请输入框线的颜色数字：0至65536，默认黑色【0】。", "框线颜色", 0, Type:=1)
5|     With Range("A1").CurrentRegion
6|         With .Borders
7|             If .LineStyle <> -4142 Then .Color = YanSe_Val Else MsgBox "区域范围内无边框"
8|         End With
9|     End With
10| End Sub
```

❓ **皮蛋：** 言子，我看不出来代码 4-60和代码 4-61示例过程有多大区别啊，也就Color和ColorIndex而已啊，都是对框线设置颜色。

💬 **无言：** 图4-57和图4-58分别对应Borders.ColorIndex和Borders.Color属性，Borders.ColorIndex相当于在Excel中选择主题颜色（固定的57种已经配置好的色彩），而图4-58则是通过手工选择更多的颜色。

代码 4-61　设置区域边框线颜色 ColorIndex

```
1| Sub Rng_Borders_ColorIndex()
2|     Dim YanSe_Val As Byte
3|     YanSe_Val = Application.InputBox("请输入框线的颜色数字：0至56，默认黑色【0】。", "框线颜色", 0, Type:=1)
4|     If YanSe_Val < 0 Or YanSe_Val > 56 Then MsgBox "输入颜色主题已超数字范围": Exit Sub
5|     With Range("A1").CurrentRegion
6|         With .Borders
7|             If .LineStyle <> -4142 Then .ColorIndex = YanSe_Val Else MsgBox "区域范围内无边框"
8|         End With
9|     End With
10| End Sub
```

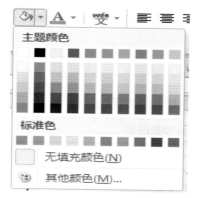

 图4-57　主题颜色 ColorIndex

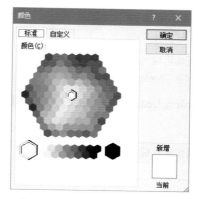

图4-58　颜色 Color 数字

? 皮蛋：那图4-59是干什么用的呢？也是颜色啊。

💬 无言：图4-59是通过RGB函数来设置框线的颜色，RGB是为平时常说的三基色——红绿蓝。通过RGB函数对不同颜色赋值，获取其最终的颜色值，其语法如下。

> 返回一个 Long 整数，三基色值
> RGB(red, green, blue)

RGB 函数的 3 个颜色分别对应了红绿蓝 3 色，而且 3 个参数的值的范围只能 0 ～ 255 之间，即：

> RGB(0, 0, 0) ~ RGB(255, 255, 255)

 图 4-59　颜色 Color RGB

现在将 RGB 函数代入 Borders.Color 语句中——若要将边框的颜色设置为红色时可以将语句修改如下。

```
Range("A1").CurrentRegion.Borders.Color = RGB(255, 0, 0)      '将单元格框线颜色设置为红色
```

Borders.ColorIndex 主题颜色的设置为无颜色时，赋值为 xlColorIndexNone(－ 4142) 或者自动配色 xlColorIndexAutomatic(－ 4105) 即可。

? 皮蛋：Borders.Color则可以通过RGB函数的三基色获取不同组合色，那如何为每条边框设置不同的颜色呢？

💬 无言：这个操作一般比较少，这里就提及一下，需要用Borders.Item属性来指明不同位置框线，语法如下。

单元格区域或样式的边框之一
父对象 .Borders.Item(Index)

Borders.Item 属性的 Index 参数即具体框线位置，其值和名称如表 4-15 所示。

表 4-15　Borders.Item 属性 Index 参数说明

框线位置常量值	值	说　　明
xlDiagonalDown	5	从区域中每个单元格的左上角至右下角的边框
xlDiagonalUp	6	从区域中每个单元格的左下角至右上角的边框
xlEdgeLeft	7	区域左边的边框
xlEdgeTop	8	区域顶部的边框
xlEdgeBottom	9	区域底部的边框
xlEdgeRight	10	区域右边的边框
xlInsideVertical	11	区域中所有单元格的垂直边框（区域以外的边框除外）
xlInsideHorizontal	12	区域中所有单元格的水平边框（区域以外的边框除外）

```
Range("A1").CurrentRegion.Borders.Item(9).Color = RGB(255, 0, 0)   ' 将区域边框的底部颜色设置为红色
Range("A1").CurrentRegion.Borders.Item(9).Colorindex =3    ' 将区域边框的底部颜色设置为红色
```

❓ 皮蛋：原来如此，需要设置哪里就选择不同的常量即可。

💬 无言：是的，就是这样简单，其实在Range对象中有一个直接可以设置外边框属性的属性，它就是Range.BorderAround属性，它的语法实际上就是上面讲的几个参数集合，如下所示，皮蛋你可以查阅相关帮助。

向单元格区域添加边框，并设置该新边框的 Color、LineStyle 和 Weight 属性
表达式 .BorderAround(LineStyle, Weight, ColorIndex, Color, ThemeColor)

设置区域外边框属性示例如代码 4-62 所示。

代码 4-62　设置区域外边框属性

```
1| Sub Rng_BorderAround()
2|     Range("A1").CurrentRegion.BorderAround _
3|         LineStyle:=xlDashDotDot, Weight:=xlMedium, _
4|         ColorIndex:=3, ThemeColor:=xlThemeColorAccent1
5| End Sub
```

💬 无言：关于单元格的边框属性设置就讲解到此，接下来讲解单元格底色属性（Range.Interior）。

4.5.5　设置单元格底色：Range.Interior

单元格底色即是平时经常选择填充颜色的功能，图 4-57 ～ 4-59 即为 Excel 中对应 Range.Interior 属性的功能。

💬 无言：其实Range.Interior和Range.Borders一样，是个对象集合。

❓ 皮蛋：按你这样，Range.Interior属性的颜色设置同样可以使用到Color或ColorIndex两个属性是吧。

💬 无言：没错。

Interior 对象常用的属性有 Color、ColorIndex、Pattern、PatternColor 和 PatternColorIndex 这 5 个属性，后面的 Pattern 对应了单元格内部对象的底纹，而 PatternColor 和 PatternColorIndex 则对应了底纹颜色的设置。先来看下熟悉 Interior 的 Color、ColorIndex 的语法。

```
' 返回或设置对象的底色的颜色 / 颜色主题
父对象 .Interior.Color = 0-65565 或 RGB
父对象 .Interior.ColorIndex = 0-56
```

设置单元格标题和非标题的底色示例如代码 4-63 所示。

代码 4-63　设置单元格标题和非标题的底色

```
1| Sub Rng_Interior_Color()
2|    Dim Rng As Range, MaxR As Long
3|    Dim C_R As Byte, C_G As Byte, C_B As Byte
4|    Dim C_Ind As Byte
5|    On Error Resume Next
6|    C_R = Application.InputBox("请输入标题红基色的值，范围为0~255，超出的则退出过程", "红色", 100, Type:=1)
7|    C_G = Application.InputBox("请输入标题绿基色的值，范围为0~255，超出的则退出过程", "绿色", 100, Type:=1)
8|    C_B = Application.InputBox("请输入标题蓝基色的值，范围为0~255，超出的则退出过程", "蓝色", 100, Type:=1)
```

```
9|   C_Ind = Application.InputBox("请输入非标题底色的值，范围为0~56，超出的则退出过程", "主题颜
     色", 20, Type:=1)
10|  If Err.Number <> 0 Or C_Ind > 56 Then Exit Sub
11|  Set Rng = [A1].CurrentRegion
12|  If Rng Is Nothing Then Exit Sub
13|  With Rng
14|      MaxR = Rng.Rows.Count
15|      .Rows(1).Interior.Color = RGB(C_R, C_G, C_B)
16|      .Rows(1).Offset(1).Resize(MaxR - 1).Interior.ColorIndex = C_Ind
17|  End With
18| End Sub
```

代码 4-63 示例过程中：

（1）定义 6 个变量，其中 3 个 C 变量为 RGB 三基色；C_R、C_G、C_B 和 C_Ind 都采用 InputBox 方法让用户选择颜色配置，且输入的数据类型为 Byte，其值范围在 0 ～ 255 之间，超出了都将造成错误，但有容错语句。在输入完毕后通过 If Err.Number <> 0 Or C_Ind > 56 语句判断，如果上面输入的三基色范围超出范围或者 C_Ind 变量的数字超过 56 时都将退出过程。

（2）通过 [A1].CurrentRegion 赋值 Rng 变量的具体区域，然后采用 With 语句精简重复对象引用。

（3）Rng.Rows.Count 语句是获取 Rng 对象中的行数量并赋值给 MaxR。

（4）.Rows(1).Interior.Color = RGB(C_R, C_G, C_B) 语句是设置 Rng 区域的第一行（标题）的底色。

（5）.Rows(1).Offset(1).Resize(MaxR - 1).Interior.ColorIndex = C_Ind 语句则利用 Offset 和 Resize 属性从 Rng 区域第 1 行偏移一行后 Maxr-1（标题行数）后的区域并设置为指定的颜色主题。

皮蛋：底色颜色设置明白了，和上面的 Borders 差不多的，那底纹呢？

无言：Range.Interior.Pattern 底纹也是通过选择不同的底纹常量而呈现不同的底纹，先来看下语法。

返回或设置对象的底色底纹
父对象 .Interior.Pattern = xlPattern

Interior.Pattern 属性底纹常量如表 4-16 所示。

无言：将 Interior.Pattern 属性赋值为表 4-16 中对应的底纹常量即可，这里连贯着说下 PatternColor 和 PatternColorIndex 属性的语法和运用。

返回或设置对象的底纹的颜色 / 主题颜色

父对象 .Interior.PatternColor = 0-65565 或 RGB

父对象 .Interior.PatternColorIndex = 0-56

设置区域的底纹类型及颜色示例如代码 4-64 所示。

表 4-16　Interior.Pattern 属性底纹常量

枚 举 常 量	值	说　　明	枚 举 常 量	值	说　　明
xlPatternSolid	1	纯色	xlPatternVertical	- 4166	深色垂直条
xlPatternChecker	9	棋盘	xlPatternUp	- 4162	左下角到右上角的深色对角线
xlPatternSemiGray75	10	75% 深色摩尔纹	xlPatternNone	- 4142	无图案
xlPatternLightHorizontal	11	浅色水平线	xlPatternHorizontal	- 4128	深色水平线
xlPatternLightVertical	12	浅色垂直条	xlPatternGray75	- 4126	75% 灰
xlPatternLightDown	13	左上角到右下角的浅色对角线	xlPatternGray50	- 4125	50% 灰
xlPatternLightUp	14	左下角到右上角的浅色对角线	xlPatternGray25	- 4124	25% 灰
xlPatternGrid	15	网格	xlPatternDown	- 4121	左上角到右下角的深色对角线
xlPatternCrissCross	16	十字线	xlPatternAutomatic	- 4105	Excel 控制图案
xlPatternGray16	17	16% 灰			

代码 4-64　设置区域的底纹类型及颜色

```
1| Sub Rng_InteriorPattern_Color()
2|     Dim Rng As Range, MaxR As Long, P_Val1 As Integer, P_Val2 As Integer
3|     Dim Pc _R As Byte, Pc_G As Byte, Pc_B As Byte, Pc_Ind As Byte
4|     On Error Resume Next
5|     Pc _R = Application.InputBox("请输入标题底纹红基色的值，范围为0~255，超出的则退出过程",
       "底纹红色", 100, Type:=1)
6|     Pc_G = Application.InputBox("请输入标题底纹绿基色的值，范围为0~255，超出的则退出过程",
       "底纹绿色", 100, Type:=1)
7|     Pc_B = Application.InputBox("请输入标题底纹蓝基色的值，范围为0~255，超出的则退出过程",
       "底纹蓝色", 100, Type:=1)
8|     Pc_Ind = Application.InputBox("请输入非标题底纹颜色，范围为0~56，超出的则退出过程",
       "底纹蓝色", 20, Type:=1)
9|     If Err.Number <> 0 Or Pc_Ind > 56 Then Exit Sub    '输入的数字超变量类型，主题颜色超过 56，
       退出过程
10|    Set Rng = [A1].CurrentRegion
```

```
11|      If Rng Is Nothing Then Exit Sub
12|      P_Val1 = 10 : P_Val2 = -4142
13|      With Rng
14|          MaxR = Rng.Rows.Count
15|          With .Rows(1).Interior
16|              .Pattern = P_Val1
17|              .PatternColor = RGB(Pc_R, Pc_G, Pc_B)
18|          End With
19|          With .Rows(1).Offset(1).Resize(MaxR - 1).Interior
20|              .Pattern = P_Val2
21|              .PatternColor = Pc_Ind
22|          End With
23|      End With
24| End Sub
```

? 皮蛋：代码 4-64和4-63也很相似，但是为什么要将Interior.PatternColor和Interior.Pattern分开精简引用，而不是直接采用With .Rows(1).InteriorPattern进行引用呢？

... 无言：因为Pattern、PatternColor、PatternColorIndex都是Interior属性，而Pattern也不是对象，所以不能采用你说的方式缩减对象引用。

代码 4-64 示例过程是让用户选择标题底纹的颜色以及非标题底纹的主题颜色，并将两者的底纹类型赋值给 P_Val1 和 P_Val2 变量，最后通过 With 语句对标题和非标题范围的底纹和底纹颜色进行设置。

? 皮蛋：原来Pattern是属性，而非对象。

4.5.6 设置单元格的字体对象：Range.Font

... 无言：打铁要趁热，接下来几个属性对象都具有连贯性。

? 皮蛋：那好，反正上面两个都有相似之处，好理解，接下来是谁呢？

... 无言：单元格的字体对象的设置——Range.Font。

Range.Font，其实 Font 也是对象，其集合下同样也有好几个属性可用，先来看下 Range.Font 的语法：

返回一个 Font 对象，它代表指定对象的字体

父对象 .Font

从上面的语法可以看到，**Range.Font** 设置父对象的字体对象的属性，那么 Font 对象下有哪些属性或方法呢？具体如表 4-17 所示。

表4-17　Range.Font 对象的常用对象成员

对象成员名称	说　　明
Name	返回或设置字体的名称，例如宋体、黑体等
Size	返回或设置字号的大小，例如10、100
Bold	返回或设置字体是否加粗，True为加粗，False为不加粗
Strikethrough	返回或设置字体是否在文字中间有一条水平删除线，True为有，False为无
Italic	返回或设置字体是否为倾斜，True为倾斜，False为不倾斜
Underline	返回或设置字体是否为应用下划线，并通过XlUnderlineStyle 常量设置
Color	返回或设置字体的颜色，可通过RGB 函数可创建颜色值
ColorIndex	返回或设置字体的内置颜色
Subscript	返回或设置指定字符的设置为下标，则该属性值为 True
Superscript	返回或设置指定字符的设置为上标，则该属性值为 True

💬 无言：先从上到下，逐一说明各属性成员的语法及作用。

返回或者设置字体的指定字体名称
父对象 .Font.Name [= 字体名称]

Font.Name 作用是返回或者设置指定对象的字体的字体名称，而且该字体名称必须是存在于 Winows 系统字体库中的字体，例如常用的中文有宋体、黑体、楷体、雅黑；英文字体有 Arial、Calibri、Times New Roman 等。

❓ 皮蛋：那要如何返回或设置对象字体名称呢？

💬 无言：这个简单，如果要返回指定对象的字体名称只需直接以.Name结束即可；设置对象字体的字体名称则只需用=赋值字体库中存在的名称即可，如下所示。

ActiveCell.Font.Name 　 '获取激活单元格的字体名称
ActiveCell.Font.Name = " 宋体 " 　 '设置激活单元格的字体名称为宋体

💬 无言：单元格中的字体字号的大小设置或返回，需要通过Font.Size属性来设置或获取，其语法如下。

返回或者设置字体的字号的大小
父对象 .Font.Size [= 数字]

Font.Size 使用时需要注意——对字号大小的设置不能超过 Excel 对字号的限制，字号的范围由 1 ～ 409.5，低于或超过该范围时都将造成错误提示，如下示例。

```
ActiveCell.Font.Size                '获取激活单元格的字体字号大小
ActiveCell.Font.Size = 12           '设置激活单元格的字体字号为 12
```

Excel 中默认字号的单位为"磅"，1 磅 = 0.3528mm，其他计量单位的换算关系可以百度了解一下。接下来是字体加粗、字体倾斜及添加删除线的设置示例。

```
返回或者设置字体是否加粗
父对象 .Font. Bold [=True|Fasle]

返回或者设置字体是否倾斜
父对象 .Font. Italic [=True|Fasle]

返回或者字设置字体是否中间添加删除线
父对象 .Font. Strikethrough [=True|Fasle]
```

? 皮蛋：这几个属性和上面的Name和Size一样，如果不赋值就返回相应属性的设置，需要赋值就用=并在后面写上True或Fasle。

💬 无言：没错，既然知道了，那咱们就通过示例过程来设置字体的属性，如代码4-65所示。

代码 4-65　设置字体属性及单元格格式

```
1| Sub Rng_FontAndRng_NumberFormat()
2|     Dim Rng As Range
3|     Set Rng = Range("A1").CurrentRegion
4|     With Rng
5|         With .Columns(1)
6|             With .Font
7|                 .Name = "Times New Roman"
8|                 .Color = RGB(255, 50, 0)
9|             End With
10|            .NumberFormat = """No. """"#"
11|        End With
12|        With .Columns("B:D")
13|            With .Font
```

```
14|                    .Name = "黑体"
15|                    .Italic = True
16|                    .ColorIndex = 25
17|               End With
18|          End With
19|          With .Columns("E:E")
20|               With .Font
21|                    .Name = "Arial"
22|                    .Underline = xlUnderlineStyleSingle
23|               End With
24|               .NumberFormat = "[Red]#,##0.00_);(#,##0.00);[Green]-"
25|          End With
26|          .Font.Size = 12
27|          .Borders.LineStyle = 1
28|     End With
29| End Sub
```

代码 4-65 示例过程为设置单元格区域内的字体属性及对应列区域的数字格式，并最后设置整个区域的边框线。过程中通过多个 With 语句引用对应列的字体属性或者单元格格式属性的设置——分别对字体名称、颜色、加粗、倾斜等属性进行赋值。

? 皮蛋：代码 4-65 示例过程的 Font.Underline 是什么呢？

⚫⚫⚫ 无言：Font.Underline 指的字体的下划线，示例设置下划线的类型为单下划线，如果选用其他类型的下划线可以查阅 XlUnderlineStyle 常量即可。

 **4.5.7** 设置单元格对齐方式

⚫⚫⚫ 无言：设置完了单元格的字体属性，接着设置单元格的对齐方式。

Excel 的对齐方式有水平对齐、垂直对齐、自动换行、缩小字体填充等，分别对应 Range 对象的 HorizontalAlignment、VerticalAlignment、WrapText、ShrinkToFit。现在就对这几个常用 Range 对齐方式属性进行讲解。Range 对齐方式的属性成员如表 4-18 所示。

表 4-18　Range 对象常用对齐方式属性成员

属性成员名称	说　　明
HorizontalAlignment	返回或设置单元格内对象的水平对齐方式
VerticalAlignment	返回或设置单元格内对象的垂直对齐方式
WrapText	返回或设置单元格内对象的是否自动换行，True为自动换行，False为不自动换行
ShrinkToFit	返回或设置单元格内对象是否自动缩小填充，与自动换行不可同时使用

💬 无言：表 4-18中的4个属性即为常用单元格对齐方式常用属性，现在来看下它们的语法。

返回或设置对象的水平对齐方式
Range.HorizontalAlignment = [XlHAlign]

返回或设置对象的垂直对齐方式
Range.VerticalAlignment =[XlHAlign]

返回或设置对象是否自动换行
Range.WrapText =[True|Fasle]

返回或设置对象是否自动缩小字体填充
Range.ShrinkToFit =[True|Fasle]

从上面的语法可以看出，Range.WrapText 和 Range.ShrinkToFit 属性都是通过布尔值来设置是否自动换行或者自动缩小填充，但是 Range.WrapText 和 Range.ShrinkToFit 两个属性不可同时使用，只能使用其中一个。

如果要设置单元格的 Range.HorizontalAlignment 和 Range.VerticalAlignment 则需要赋值对应的常量，如表 4-19 所示。

表 4-19　HorizontalAlignment 和 VerticalAlignment 的 XlHAlign 枚举常量

对齐方式名称	对齐方式	对齐方式常量值	值
HorizontalAlignment 水平对齐	居中对齐	xlCenter	- 4108
	分散对齐	xlDistributed	- 4117
	两端对齐	xlJustify	- 4130
	靠左对齐	xlLeft	- 4131
	靠右对齐	xlRight	- 4152
VerticalAlignment 垂直对齐	靠下对齐	xlBottom	- 4107
	居中对齐	xlCenter	- 4108
	分散对齐	xlDistributed	- 4117
	两端对齐	xlJustify	- 4130
	靠上对齐	xlTop	- 4160

💬 无言：按照表4-19所示的水平和垂直属性的对齐方式的常量，根据需要选择对齐方式。代码 4-66示例过程为设置不同列区域对齐方式以满足显示需要。

代码 4-66　设置单元格内对象的对齐方式

```
1| Sub Rng_Alignment()
2|     Dim Rng As Range
3|     Set Rng = Range("A1").CurrentRegion
4|     With Rng
5|         With .Columns(1).Offset(1).Resize(.Rows.Count - 1)
6|             .HorizontalAlignment = xlLeft
7|             .VerticalAlignment = xlCenter
8|         End With
9|         .Columns("B:C").Offset(1).Resize(.Rows.Count - 1).ShrinkToFit = True
10|        With .Columns(4).Offset(1).Resize(.Rows.Count - 1)
11|            .HorizontalAlignment = xlDistributed
12|            .VerticalAlignment = xlCenter
13|            .WrapText = True
14|        End With
15|    End With
16| End Sub
```

代码 4-66 示例过程中分别对 Rng 区域中的不同列进行对齐设置：

（1）Columns(1).Offset(1).Resize(.Rows.Count - 1) 的作用：Columns(1).Offset(1) 语句为由 A1 单元格偏移 1 行后获得新位置，并由 Resize(.Rows.Count - 1) 获取 Rng 区域中的行数数量 -1，获得与原来区域除去标题后的单元格范围并对该区域设置对齐方式。

（2）.Columns("B:C").Offset(1).Resize(.Rows.Count - 1).ShrinkToFit = True 则是将单元格对齐方式设置为自动缩小字体填充。

关于单元格的对齐方式还有其他几种，但是常用的即以上 4 种主要的方式，其他的还有阅文本方向（Range.Orientation）、对齐是否采用缩进（Range.AddIndent）、选择缩进的量（Range. IndentLevel）、设置字体的阅读方向（Range.ReadingOrder）等，这些都可以通过帮助获取相关信息。

4.5.8 设置单元格行高列宽

在 VBA 中要设置或读取单元格行高或列宽，要使用 Range.Height 和 Range.ColumnWidth 属性，它们的语法如下：

> 返回或设置单元格的行高，单位为磅
> Range.Height = [Size]
> 返回或设置单元格的列宽，单位为磅
> Range.ColumnWidth = [Size]

? 皮蛋：这两个属性挺简单的，我会用。

> Set Rng = Range("A1").CurrentRegion　　'赋值 Rng 变量的具体单元格区域
> Rng.Height = 10　　　　　　　　　　　　'设置单元格区域的行高为 10 磅
> Rng.ColumnWidth = 15　　　　　　　　　'设置单元格区域的列宽为 15 磅

💬 无言：没错，是这样，这个语句类似手工设置单元格的行高或列宽，在前面提及用Range.AutoFit方法来更改区域中的列宽或行高达到自动调整。如果不清楚，可以翻阅下该关键字的帮助或者参考4.2.4节相关内容。